普通高等教育"十一五"国家级规划教材

新工科建设之路

高等学校计算机类规划教材

U0157763

Java 语言程序设计
（第 2 版）

姜志强　编著

电子工业出版社

Publishing House of Electronics Industry

北京·BEIJING

内 容 简 介

本书是 2007 年出版的普通高等教育"十一五"国家级规划教材《Java 语言程序设计》的修订版。

全书共 11 章：第 1 章介绍 Java 语言的基本知识和基本概念；第 2 章介绍 Java 语言的基本语法、运算符和基本语句等语言结构化程序设计内容；第 3 章介绍 Java 语言面向对象程序设计的主要内容；第 4 章介绍 Java 语言的异常处理；第 5 章介绍 Java 语言的图形用户界面技术；第 6 章介绍 Java 语言与输入/输出有关的流和文件；第 7 章介绍 Java 语言的多线程；第 8 章介绍 Java 语言与数据结构和数据处理有关的类和接口；第 9 章介绍 Java Applet 程序设计；第 10 章介绍 Java 语言的网络与通信程序设计；第 11 章介绍 Java 语言的 JDBC 技术。

本书既介绍了 Java 语言的基本语法和基本概念，又把 Java SE 5 版本到 Java SE 8 版本中新出现的概念进行了补充和讲解。

本书适合作为普通高等院校计算机科学与技术、软件工程及相关专业学生的课程教材，也适合作为其他专业的本科生、研究生及各级计算机专业技术人员的参考书。

图书在版编目（CIP）数据

Java 语言程序设计 / 姜志强编著. —2 版. —北京：电子工业出版社，2021.1

ISBN 978-7-121-40310-1

Ⅰ. ① J… Ⅱ. ① 姜… Ⅲ. ① JAVA 语言－程序设计－高等学校－教材 Ⅳ. ① TP312.8

中国版本图书馆 CIP 数据核字（2020）第 265964 号

责任编辑：章海涛 特约编辑：田学清
印　　刷：涿州市京南印刷厂
装　　订：涿州市京南印刷厂
出版发行：电子工业出版社
　　　　　北京市海淀区万寿路 173 信箱　　　邮编：100036
开　　本：787×1092　　1/16　　印张：20.5　　字数：525 千字
版　　次：2007 年 9 月第 1 版
　　　　　2021 年 1 月第 2 版
印　　次：2021 年 1 月第 1 次印刷
定　　价：52.00 元

凡所购买电子工业出版社图书有缺损问题，请向购买书店调换。若书店售缺，请与本社发行部联系，联系及邮购电话：（010）88254888，88258888。

质量投诉请发邮件至 zlts@phei.com.cn，盗版侵权举报请发邮件至 dbqq@phei.com.cn。

本书咨询联系方式：192910558（QQ 群）。

前　言

本书是 2007 年出版的普通高等教育"十一五"国家级规划教材《Java 语言程序设计》的修订版。

自 1995 年 Java 语言发布，至今已经有二十几年了。随着时光的流逝，Java 语言和 Java 技术也日臻成熟。近十几年来，整个 IT 行业的发展方兴未艾，电子商务软件、社交软件层出不穷，整个计算机行业正在发生着翻天覆地的变化，带动着全社会向前发展。与此同时，软件业内部也是"风起云涌"，Java 语言和 Java 技术经历了很多变故。Oracle 公司先是整体收购了 Sun 公司及 Java 技术，后又策划将 Java 技术整体转让给 Eclipse 基金会，使得曾经风靡天下的 Java 技术似乎瞬间变成了无人问津的"弃儿"。而 Python 随着人工智能的风靡出尽风头；Perl、Ruby、R 等语言也时不时地显露一下。尽管如此，Java 技术依然不失其业界统治者的地位，仍然是最为重要的软件开发工具，并且是信息行业占有率最高的开发设计平台。可以明确地说，到目前为止，尚未出现一个可以替代 Java 语言垄断地位的新的开发语言。

在修订过程中，本书基本遵循如下的指导思想：整体仍以原书的框架为主，既尽量保持了原有的介绍流程和思路，又对新内容进行了适当的补充。在各个章节中，增加了对 Java SE 新版本中所增添的新语法内容的介绍，具体到每一个新的知识点，都明确标注了其出现版本，以利于读者准确区分。由于原书（第 1 版）的出版时间距今已经比较久远，原书中有些对 Java 语言的介绍内容，在今天看来似乎有些过时，不过为了保持原书的风格，尽量予以保留。在内容安排上，本书进一步突出了对于面向对象程序设计思想的贯彻，表现为在例题的讲解上和章节的调整上，尽量突出"对象先行"的思想。本书在第 3 章中增加了"多态性的讨论"一节，还增加了"数据结构和数据处理"一章，介绍了 Java SE 5 版本开始出现的数据容纳类等新概念。考虑到目前 Java Applet 程序的使用已经日渐式微，所以把原书关于 Internet 和 HTML 的介绍与 Java Applet 程序设计的内容合并为第 10 章。各章内容在修改时都做了进一步的充实。在各个章节的相应位置，给出了"编程技巧提示"和"编程常见错误提示"，其中叙述的都是作者多年来在教学实践过程中发现和积累的，初学者比较容易犯的一些典型错误和容易忽略的编程技巧，以期通过这种方式提醒读者。

本书的建议理论授课学时为 32～40 学时，建议实践教学学时为 16 学时，任课教师可以根据教学侧重点进行增减。在几个主要章节的后面，本书都提供了一定数量的习题和实验题，以供教师在教学过程中使用。

作者始终假定本书的读者已经具备了 C 语言和 C++语言方面的知识，所以在介绍 Java 语言语法时都是与 C 语言和 C++语言的对应知识点进行对比介绍的，对于其中相似的部分没有进行过多介绍，主要介绍了它们之间的差异。如果选用本书作为教学用书，建议教师先安排 C 语言和 C++语言的学习。

另一个与知识关联的方面是 Java 语言与软件工程之间的关系。在 Java 语言中，存在多处体现软件工程理论和设计概念的地方，如设计模式思想、代码复用技术、建模分析技术等。针对这一系列知识点，本书采取"涉及但不过多讲授"的手法处理，对所涉及的知识点都在书中提一下，但不做过多讲解。作者始终认为，讲语言的教材还是要把语言的语法作为教学的重点和核心。

在本书即将付梓之际，作者要感谢吉林大学对本书的支持。同时很高兴能够与电子工业出版社的编辑们再次合作，他们高质量的工作和严肃认真的精神是我在与他们合作过程中最大的享受。期待随着这本书的付梓，在与他们的合作中获得更多的乐趣。

本书的绝大部分文稿修改工作都是在抗击新冠病毒期间完成的。作者白天网上上课，晚间屏前写作，终于按时完成了这部书稿。或许若干年之后，再谈起这段生活，还会拿起这本书翻一翻吧！就让这本书作为这段非常时期的一个纪念吧！

由于时间和作者水平所限，对于新技术规范的理解和消化也还不够透彻，书中难免挂一漏万，恳请专家和读者批评指正。

作　者
2020 年 12 月于吉林大学寓所

目　　录

第 1 章　Java 语言基础

　　本章主要内容：Java 语言是一种平台无关的、可移植的程序设计语言。作为全书的基础，本章首先简要介绍了 Java 语言的发展历史和主要特点，以及两种 Java 语言程序——Java Application 与 Java Applet，并将 Java 语言与 C 语言和 C++语言进行了比较，然后简要介绍了 Java Application 程序的基本结构和运行步骤，以及 Java 运行时系统、Java 虚拟机、自动垃圾收集机制、Java 语言程序的代码安全机制等概念和几种 Java 开发工具。

1.1　什么是 Java 语言

1.1.1　概述

　　"write once,run anywhere"，这是 Java 语言的开发者们提出的，用于描述 Java 语言的一句响亮口号，其含义就是"一次写成，处处运行"。这句话点明了 Java 语言的一个最重要的特点，即 Java 语言是一种平台无关的、可移植的高级程序设计语言。Java 语言是 Sun 公司于 1995 年推出的类似于 C++语言的程序设计语言，可以与 Internet 结合，最大特点是可以在不同的平台环境上运行。在 Java 语言推出后，计算机界对其好评如潮，如 Microsoft 创始人 Bill Gates 评价 Java 语言是长时间以来最为卓越的程序设计语言，计算机界的许多有识之士预言，Java 语言将会成为未来程序设计的主流语言，甚至全世界已经达成了一个共识，Java 将会带动一场软件革命。2000 年，Java 语言被评为二十世纪十大科技成果之一。而在二十世纪堪称人类伟大的科技成果有原子物理与核物理、生物技术、航空航天技术、电子技术、信息通信技术、工程应用等，与它们相比，Java 语言能够获得如此殊荣，是十分了不起的。Java 语言的价值到目前为止还没有全部体现出来，想要真正地了解和认识 Java 语言恐怕还需要一段时间。

　　从狭义来说，Java 指的是作为程序设计语言的 Java；从广义来说，Java 指的是 Java 开发工具和开发环境。

1.1.2　历史与发展

　　1990 年，Sun 公司成立了一个由 James Gosling 领导的 Green 开发小组，负责开发一种用于消费类电子产品的程序设计语言，开发目的是使用软件实现一个对家用电器进行集成控制的小型控制系统，并且要求所开发的程序设计语言具有平台独立性、高度可靠性和安全性。James Gosling 等人从对 C++语言的改造着手，得到了一个非常成功的开发系统，他们将这个系统命名为 Oak，意为"橡树"。但是由于 Sun 公司在市场开发方面的原因，这个系统的开发工作被暂时搁置了。到了 1993 年，由于支持图形的浏览器 NCSA Mosaic 被成功地开发出来，Internet 上的 Web 页面由字符界面发展到了图形界面，Sun 公司的副总裁

Bill Joy 果断决定将新开发的语言运用到 WWW 应用上，并成功地开发出了一个 WWW 浏览器 Hotjava。而且 Bill Joy 力排众议，做出了一个后来被证明对 Java 语言的发展产生重大影响的决定，采取了"让用户免费使用来占领市场份额"的策略，使得很多公司和大学迅速加入 Java 语言的用户群体中，从而使这种语言得到了迅速普及和蓬勃发展。1995 年 5 月 23 日，在 San Francisco 举行的 Sunworld 会议上，Sun 公司正式发布了 Java 语言技术，随即 Netscape、SGI、Macromedia、IBM、Microsoft、Novell、Oracle 和 Borland 等在软件业最有影响的大公司相继宣布了在其产品中支持 Java 语言。Java 语言由此在短短几年时间内迅速风靡世界，成为有史以来推广最快的程序设计语言。现在，Java 语言已经占据了整个软件开发领域的一半以上的份额，几乎各种类型的软件开发项目都可以使用 Java 语言来完成。

关于 Java 语言的名称，还有一段故事。当 Sun 公司准备正式发布这个新开发的语言时，James Gosling 等人在准备注册时发现，Oak 已经被 Sun 的另一个产品所注册。Oak 这个名称是从 James Gosling 办公室窗外的一棵橡树获得的灵感，而 Java 这个词则是开发组的成员们在一次去咖啡厅喝咖啡时获得的灵感，于是新开发的语言被命名为 Java。Java 本是印度尼西亚群岛中最大的岛屿，中文名称为"爪哇"，中国人常说的"爪哇国"就是指的这里。由于该岛地处热带，土地肥沃，气候适宜，因此该岛盛产优质咖啡。美国人从第二次世界大战时期开始，就将咖啡昵称为 Java。将这种新开发的语言命名为 Java 语言，意即"咖啡语言"，其含义是为全世界奉上一杯香醇美味的咖啡。Java 语言的图标就是一杯热气腾腾的咖啡。

从 1995 年 5 月发布至今，Java 语言已经发布过几十个版本，经过了多次更新。从最初的 Java 0.9 开始，Java 语言主要的版本有以下几个。

Java 1.0，是第一个正式版本，包括 8 个包、212 个类，被认为是一个简单、优美的开发工具。

Java 1.1，是较 1.0 版本而言改动较大的一个版本，包括 23 个包、504 个类，其中定义了一直沿用至今的事件监听机制，引入了嵌套类型类，使 Java 虚拟机的性能得到了很大改善。

Java 1.2，是 Java 发展过程中改动较大的版本，包括 59 个包、1520 个类，其组件实现了完全的平台无关性，引入了 Swing 图形界面，支持拖曳。现在经常说的 Java 2 实际上就是对该版本的一个新的命名。

Java 1.3，是一个维护性的版本，包括 76 个包、1842 个类，主要改进在于改善了性能，提高了稳定性。

Java 1.4，也是一个改动较大的发行版本，包括 135 个包、2991 个类和接口。新的特征包括：采用 JavaBean 的基于 XML 的持久化机制；支持使用 DOM 和 SAX APIs 对 XML 进行解析；对 Swing 组件的功能进行了较大改进。

Java 5.0，这个版本的变化也是较大的。按照 Java 原本的版本命名规则，这个版本应该被称为 Java 1.5，但是从这个版本开始，版本号改用新的命名方式了，并且以往的 J2SE、J2EE、J2ME 的名称也改成了 Java SE、Java EE、Java ME。Java 5.0 增加了枚举类型的定义、泛型的定义、封装数据类的定义、注释的定义，且增加到 166 个包、3562 个类和接口，在并发程序设计和远程管理方面有较大的改进。

Java 6.0，这个版本的变化主要集中在动态编译等底层工作，Java 的语言成分变化不大。

Java 7.0，这个版本增加了 switch 语句中控制变量类型的范围，允许使用字符串作为控制变量，允许在一个语句块中捕获多种异常。

Java 8.0，这个版本是一个变化较多的版本，允许在接口定义时给接口中的方法定义方法体。

自 Java 9.0 版本开始，Java 语言遵循每半年发布一个版本的更新速度。同时，Oracle 每 3 年指定一个版本作为长期支持（LTS）版本。到目前为止，在 Java 9.1 之后已经发布了 Java SE 10 和 Java SE 11 版本。

Java 有 3 种开发平台，即 Java SE（Java Standard Edition，Java 标准版）、Java EE（Java Enterprise Edition，Java 企业版）、Java ME（Java Micro Edition，Java 迷你版），分别侧重于不同的用途：Java SE 用于普通的程序开发，主要面向单机桌面系统，我们在讲解 Java 语言的语法时，主要介绍 Java SE；Java EE 的应用最为广泛，主要用于网络和服务器程序的开发设计工作，如分布式数据库、动态网站等；Java ME 主要面向小型消费类电子设备软件的开发，如嵌入式系统等。

1.1.3 Java 语言的主要特点

Sun 公司在 Java 白皮书中对 Java 的定义是：

"Java:A simple,object-oriented,distributed,interpreted,robust,secure,architecture-neutral,portable, high-performance,multi-threaded and dynamic language"。

按照这个定义，Java 是一种具有简单、面向对象、分布式、解释型、健壮性（鲁棒性）、安全、平台无关、可移植、高性能、多线程和动态执行等特性的语言。

Java 语言是一种独立于平台的程序设计语言，它具有以下主要特点。

1．简单

Java 语言是一种面向对象的语言。只需要理解和掌握 Java 语言的一些基本概念，就可以编写各种用途的应用程序。"简单"包括两层含义：Java 语言从 C 语言和 C++语言中继承了大量的语言成分，并且剔除了 C 语言和 C++语言中的一些复杂成分，对于学习过 C 语言和 C++语言的程序员来说很容易掌握，即语法简单；Java 语言的基本解释器及类的支持所占的空间只有 40KB 左右，加上标准类库和线程的支持后，所占的空间也只有 215KB 左右，适合在系统资源十分有限的环境下运行，即实现简单。

2．面向对象

Java 语言是一种完全面向对象的程序设计语言。Java 语言采用面向对象程序设计机制，提供了简单的类机制及动态的接口模型。Java 语言中的数据和处理数据的程序——方法（Method）都被封装在类对象中，并通过类的继承机制实现代码的复用。类在 Java 语言中的作用非常大，既是对象的原型，又是程序代码结构的基本单位。

3．分布性

Java 语言是针对 Internet 的编程语言，可以处理 TCP/IP 协议。用户通过 URL 指针可以很方便地访问网络上的其他资源。

4．解释型

Java 语言与以往的高级语言不同，它分两步执行用户程序：首先由编译器将用户程序编译成字节码（Bytecode），然后由 Java 运行时系统解释执行字节码，即先编译后解释的执行步骤。字节码与具体的硬件平台无关，是独立于平台的。从根本上来说，Java 语言是一种解释型语言。

5．健壮性（鲁棒性）

Java 语言提供了一种自动垃圾收集机制来实现内存自动管理，无须且不允许程序员干预内存的管理。Java 语言建立了一种异常处理机制来处理程序编译中出现的被称为异常和错误的问题，以防止系统崩溃。自动垃圾收集机制是 Java 语言中一个很重要的概念。

6．安全性

Java 语言不支持指针，一切对内存的访问都必须通过对象实例来实现，从而防止了类似于"特洛伊木马"等欺骗手段对内存的操作和改动。这有效地防止了病毒的入侵，同时避免了指针操作中的错误操作给系统带来的不必要的麻烦。

7．平台无关性

Java 字节码可以被软件解释执行，因此只要安装了 Java 运行时系统，Java 语言程序就可以在任何处理器上运行而与硬件无关。Java 字节码类似于汇编指令，但不是任何一种具体的处理器的汇编指令，它对应于 Java 虚拟机中的表示。Java 解释器在得到 Java 字节码后，会对它进行转换，使它可以在不同的处理器上执行。直到这一步，Java 语言才与具体的机器相关联。

从 Java 语言的设计思想上来看，可以把 Java 字节码当作一台"虚拟"的计算机的机器语言，而 Java 语言作为一种高级语言，可以被转换为这种机器语言。此时，这台"虚拟"的计算机就是 Java 虚拟机。

8．可移植性

由于 Java 语言的平台无关性，Java 语言可以被方便地移植到不同的机器中，而在不同的机器中有不同版本的 Java 语言运行时系统。Java 语言的可移植性除了表现为其源代码是可移植的，更主要地表现为其字节码可以不经过任何修改而无障碍地在任何可运行 Java 虚拟机的硬件和软件平台上执行。

9．高性能

一般地，可移植性、稳固性、安全性等特性都是以牺牲性能为代价的，而且解释型语言的效率通常低于编译型语言。Java 语言解决了这个矛盾，在具备上述特性的同时具有高性能。

10．支持语言级多线程

目前的新型操作系统，如 Windows 系列和 OS/2 都支持并发功能，Java 语言也支持并发功能，其并发功能体现为多线程。Java 语言程序可以有多个执行线程，并且各自完成不同的任务。这种语言级多线程的并发功能较系统级多进程的并发功能更进了一步。

11．动态性

由于 Java 语言通过类来实现程序，因此它可以是运行时动态加载的。此外，Java 语言可以在类库中动态实现程序的功能。

1.1.4 Java Application 与 Java Applet 程序

在 Java SE 中可以编写两种 Java 语言程序：Java Application 与 Java Applet。标准的 Java 语言程序被称为 Java Application，是可以独立运行的、完整的应用程序。Java Application 程序运行在 Java 运行时系统中，有自己固定的运行入口点和出口点，与传统的高级语言程序比较接近。Java Applet 程序是 Java 语言为了丰富 WWW 页面设计而开发的一种应用。"Applet" 是 Java 首创的一个英文单词，由 Application 的前 3 个字母和表示"碎片"的"-let"词尾构成，其字面意思是"Java 小应用程序"。Java Applet 程序可以被嵌入 HTML 中，成为主页的一部分并被发布到 WWW 页面上，由 Java 兼容浏览器控制运行。Java Applet 程序目前还是一种 Java 所独有的 Internet 网络应用程序，这也是 Java 的一大特色。Java Application 与 Java Applet 程序都遵循相同的语法，只是由于 Java Applet 程序的特定用途而在运行环境和运行步骤上有所不同。Java Applet 程序通常用来实现 WWW 页面的图像、声音、动画等功能。

1.1.5 丰富的类库

Java 语言在其发布的各个版本中都有十分丰富的类库，并且以包的形式将其中的类按照功能分为多个组。在这些类库中，定义了大量的描述和刻画 Java 语言基本概念和基本成分的类和接口，实现了很多基本的语言功能，如定义了基本数据类型，图形化的界面组件，事件及其处理，异常和错误等，这对编写 Java 语言程序具有极其重要的作用。

在学习 Java 语言时，除了学习语言本身的基本概念、基本语法等内容，以便学会编写程序，还必须学习 Java 类库中的类。掌握 JFC（Java Foundational Class，Java 基础类库）中的内容和功能可以让程序员很好地使用类库中已有的类和方法，在现有类的基础上编写功能更强大的类，从而开发出更好的 Java 应用程序。这对于开发 Java 软件来说是必不可少的步骤，也是一条必由之路。

1.1.6 Java 语言与 C 语言和 C++语言的比较

Java 语言继承了 C 语言和 C++语言的很多设计思想和语言成分，与它们类似的地方非常多。软件行业内对 Java 语言最早的描述就是"一种像 C++一样的语言"。很多熟悉 C 语言和 C++语言的程序员可以很容易地掌握 Java 语言。但是 Java 语言也摒弃了很多 C 语言和 C++语言中妨碍性能提高的成分。Java 语言与 C 语言和 C++语言的主要差别如下所述。

（1）Java 语言不允许在类之外定义全局变量，只能通过在类中定义静态变量来实现相应的功能。

（2）Java 语言中没有 goto 语句。这是结构化程序设计思想一直想要摒弃的语言成分，Java 语言完成了这个任务，实现了这一主张。

（3）Java 语言中没有指针型变量。指针是程序用来直接访问内存的，而在 Java 语言中，没有指针型变量体现了它的安全性思想。

（4）内存管理实现了自动化。Java 语言建立了自动垃圾收集机制，无须使用 C 语言和 C++语言中类似于 malloc()和 free()函数或 new 和 delete 运算符这样的方式来人为地管理内存，同时 Java 语言不允许程序员对内存的运行和管理进行任何操作。

（5）Java 语言为所有的数据类型定义了统一的规范。各种数据类型的存储字长是统一定义的。这个规范的定义保证了 Java 语言的平台无关性和可移植性。

（6）Java 语言不允许像 C 语言和 C++语言那样任意进行类型转换，而是需要在进行类型相容性检查之后，才允许在少数几种基本数据类型之间进行类型转换。

（7）Java 语言中没有头文件。

（8）Java 语言中没有结构体和联合。

（9）Java 语言中没有预处理和宏定义。

（10）Java 语言不允许像 C++语言那样在类之间进行多重继承。

综上所述，Java 语言比 C 语言和 C++语言更严格，语言成分更少，程序更简洁。

1.2　基本 Java Application 程序的结构

1.2.1　Java Application 程序的基本结构和运行

我们可以先回忆一下在学习 C 语言时所见过的一个最简单的程序。

【例 1.1】用 C 语言程序在屏幕上显示一条字符串语句 "this is a simple program!"。

具体的程序如程序清单 1.1 所示。

程序清单 1.1

```
main()
{
    printf("this is a simple program!\n");
}
```

下面给出一个 Java Application 程序的例子，它的功能与上面的 C 语言程序一样，也是在屏幕上显示一条字符串语句 "this is a simple program!"。

【例 1.2】用 Java 语言程序在屏幕上显示一条字符串语句 "this is a simple program!"。

具体的程序如程序清单 1.2 所示。

程序清单 1.2

```
//Example 2 of Chapter 1

//This is a simple instance of java application

public class SimpleApp0
{
    public static void main(String args[])
    {
        System.out.println("this is a simple program!");
    }
}
```

关于该程序有以下一些说明。

（1）以//开头的代码行称为注释行。

（2）程序由一个 SimpleApp 类组成。通过 public 声明 SimpleApp 类是公有类，表示它是程序的主类。Java Application 程序中只能有一个主类。

（3）public static void main(String args[])用于声明主类中的 main()方法，也称为主方法，其名称与类型声明都是固定的。这是 Java Application 程序执行的入口点，也是程序执行完成后的出口点。public 说明该方法是公有方法；static 说明该方法是静态方法，意味着它是一个类方法，可以不生成类的实例对象而被直接调用；void 说明该方法无返回值；String 类型的数组 args[]是 main()方法的形参。

（4）System 是 Java 类库中的一个应用类，out 是 System 类中 PrintStream 类的对象实例，称为内建对象，println()是 PrintStream 类的一个方法成员，其作用是将字符串参数写到标准输出流中。System.out.println()的作用就是用 System 类中的 out 对象调用 println()方法，完成一次标准输出。这条语句的执行结果就是将 this is a simple program!输出到屏幕上。

（5）后面两个大括号分别用于结束主方法和主类。

可以使用任何文本编辑器建立纯文本的 Java 语言源程序。按 Java 语言的规定，当源程序被存储时，如果文件中含有主类，则必须以主类名作为文件基本名，以.java 作为文件扩展名；如果文件中不含主类，则文件的基本名无限制，以.java 作为文件扩展名。经过编译之后得到的 Java 字节码文件的基本名与源程序文件的基本名相同，但是以.class 为扩展名。所以，上面的程序在编辑完成之后需要使用 SimpleApp.java 的文件名存储。

可以在后面介绍的几种 Java 开发工具中选择一种来运行这个 Java 语言程序。如果选择在 Sun 公司发布的 JDK 上编译和运行上面的 Java 语言程序，则将按照下面两个步骤进行编译和解释执行。注意：JDK 是在命令行状态下运行的。

第一步：

```
D:\>javac SimpleApp.java
```

编译源程序为字节码文件，以文件名 SimpleApp.java 存储。

第二步：

```
D:\>java SimpleApp
```

使用 Java 解释器解释执行该程序的字节码文件。在这一步骤中，只需要写文件的基本名，不需要写扩展名。

如图 1.1 所示，显示了在 Microsoft Windows 命令提示符窗口中编译和执行程序清单 1.2 中的程序的过程及运行结果。

图 1.1　程序清单 1.2 中的程序在命令提示符窗口中编译和执行的过程及运行结果

1.2.2　用面向对象程序设计的方式实现 Java 语言程序

在实际编程过程中，不建议采用上面的编程方式编写 Java 语言程序，而应采用面向对象程序设计的方式实现 Java 语言程序。

下面的程序代码把程序清单 1.2 中的代码用面向对象程序设计的方式重新实现，把执行语句封装到方法中，并在主方法中生成了主类的一个对象实例，然后用这个对象实例访问方法成员，完成了程序。

【例 1.3】用面向对象程序设计的方式实现 Java 语言程序在屏幕上显示字符串语句的功能。具体的程序如程序清单 1.3 所示。

程序清单 1.3

```
//Example 3 of Chapter 1

//This is a simple instance of java application use class

public class SimpleApp1
{
    public static void main(String args[])
    {
        SimpleApp1 simpleapp = new SimpleApp1();
        simpleapp.sayASentence();
        simpleapp.sayAnotherSentence();
    }

    public void sayASentence()
    {
        System.out.println("this is a simple program!");
    }

    public void sayAnotherSentence()
    {
        System.out.println("it is very easy to learn!");
    }
}
```

关于该程序有以下一些说明。

（1）在主方法中声明了一个主类的对象实例 simpleapp，并且调用构造方法对这个对象实例进行了初始化。

（2）在主类中定义了两个方法成员 sayASentence() 和 sayAnotherSentence()，分别定义了输出一条语句的动作。

（3）在主方法中使用对象实例 simpleapp 访问两个方法成员，完成了两次输出一条语句的动作。

（4）这个程序的编写方式类似于 C++程序，是 Java 语言程序的常用方式，特点是将具体的执行语句封装到方法成员里，而不是写在主方法里。

程序清单 1.3 中的程序在命令提示符窗口中编译和执行的过程及运行结果如图 1.2 所示。

图 1.2　程序清单 1.3 中的程序在命令提示符窗口中编译和执行的过程及运行结果

1.2.3　用图形界面的方式实现 Java 语言程序

上面的两个例子把运行的结果在计算机屏幕上以字符的方式显示出来。目前的几种主流操作系统都已经采用了图形化的操作界面，所开发的应用程序一般也都是图形化的。Java语言在引入组件之后，也可以开发图形化的 Java 语言程序，这会在后面介绍。这里我们先把例 1.2 的程序改写为用图形界面的方式实现，让读者对图形界面有一个感性的认识。

【例 1.4】用 Java 语言程序在图形界面中显示一条语句"this is a simple program!"。

具体的程序如程序清单 1.4 所示。

程序清单 1.4

```
//Example 4 of Chapter 1

import javax.swing.JOptionPane;

public class SimpleApp2
{
    public static void main(String[] args)
    {
        SimpleApp2 simpleapp = new SimpleApp2();
        simpleapp.SaySentence();
    }

    public void SaySentence()
    {
        JOptionPane.showMessageDialog(null,"this is a simple program!");
        System.exit(0);
    }
}
```

程序清单 1.4 中的程序在图形界面中的运行结果如图 1.3 所示。关于这个程序，现在还无法给出详细的讲解，这是图形化环境下的一个十分简单的界面设计，读者在学习了 Swing组件之后就可以弄清楚了，感兴趣的读者可以先查阅一下 Java API 文档。

图 1.3　程序清单 1.4 中的程序在图形界面中的运行结果

上面的 3 个程序都是在 Microsoft Windows 命令提示符窗口中使用 JDK 编译和执行的，这并不是唯一的方式。相比而言，在成熟的开发工具中编辑、调试和运行程序是更为妥当的方式，所以，建议初学者在自己的计算机上安装 Java 开发工具，推荐选用 Eclipse 工具或 NetBeans 工具。

1.3　几个重要的 Java 概念

1.3.1　Java 运行时系统

在例 1.2 中我们已经看到，Java 语言程序需要先被编译成字节码文件后才能运行。Java 运行时系统（Java Runtime System，JRS）就是运行 Java 字节码的系统，其任务是加载程序运行时需要的类，安排程序运行中对内存的使用，并且控制字节码的执行过程。对于 Java Application 而言，Java 运行时系统一般是 Java 解释器；对于 Java Applet 而言，Java 运行时系统是 Java 兼容的 Web 浏览器。

然而，并非所有的浏览器都是 Java 兼容的 Web 浏览器，Java 兼容浏览器是一个具有特定含义的概念，目前的 Netscape Navigator 2.0 及以上版本、Microsoft Internet Explorer 2.0 及以上版本、Hotjava 等浏览器都是 Java 兼容的 Web 浏览器。

1.3.2　Java 虚拟机

Java 虚拟机（Java Virtual Machine，JVM）是 Java 语言最重要的基础，是 Java 技术的重要组成部分。

前面已经介绍过，Java 字节码类似于汇编指令，但不是任何一种具体的处理器的汇编指令。Java 字节码通常在执行时被解释成具体的机器码。为了让 Java 语言在不同的平台上运行，要求 Java 运行时系统在各种具体的平台上都建立相应的版本，既可以将 Java 字节码转换成不同机器上的机器码，又可以实现 Java 代码的一致性，以确保其可移植性，因此 Java 运行时系统的功能必须是统一的。我们可以把运行 Java 字节码的计算机平台想象成一台具有相同"构造"的计算机，这是使得统一的 Java 语言能够在不同的平台上运行的关键，因此引入了 Java 虚拟机的抽象概念。

Java 虚拟机是 Sun 公司与其 Java 合作伙伴一起制定的一项技术规范，是一台可以执行 Java 字节码的"机器"。Java 虚拟机是一个规范的、能运行 Java 字节码的操作平台，定义了指令集、寄存器组、栈结构、垃圾收集器、存储区等逻辑器件，并详细制定了这些组件的规格。Java 虚拟机的实现方案有两种：一种是用软件实现；另一种是用硬件即 Java 芯片实现。目前的 Java 系统大多是用软件实现的。

前面已经介绍过，Java 语言源程序代码需要先经过编译成为字节码，再经过解释成为具体的机器码。确切来说，Java 语言是一种解释型程序设计语言。从 Java 语言程序执行的基本架构上可以看到，Java 虚拟机是这一过程中不可或缺的一个环节，如图 1.4 所示。

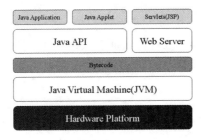

图 1.4　Java 语言程序执行的基本架构

可以从解释型程序设计语言程序、编译型程序设计语言程序与 Java 语言程序的执行过程的对比来进一步认识 Java 虚拟机，如图 1.5 所示。

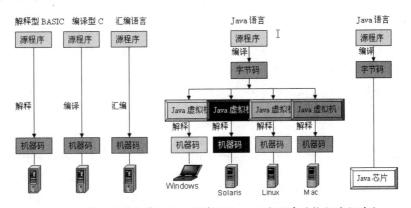

图 1.5　几种典型的计算机语言程序与 Java 语言程序的执行过程对比

可以在各种不同的硬件平台上实现不同的 Java 虚拟机，对于这些不同的 Java 虚拟机而言，字节码相当于它们的"源程序"，就如同芯片执行机器码一样，Java 虚拟机是一台执行字节码的"机器"。对于 Java 程序员而言，在编写程序时，可以完全不考虑这个程序在什么机器上运行，因为统一的 Java 虚拟机规范保证了 Java 语言程序的可移植性；对于不同的硬件平台而言，只要在每一种平台上按照统一的 Java 虚拟机规范使用软件实现了 Java 虚拟机，就可以将字节码放到这种硬件平台上执行。这样一来，有了 Java 虚拟机的技术规范，并且很好地实现了这个技术规范，Java 语言就可以实现其跨平台的目标了。由此可见，Java 虚拟机是 Java 语言平台无关性和可移植性的关键。

1.3.3　自动垃圾收集机制

Java 语言提供了一种系统级线程以跟踪存储区分配，可以在 Java 虚拟机的空闲周期中自动扫描内存区，检查和释放不再使用的存储单元，将其作为"垃圾"回收。Java 语言的自动垃圾收集机制是一个重要的机制，也是一个重要的特征，是对内存实现完全自动化管理，防止和杜绝程序员在管理内存时人为造成错误的一个有效手段，并且减轻了程序员进行内存管理的负担。

1.3.4　Java 语言程序的代码安全机制

由于 Java 语言程序的两步执行机制，因此通常会在编辑源程序代码之后，立即将其编译成字节码，然后在 Internet 网络环境下进行必要的传输。Java 运行时系统执行字节码的过程可分为 3 个步骤：代码的装入、代码的验证和代码的执行。将代码的验证和代码的执行分开的方式确保了 Java 语言程序在运行时的可靠性，这种机制称为 Java 语言程序的代码安全机制。

这种安全机制实际上对 Java 代码进行了双重的安全检查：第一次是在程序编译时进行的；第二次是在程序运行时由 Java 虚拟机进行的。两次安全检查在很大程度上确保了 Java 代码的安全性。

1.4　Java API 文档的使用与学习

在 Java 的官方网站上，无论是在早期的 Sun 官方网站还是近年的 Oracle 官方网站上，除了可以下载 JDK 的安装包，还可以下载关于 JDK 的文档包，或者可以在线浏览 Java API 文档。Java API（Java Application Programming Interface，Java 应用程序接口）文档是由 Java 官方提供的详细描述了 Java 类库中的类的文档资料。Java 类库中定义了近万个类、接口、注解等，并且大多数都具有其自身特定的功能和属性。Java API 文档中详尽地描述了所有类库成分的细节。

Java 类库中所定义的类和接口是按照不同的包组织和管理的。Java API 文档按照包的方式，将每个类库中的类或接口用一个独立的 HTML 文档描述，并将描述类和接口等的文档平行地存储在不同的文件夹里。在每个文档中，最前面一栏是对类的功能的简要介绍，然后是对构造方法及重载构造方法的汇总，最后是对类中的内定义变量成员和方法成员的详尽描述。

方法的描述包括以下几方面。

（1）方法的功能，即方法可以完成的程序动作。

（2）方法的形参变量的名称、类型。

（3）方法的返回值的类型，或者以 void 说明方法无返回值。

（4）上述成分的更为详尽的说明。

可以说，Java 程序员在进行程序设计时，需要了解类库中的很多内容，甚至需要准确掌握它们，Java API 文档可以为程序员提供最准确、最权威的帮助。本书在讲解 Java 语言的过程中将尽可能多地向读者介绍 JFC 中的内容，同时建议读者经常阅读 Java API 文档，从而通过查阅 Java API 文档了解 Java 语言中更全面、更详细、更准确的信息。

1.5　Java 开发工具简介

由于 Java 语言从一开始就是开放式的，其技术标准对所有用户开放，因此在 Sun 公司推出 Java 语言之后，很多 Java 方面的开发工具和 Java 产品就如雨后春笋般地出现了，下面介绍部分 Java 开发工具。

1.5.1　JDK

JDK（Java Developer's Kit）是 Sun 公司开发的 Java 编程工具包，被认为是 Java 语言的标准规范，是可以从 Sun 公司网站上免费下载的开放软件。Java 语言在每次进行更新时，都会推出一个新版的 JDK 工具包。JDK 包括适用于 SPARC Solaris、X86 Solaris、Windows NT、Windows、Macintosh 等平台的几种版本。

我们可以到 Sun 公司或 Oracle 公司的网站上找到一个与自己的操作系统平台相匹配的 JDK，并将其下载到本地硬盘上。一般来说，我们所下载的都是 Java SE 平台的、名称为 J2SDK 的文件。这是一个自动解压缩文件，双击该文件即可进行安装，在 Windows 环境下，只要再配置一下系统的环境变量，就可以使用了。JDK 是一个在命令行下使用的工具集，其中包含多个编程工具，如编译器 javac、解释器 java、调试器 jdb、反汇编器 javap、文档管理器 javadoc 等。

1.5.2　NetBeans

NetBeans 是一个免费的、开源的、用于开发 Java 应用和 Java EE 应用的集成开发环境 IDE。该软件由 Oracle 公司开发，该环境支持 Java EE 平台。NetBeans 的特点是安装简便，使用简单，运行稳定。借助这个开发工具，可以十分方便地开发 Java 语言程序。

我们可以到 Oracle 公司的官方网站下载自动解压缩文件。双击该文件即可进行安装。

1.5.3　Eclipse

Eclipse 是一个开放源代码的软件开发项目，其目标是成为工业开发平台。计算机巨头 IBM 为 Eclipse 开放源代码项目投资大约 4000 万美元，并将成果捐赠给国际开放源代码团体，由开放源代码协会——Eclipse 组织进行管理。Eclipse 软件是该组织的基于 Java 的开发平台。Eclipse 软件可以集成不同的软件开发工具厂商的产品，并且任何软件开发工具厂商都可以将其产品、工具或组件加入 Eclipse 平台，所以 Eclipse 也可以支持 C、C++、C#和 COBOL 等编程语言。它由 3 个子项目组成：平台子项目、Java 开发工具子项目和插件开发环境子项目。对于任何组织和个人而言，只要遵循通用公共许可协议，就可以到 Eclipse 组织的主页（http://www.eclipse.org/）上免费下载 Eclipse 的最新版本。在 Eclipse 集成开发环境下，用户可以开发各种 Java 应用项目。

1.5.4　JBuilder

JBuilder 是由世界著名的计算机软件厂商 Borland 公司推出的遵循 J2EE 标准的可视化集成开发工具，经过几年的发展，已经成为应用非常广泛的 Java 开发工具之一。JBuilder 提供了可视化的集成开发环境，支持构建标准的 Java 应用系统。JBuilder 具有强大的开发向导，支持基于组件的开发过程，除了支持标准的 Java Application 程序开发，也可以用来开发 Java Applet 程序，还可以用来开发基于 JSP、Servlet、JavaBean 和 JDBC 等的 Web 应用程序，以及基于 RMI、CORBA、EJB 的分布式应用程序等。JBuilder 具有许多优点，功能十分完善，深受程序员的喜爱。

1.5.5 JCreator

JCreator 是由 Xinox 软件公司推出的小巧但功能强大的 Java IDE 开发工具。JCreator 为用户提供了大量的功能，如项目管理、工程模板、代码完成、调试接口、高亮语法编辑、使用向导及完全定制的用户界面。由于其简单易学的特点，深受广大初学者的喜爱。JCreator 需要与 J2SDK 同时安装。在使用 JCreator 时，用户可以直接编译或运行 Java 语言程序，而无须事先激活主文档。JCreator 会自动找到有主方法的文档或带有 Java 语言程序的 HTML 文档，然后打开合适的工具。JCreator 可以用于开发 Java Application 和 Java Applet 程序。

1.5.6 Symantec Cafe

Cafe 是由 Symantec 公司推出的一种非常优秀的 Java 集成开发环境，也是一个只能在 Symantec 公司的 Java 虚拟机、Netscape 公司的 Java 虚拟机和 Microsoft 公司的虚拟机上工作的调试器。其明显的特点是运行代码的速度快，与在 JDK 上的运行速度相比，同样的 Java 语言程序在 Cafe 上面运行的速度要快几倍甚至十几倍。Symantec Cafe 包括 Cafe、Visual Cafe、Visual Cafe Pro 等版本，市场售价分别约为 80 美元、200 美元、500 美元。Visual Cafe 综合了 Java 软件的可视化源程序开发工具，允许开发人员在可视化视图和源程序视图之间进行有效转换。在可视化视图中进行的修改可以立即反映在源代码中，对源代码的改变也会使可视化视图自动更新。在 Visual Cafe 中进行全局检索和替换时，Visual Cafe 将自动生成指明关系的必要 Java 代码。Visual Cafe 可以在 Windows 95 和 Windows NT 平台下运行。

1.5.7 IBM Visual Age for Java

Visual Age for Java 是由计算机巨头 IBM 公司开发的支持完全面向对象程序设计思想的功能强大的开发工具。它广泛支持可视化编程，支持利用 CICS 连接遗传大型机应用，支持 EJB 的开发应用，支持与 Websphere 的集成开发，是一个非常成熟的开发工具。作为 IBM 电子商务解决方案工具之一，Visual Age for Java 可以无缝地与其他 IBM 产品，如 WebSphere、DB2 融合，迅速完成从设计、开发到部署应用的整个过程。Visual Age for Java 支持团队开发，可以根据用户使用图形化文件编辑器产生的界面，在后台自动进行大部分的编程工作。尽管这些自动编出来的代码可能不是最优的，但是这样可以省去大量的编程工作。在代码的框架基本自动生成之后，程序员就可以开始着手编写函数。

1.5.8 Java WorkShop

Sun MicroSystems 推出的 Java WorkShop 是一个集成的 Java 语言开发环境，大大方便了程序员在 Web 上开发 Java 应用程序。Java WorkShop 完全采用 Java 语言编写，是市场上销售的第一个完全的 Java 开发环境。Java WorkShop 的特点是：带有可视 Java 图形界面开发程序的 RAD 是一个图形工具，具有图形界面的快速应用程序设计（RAD）功能。Java WorkShop 开发环境的可移植性极好，支持 Solaris 操作环境（SPARC 及 Intel 版）、Windows 95、Windows NT 及 HP/UX。

本章知识点

★　Java 语言是一种平台无关的、可移植的高级程序设计语言。Sun 公司于 1995 年 5 月 23 日在 San Francisco 举行的 Sunworld 会议上将其正式发布。

★　Java 有 3 种开发平台：J2SE、J2EE、J2ME。

★　Java 是一种具有简单、面向对象、分布式、解释型、健壮性、安全、平台无关、可移植、高性能、多线程和动态执行等特性的语言。

★　在 J2SE 中可以编写两种 Java 语言程序：标准的应用程序 Java Application 和用于 WWW 页面设计的 Java Applet。

★　Java 语言与 C 语言和 C++语言非常相似，它们有很多相同的地方，也有很多差别。

★　在 Java Application 程序中应该包含主类和主方法。

★　在 Java 开发工具中可以运行 Java Application 程序，但是在运行 Java Application 程序时，要先将 Java 源程序编译成字节码文件，再解释执行。

★　Java 字节码是一种类似于汇编指令的指令集合，但是它不是任何一种具体的处理器的汇编指令。

★　现在的 Java 语言程序通常都是以图形界面的方式运行的。

★　Java 运行时系统是运行 Java 字节码的系统，Java Application 的运行时系统是 Java 解释器，Java Applet 的运行时系统是 Java 兼容的 Web 浏览器。

★　Java 虚拟机是一个规范的可以运行 Java 字节码的操作平台，是 Sun 公司与其 Java 合作伙伴一起制定的一项技术规范。

★　自动垃圾收集机制是 Java 语言进行内存自动化管理的一种机制。

★　Java 语言程序的代码安全机制是 Java 语言进行代码自动检测的机制。

★　由于 Java 的开放性原则和标准，目前有多种 Java 开发工具可供用户选择。

习题 1

1.1　Java 语言对高级程序设计语言的设计思想有哪些发展？

1.2　作为新一代的程序设计语言，Java 语言自身具备哪些特点？

1.3　Java 语言与 C++语言有哪些不同？

1.4　通过学习本章的内容，你认为 Java 语言有哪些创新之处？

1.5　什么是 Java 虚拟机？它对 Java 语言程序的执行有什么作用？

1.6　Java 虚拟机是如何实现内存的自动管理的？

1.7　Java 虚拟机可以通过什么方式实现？

1.8　利用 JDK 如何编译一个 Java 语言程序？在命令行下是怎样操作的？

1.9　利用 JDK 如何运行一个 Java 语言程序？在命令行下是怎样操作的？

1.10　在编辑完成一个 Java 语言程序之后，使用什么文件名存储？

1.11　一个 Java 语言程序在经过编译之后，会生成什么样的文件？这个文件使用什么文件名存储？

实验 1

S1.1　下载并安装 JDK 开发工具。

S1.2　下载并安装 NetBeans 开发工具。

S1.3　下载并安装 Eclipse 开发工具。

S1.4　在 NetBeans 中创建一个 Java Application 程序：启动 NetBeans，在主菜单上选择"文件"→"新建项目"命令，将出现"新建项目"对话框，在"类别"下拉列表中选择"Java"选项，在"项目"下拉列表中选择"Java 应用程序"选项，然后单击"下一步"按钮，进入"新建 Java 应用程序"对话框。在"新建 Java 应用程序"对话框中依次填写项目名称、项目位置、项目文件夹，然后单击"完成"按钮，进入代码编辑界面，其中已经创建了一个 Java 主类，类名与所填写的项目名称相同。在代码编辑界面中编辑代码后，单击工具条上的绿色三角工具按钮，即可运行调试程序。

第 2 章　Java 语言结构化程序设计

本章主要内容：作为一种高级程序设计语言，Java 语言同样拥有其他高级程序设计语言所必须具备的基本语言成分。本章主要介绍 Java 语言的结构化程序设计成分，包括标识符、关键字和数据类型，运算符与表达式，语句与流程控制，数组等。这些成分保证了 Java 语言能够完成结构化程序设计，是 Java 语言成为面向对象程序设计语言的基本前提。

2.1　标识符、关键字和数据类型

本节介绍组成 Java 语言的基本元素，包括字符集、标识符、数据类型等，这些基本元素是构成 Java 语言表达式和语句的最小单位。

2.1.1　注释与程序段

Java 语言支持 3 种格式的注释信息：

```
//单行注释
/* 单行或多行注释 */
/** 针对 JDK 工具 javadoc 的注释 */
```

其中，前面两种注释方式与 C 语言和 C++语言中的注释方式是一致的，第三种注释方式是 Java 语言中新增的，主要是为了在 JDK 中自动生成注释文档而设计的。如果不使用 JDK 的 javadoc 工具，则第三种注释与第二种注释的作用基本一致。

Java 语言的每条执行语句的结尾处要用分号"；"标记，包括声明创建语句、初始化语句、表达式语句、赋值语句、方法成员访问语句、8 条基本流程控制语句、package 语句和 import 语句。

Java 语言允许在程序代码中添加空格符、制表符和回车符，因为程序在编译时会忽略这几种字符，所以添加这几种字符之后不影响程序的语义。

由一对大括号"{"和"}"括起来的若干条语句可以构成语句块。语句块在程序结构中的作用与一条语句相似，即在任何可以出现语句的地方，都可以出现语句块。

为了增加程序的可读性，结合软件工程的要求，建议程序员在编写程序时尽量做到以下几点。

（1）在程序中应该尽量多写注释信息，避免遗忘程序的内容，并使其他人在阅读程序时，能够迅速弄清代码的内容，理解程序的设计目的和功能。

（2）应该将程序中具有相对独立功能或逻辑结构的语句序列标记为语句块，特别是在选择结构和循环结构这两种控制结构语句中，必须将不同层次和不同结构的语句标记为语句块，这样既可以使其他人在阅读程序时易于理解，也可以使程序在编译执行时不易出错。

（3）虽然使用空格符、制表符和回车符并不影响程序的语义，但是如果将这些符号放到标识符和关键字的字符中间，依然是不正确的；如果将这些符号放到一些由两个或两个以上字符组成的运算符中间，也是一种语法错误，所以应该尽量在适当的位置添加这几种符号，以避免引发意外的错误。

（4）应该注意程序的书写格式，尽可能保持每行只有一条语句，并采用缩进式的格式表明程序中语句的层次关系。现在的工具软件大多具有这些辅助功能，能够自动帮助程序员完成。

2.1.2　字符集和标识符

不同于以往的高级程序设计语言，Java 语言采用 Unicode 字符作为字符集，而不再采用 ASCII 码作为字符集。Unicode 字符是一种以 16 位二进制存储格式存储的符号组成的字符集。这给 Java 语言程序代码带来了两个变化：一个是 Java 语言程序代码的存储量增加了一倍；另一个是 Java 语言可以使用的字符数量大幅度增加了。尽管现在 Java 语言所使用的字符基本上还都是 ASCII 字符集内的字符，但是 16 位二进制存储格式的字符集至少让 Java 语言有可能使用包括汉字在内的多种文字，这为 Java 语言走向国际化铺平了道路。

Java 语言的标识符是以字母、下画线或$符号开头的，后面含有字母、下画线、$符号和数字的字符串，其长度没有限制，但 Java 语言最多可以识别前 255 个字符。

在程序中，标识符可以作为类名、方法名、变量名、语句标号名等。

Java 标识符中的字母是区分大小写的，即同一个英文字母的大写字母和小写字母会被 Java 语言看作不同的字符。

Java 语言程序中对标识符的使用有以下一些编程惯例，虽然这些惯例不是 Java 语言语法的强制性要求，但是程序员应该尽量遵守这些惯例。

（1）类名和接口名标识符通常使用英文单词中的名词，并且无论标识符中有几个单词，每个单词的首字母都大写。

（2）方法名标识符使用英文单词中的动词开头的单词序列，首个单词全部小写，后面的每个单词的首字母大写。

（3）常量名标识符全部使用大写字母。

（4）所有的对象实例名和类变量成员名都使用首个单词全部小写，后面的每个单词的首字母大写的格式。

2.1.3　Java 语言的关键字

Java 语言定义了关键字，这与其他的高级程序设计语言一样。

关键字是由系统定义的一些字符串，代表语言中的特定含义。Java 语言共定义了 48 个关键字，其中包括 3 个表示特殊值的保留字。除 48 个关键字之外，Java 语言还有 2 个保留但已经不在 Java 语言中使用的关键字。附录 A 中收录了所有的 Java 语言关键字。Java 语言关键字中的字符都是小写字母。

关键字一经定义，就被赋予了特定的含义，在程序中就不能被随便使用了。也就是说，这些字符串将不能再被用作一般标识符。特别地，在使用关键字的过程中，不能将关键字的字符串用空格符、制表符和回车符等分隔，否则将导致一个编译错误。但是允许在标识符字符串中包含关键字，比如，虽然 else 不能被用作标识符，但是可以将 toelse 用作标识符。

2.1.4 Java 语言基本数据类型

Java 语言的数据类型及相互关系如图 2.1 所示。这里主要介绍 Java 语言的基本数据类型，引用数据类型将在后面介绍。Java 语言共有 4 类 8 种基本数据类型。

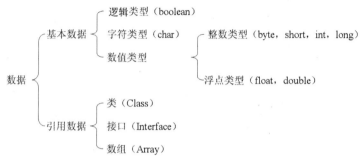

图 2.1 Java 语言的数据类型及相互关系

2.1.4.1 逻辑类型：boolean

在早期的一些高级程序设计语言中，逻辑类型就是一种基本数据类型，如在 ALGOL 60 语言、FORTRAN 语言中就定义了逻辑类型。C 语言和 C++语言中没有定义逻辑类型，而是使用整数类型代替了逻辑类型。Java 语言设置了逻辑类型作为一种基本数据类型。逻辑类型有两种取值：true 和 false，分别代表"逻辑真"和"逻辑假"。注意：在 Java 语言中，逻辑类型与整数类型不能进行直接转换，也不能使用整数类型代替逻辑类型，二者不能混为一谈，这与 C 语言和 C++语言有明显的不同。

2.1.4.2 字符类型：char

Java 语言将单个字符定义为字符类型。字符类型的数据必须使用单引号引起来，如 'a' '\b' '\u0325' 等。Java 语言采用 Unicode 字符作为字符集，所以其一个字符在内存中占据 16 位二进制的存储空间，需要使用 16 位无符号二进制整数或 4 位无符号十六进制整数来表示，其取值范围是 0~65535。注意：在 Java 语言中，不允许在字符类型和整数类型之间进行相互替代和相互转换，这也与 C 语言和 C++语言有明显的不同。

Java 语言支持转义字符。常见的转义字符序列如表 2.1 所示。

表 2.1 常见的转义字符序列

表达式	中文描述	英文描述	码值
\b	退格	backspace	\u0008
\t	水平制表	tab	\u0009
\n	换行	linefeed	\u000a
\r	回车	carriage return	\u000d
\"	双引号	double quote	\u0022
\'	单引号	single quote	\u0027
\\	反斜线	backslash	\u005c

例 2.1 给出了一个简单的字符输出的实例。

【例 2.1】在计算机屏幕上输出一个字符串""is a double quote"。

具体的程序如程序清单 2.1 所示。

程序清单 2.1

```
//Example 1 of Chapter 2

public class ArchitectApp1
{
    public static void main(String[] args)
    {
        String a = "is";
        String b = "a";
        String c = "double";
        String d = "quote";
        System.out.println("\""+" "+a+" "+b+" "+c+" "+d);
    }
}
```

程序的运行结果就是在屏幕上输出了一行字符""is a double quote"。

这里采用了一种 String 类型的变量来描述字符串。Java 语言把字符串定义为一个类——String 类,字符串不包括在 8 种基本数据类型中,而是被看作 String 类的对象实例,是一种引用数据类型。字符串数据必须用双引号引起来,如"Hello World"等。在输出双引号""时,采用了转义序列的表达方法,因为如果不采用这种方法,则系统将认为所要输出的双引号是与另外的一个双引号搭配起来描述某个字符串的,而不是要输出的字符串的一部分。这样一来,就会引起程序的解释歧义,从而发生编译错误或得不到预期的结果。另外,在上面的例子中还采用了"+"运算符将几个字符串连接起来,在 Java 语言中,"+"运算符可以被用作字符串连接运算符,这将在后面介绍。

有些细心的读者可能发现了这样一个问题:字母"a"和转义序列字符表达式"\""都是单个的字符,应该用单引号引起来,为什么要用双引号引起来?这是因为在这个程序中,将这两个符号都当作"只有一个字符的字符串"来看待,既然是字符串,就需要使用双引号引起来。

2.1.4.3 整数类型:byte、short、int 和 long

在 Java 语言中,共有 4 种整数类型的数据,即字节型、短整型、整型和长整型,分别用关键字 byte、short、int 和 long 来声明,其数据长度分别为 8 位、16 位、32 位和 64 位二进制。这 4 种整数类型的数据都是有符号数。每一种整数类型的数都可以用八进制、十进制或十六进制数的格式来表示。八进制表示法以 0 开头,十六进制表示法以 0x 开头。整数类型默认为 int 型,即在程序中如果出现了没有明确说明的整数类型常量或变量,则系统将以 32 位数据长度来存储。

整数类型数据的描述关键字、数据存储长度和取值范围如表 2.2 所示。

表 2.2　整数类型数据的描述关键字、数据存储长度和取值范围

描述关键字	数据存储长度	取值范围
byte	8 位	$-2^7 \sim 2^7-1$
short	16 位	$-2^{15} \sim 2^{15}-1$
int	32 位	$-2^{31} \sim 2^{31}-1$
long	64 位	$-2^{63} \sim 2^{63}-1$

2.1.4.4　浮点类型：float 和 double

在 Java 语言中，共有 2 种浮点类型的数据，即单精度型和双精度型，分别用关键字 float 和 double 来声明，其数据长度分别为 32 位和 64 位二进制。浮点类型的数据可以用普通的十进制数形式表示，也可以用指数形式表示。浮点类型默认为 double 型，即在程序中如果出现了没有明确说明的浮点类型常量或变量，则系统将以 64 位数据长度来存储。

浮点类型数据的描述关键字、数据存储长度和取值范围如表 2.3 所示。

表 2.3　浮点类型数据的描述关键字、数据存储长度和取值范围

描述关键字	数据存储长度	取值范围
float	32 位	$-3.4028234663852886E+38 \sim -1.40129846432481707E-45$ $1.40129846432481707E-45 \sim 3.4028234663852886E+38$
double	64 位	$-1.7976931348623157E+308 \sim -4.94065645841246544E-324$ $4.94065645841246544E-324 \sim -1.7976931348623157E+308$

这里需要强调一点，Java 语言的基本数据类型的存储长度，即所占据的内存字节数，都是被严格而明确地定义了的，无论在哪一种系统平台上都没有差异。这也是 Java 语言为确保其平台无关性和可移植性而采取的措施之一，与 C 语言和 C++语言有很大的差别，与其他高级程序设计语言也有所不同。

2.1.5　引用数据类型

除了基本数据类型，Java 语言还允许定义引用数据类型，其中包括类、接口和数组类型，这些将在后面的章节中分别介绍。

2.1.6　常量

常量是在程序运行中其值保持不变的量。Java 语言允许用户使用两种常量：文字常量（Literal Constant）和符号常量（Symbolic Constant）。文字常量是指在程序中直接写出量值的常量，符号常量是指用标识符代表的常量。如 37、2.1、true 和 F 等是文字常量，而以下语句中所声明的标识符 PAI 就是符号常量，这个标识符在被声明之后就代表了数值 3.14159。

```
static final PAI = 3.14159;
```

Java 语言的所有基本数据类型都可以定义常量，其取值范围内的值都可以被表示成文字常量。任何类型的 Java 语言标识符，只要用 final 关键字修饰之后，都将变为标识符常量，其值在赋值之后将不能再进行改动。

2.1.7 变量的声明和赋值

Java 语言的所有基本数据类型和引用数据类型都可以生成相应的变量。在 Java 语言中明确规定，任何变量、数组、对象实例标识符在使用之前都必须经过声明、创建和初始化，否则将无法完成任何操作。变量的声明是将代表变量的标识符在声明语句中进行说明；变量的创建是为变量分配存储空间，并且一旦分配了存储空间，就可以在程序中对这个变量进行初始化了；变量的初始化可以通过赋值语句完成。如果程序中存在未被初始化的变量，则会被认为是一个语法错误而无法编译。

Java 语言有一个特别规则：对于在方法体外部声明的变量，即类的变量成员，如果在程序中没有显式地赋予其一个初始的数值，则系统将自动为其赋予默认值。对于在方法体内部声明的变量，系统将不会自动为其赋予初始的数值，而必须由程序中的语句显式地完成这一工作。定义在方法体内部的变量一般被称为局部变量或临时变量。

基本数据类型变量能够被赋予的初始值如表 2.4 所示。

表 2.4　基本数据类型变量能够被赋予的初始值

数据类型	初始值
boolean	false
char	'\u0000'
byte	0
short	0
int	0
long	0L
float	0.0f
double	0.0d
各种引用类型	null

编程技巧提示 2.1　用有含义的字符串定义标识符

可以用英文单词序列定义标识符，这有利于其他人对程序的理解，即使不乐于使用英文单词，使用汉语拼音字符串也是有帮助的。这在团队开发中是很有效的传递代码实际意义的一种方式，即使对于程序员自己，也具有提示作用。

编程常见错误提示 2.1　关键字拼写错误

初学者易犯的一个错误是把 Java 语言的关键字拼写错了，特别是把关键字中的字母写成大写的，造成编译系统错误理解程序代码。

编程常见错误提示 2.2　在主类中定义变量，然后在主方法中访问

初学者在编写一个程序时经常出现的错误是，把在学习 C 语言时的习惯带到编写 Java 语言程序中。在主类中定义变量，然后在主方法中访问，会导致一个静态属性问题，使程序无法通过编译，这将在第 3 章中具体讲解。

2.2 运算符与表达式

2.2.1 运算符

Java 语言的运算符基本上继承了 C 语言和 C++语言的运算符体系,从形式到功能,包括优先级和结合性都与 C 语言和 C++语言的运算符非常相似。Java 语言继承了大部分 C 语言和 C++语言的运算符,并且很多运算符都保持了原有的定义。总体而言,相同运算符之间的最大变化是,Java 语言对运算符的运算数的类型要求比 C 语言和 C++语言严格得多。主要的变化体现在,Java 语言取消了 C 语言和 C++语言中的结构体成员运算符"->",指针运算符"*"和"&",长度运算符"sizeof",新增定义了对象类型判定运算符"instanceof"和简单右移运算符">>>"。

Java 语言的运算符可以根据其功能分为几种类型。由于 Java 语言的运算符大部分与 C 语言和 C++语言的运算符相似,所以对于同样的运算符,本节不对其进行过多的讲解,只对新增运算符和使用定义有改动的运算符进行叙述。

2.2.1.1 成员运算符、下标运算符和优先运算符

运算符"."是取类的对象成员,包括变量成员和方法成员。

运算符"[]"是数组下标的标记。

运算符"()"可以提高括号内的表达式的运算优先级。

2.2.1.2 算术运算符

Java 语言的算术运算符包括 4 个一元算术运算符和 5 个二元算术运算符。

一元算术运算符:

运算符"++"是自增运算符,当运算符放在变量的前面时,称为前自增运算符;当运算符放在变量的后面时,称为后自增运算符。二者的差别是前自增运算符先将变量的值加 1,再用新的值参加它所在的表达式的运算;后自增运算符则是用变量的当前值参加它所在的表达式的运算,再将变量的值加 1。

运算符"--"是自减运算符,当运算符放在变量的前面时,称为前自减运算符;当运算符放在变量的后面时,称为后自减运算符。二者的差别是前自减运算符先将变量的值减 1,再用新的值参加它所在的表达式的运算;后自减运算符则是用变量的当前值参加它所在的表达式的运算,再将变量的值减 1。

运算符"+"是一元加运算符,可保持运算数的绝对值不变,而将其符号取为正。

运算符"-"是一元减运算符,或者称为取反运算符,可保持运算数的绝对值不变,而将其符号取为与原来相反。

二元算术运算符:

运算符"+"是算术加运算符。

运算符"-"是算术减运算符。

运算符"*"是算术乘运算符。

运算符"/"是算术除运算符。

运算符"%"是算术取模或求余运算符。

一般而言,Java 语言的二元算术运算符都要求参加运算的两个运算数为同一种数据类

型，其运算结果的数据类型将与运算数的数据类型一致。最典型的情形是当两个整型数进行除运算时，即使不能整除，该运算的结果也依然是整型数。例如：

```
int a = 20,b = 7;
y = a/b;
```

其中，y 将自动默认为 int 型，并且其值将是 2。

2.2.1.3 强制类型转换运算符

使用一组小括号将一个数据类型关键字括起来，并将其放到表达式的左面，就是强制类型转换运算，其结果是将表达式的结果从一种类型强制转换为另一种类型，其一般形式为：

```
(type) expression
```

Java 语言不支持变量类型之间的任意转换。Java 语言规定，在 byte、short、int、long 型数据之间和 float、double 型数据之间，低存储位数据类型可以直接转换为高存储位数据类型，这将在进行算术运算时，由系统根据具体情况自动完成，如将 short 型数据转换为 int 型数据。在将高存储位数据类型转换为低存储位数据类型时，需要使用强制类型转换运算符进行强制类型转换。比如，可以将 long、int、short 型数据强制类型转换为 int、short 或 byte 型数据，也可以将 double 型数据强制类型转换为 float 型数据，但是由于数据存储位数的减少，可能会降低数据精度；还可以将浮点类型的值强制转换为整数类型的值，但是这可能会引入截断误差，导致数据的小数部分丢失。除此之外的类型转换都不被允许。在这一点上，Java 语言比 C 语言和 C++语言严格得多。

2.2.1.4 字符串连接运算符

Java 语言扩展了运算符"+"的定义，使其具备连接两个字符串的功能，称为字符串连接运算符。例如：

```
String first = "James",last = "Gosling";
String name = first + last;
```

其中，name 的结果值为 JamesGosling。这样的情形我们在例 2.1 中已经见过了。

2.2.1.5 对象类型判定运算符

Java 语言增加了对象类型判定运算符"instanceof"，其使用格式为：

```
instance instanceof classname
```

其中，instance 是某个对象实例的引用标识符，classname 是某个已经定义的类的类名，其运算结果为逻辑类型。表达式的含义为测试 instance 是否为 classname 类的对象实例，答案为是则返回逻辑值 true，答案为否则返回逻辑值 false。

2.2.1.6 位运算符

Java 语言的位运算符包括 1 个一元位运算符和 6 个二元位运算符。Java 语言的位运算被限定为只适用于整数类型的数据。

一元位运算符：

运算符"~"是按位取反运算符。

二元位运算符：

运算符"&"是按位与运算符。

运算符"^"是按位异或运算符。

运算符"|"是按位或运算符。

运算符"<<"是左移运算符。

运算符">>"是右移运算符。

运算符">>>"是简单右移运算符。Java 语言新增了简单右移运算符">>>",或者称为无符号右移运算符,即无论左运算数是正数还是负数,右移后其左边空出的高位一概补0,这与右移运算符">>"不同。例如,表达式

```
10100000>>2
```

的结果为 11101000,而表达式

```
10100000>>>2
```

的结果为 00101000。对于左运算数为正数的情形,右移运算符和简单右移运算符的运算结果是一致的;而对于左运算数为负数的情形,二者的运算结果却大相径庭,右移运算符的结果相当于对左运算数做了一次除法,简单右移运算符的结果却和左运算数几乎没有数值上的联系。

2.2.1.7 关系运算符

需要特别提醒读者的是:Java 语言的关系运算符的运算结果是逻辑类型的值,当关系成立时结果为 true,否则为 false。Java 语言的关系运算符都是二元运算符。

运算符"<"是小于运算符。

运算符"<="是小于或等于运算符。

运算符">"是大于运算符。

运算符">="是大于或等于运算符。

运算符"=="是等于运算符。

运算符"!="是不等于运算符。

2.2.1.8 逻辑运算符

Java 语言由于定义了逻辑类型(或称布尔型)的数据,因此定义了逻辑运算和逻辑运算符。逻辑运算符的运算数都是逻辑类型的值,运算的结果也是逻辑类型的值。在 C 语言和 C++语言中,逻辑类型的数据是用整数类型的数据代替的,所以这里要再次提醒学习过C 语言和 C++语言的读者注意:在 Java 语言中,整数类型的数据与逻辑类型的数据不存在互换关系。

运算符"!"是一元逻辑非运算符。

运算符"&"是二元逻辑与运算符。

运算符"^"是二元逻辑异或运算符。

运算符"|"是二元逻辑或运算符。

运算符"&&"是二元条件逻辑与运算符。

运算符"||"是二元条件逻辑或运算符。

将运算符"&&"称为二元条件逻辑与运算符,是因为运算符"&&"在计算逻辑类型的值时,如果仅靠左运算数即可判定运算结果,则右运算数的值将被忽略。也就是说,当

左运算数的值为 false 时，无论右运算数的值是什么，结果都会是 false，所以这时系统将不再计算处于运算符"&&"右侧的表达式，而直接得到结果 false。同样的道理，将运算符"||"称为二元条件逻辑或运算符，也是因为当左运算数的值为 true 时，系统将不再计算处于运算符"||"右侧的作为右运算数的表达式，而直接得到结果 true。而运算符"&"和"|"在计算逻辑值时，总是将两个运算数的值都计算出来，再进行逻辑与或者逻辑或运算。这就是运算符"&&"和"||"与运算符"&"和"|"的差别所在。

2.2.1.9　三元条件运算符

三元条件运算符是 Java 语言中唯一的三元运算符，即有 3 个运算数参与运算，形式如下：

```
a?b:c
```

其中，运算数 a 是一个逻辑表达式，运算数 b 和运算数 c 是两个任意的表达式。这个运算表达式的结果取决于运算数 a 的逻辑值，当 a 的逻辑值为 true 时，其值为 b；当 a 的逻辑值为 false 时，其值为 c。

三元条件运算符可以用来代替简单的 if-else 语句，或者用于某些 if-else 语句无法使用的场合。

2.2.1.10　赋值运算符和复合赋值运算符

运算符"="称为赋值运算符，其左运算数是一个变量，右运算数是一个常量、变量或表达式，执行结果是将右端的值赋给左端的变量。通常左运算数和右运算数的数据类型是相同的或匹配的。

赋值运算符还可以与 5 个二元算术运算符和 6 个二元位运算符组成复合赋值运算符，用来简化类似于如下形式的赋值运算表达式：

```
变量 = 变量 运算符 表达式
```

这样的复合赋值运算符包括"+="、"−="、"*="、"/="、"%="、"<<="、">>="、">>>="、"&="、"|="和"^="共 11 个。例如，在下面的代码中

```
int x = 5;
x = x + 3;
```

第二行的语句可以用

```
x += 3;
```

来代替，从而简化程序。

2.2.2　Java 语言运算符的优先级与结合性

Java 语言运算符的优先级和结合性与 C 语言和 C++ 语言运算符的基本一致，附录 B 的"Java 语言运算符优先级和结合性表"总结了这些性质。

2.2.3　表达式

表达式是运算符与作为运算数的常量和变量遵循运算规则所形成的组合。

Java 语言的表达式既可以单独组成语句，也可以出现在选择条件测试、循环条件测试、

方法的参数调用等场合。在前面的章节中，我们已经对常量和变量进行了讲解，本节又介绍了运算符，只要遵循这些运算符的运算规则，无论怎样组合运算符和运算数，得到的都是表达式。

2.3 语句与流程控制

2.3.1 结构化程序设计中的 3 种控制结构

自 1960 年世界上第一种计算机高级程序设计语言 ALGOL 60 诞生以来，共有超过 1000种高级程序设计语言问世。计算机程序设计思想和理论的发展经历了以下几个阶段：模块化程序设计、结构化程序设计、面向对象程序设计。按照结构化程序设计的思想，程序应该由 3 种控制结构构成，即顺序结构、选择结构和循环结构。这 3 种控制结构都是单入口/单出口的程序结构。理论研究已经证明：任何简单或复杂的算法都可以由顺序结构、选择结构和循环结构这 3 种控制结构组合而成。

2.3.1.1 顺序结构

顺序结构表示程序中的各个操作是按照它们出现的先后顺序依次执行的，这是程序语句执行的自然流程，无须使用语句控制。顺序结构的执行示意图如图 2.2 所示。

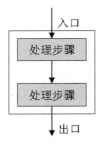

图 2.2 顺序结构的执行示意图

2.3.1.2 选择结构

选择结构表示程序的执行流程出现了多种可能，需要根据一定的条件选取一种。选择结构有单选择、双选择和多选择 3 种结构形式。标准的选择结构是双选择结构，单选择结构可以被看作双选择结构的简化形式，多选择结构可以被看作双选择结构的嵌套形式。选择结构的 3 种结构形式如图 2.3、图 2.4 和图 2.5 所示。

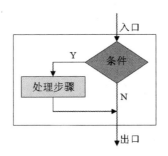

图 2.3 单选择结构形式

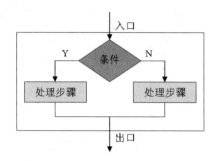

图 2.4　双选择结构形式

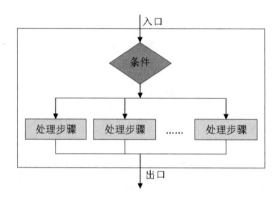

图 2.5　多选择结构形式

2.3.1.3　循环结构

循环结构表示程序中有部分代码要根据需要被执行多次，并且被执行的次数可能是事先知道的，也可能是事先不知道而只能在执行过程中根据运行情况来确定的。需要被重复执行的那部分程序代码称为循环体。我们将在后面结合循环语句的讲解给出循环结构的流程图。

在上面的几个图中，我们看到的程序"处理步骤"都是用语句实现的程序执行代码。语句是程序中的基本执行元素。Java 语言中有声明创建语句、初始化语句、表达式语句、赋值语句、方法成员访问语句、8 条基本流程控制语句、package 语句和 import 语句等。值得一提的是，Java 语言实现了结构化程序设计思想的一个主张："有限制地使用 goto 语句。"在继承 C 语言大部分语句时，Java 语言唯独没有继承 C 语言 9 条基本语句中的 goto 语句，而是彻底地抛弃了该语句。

在 Java 语言的语句中，package 语句和 import 语句具有特定的用途，被放在类定义的类体外面，而其他的语句都要求被放在类定义的类体里面。所有语句的后面都需要使用分号。

下面介绍 Java 语言的 8 条基本流程控制语句。

2.3.2　选择语句

2.3.2.1　if-else 语句

if-else 语句，也称为条件语句，它的基本语法格式如下：

```
if(boolean_expression)
  statement_or_block
```

```
else
  statement_or_block
```

其中，boolean_expression 表示一个逻辑表达式，statement_or_block 表示语句或语句块。

if-else 语句结构实际上就是前面介绍的程序控制结构中的双选择结构，其执行流程就是如图 2.4 所示的流程。当逻辑表达式的值为 true 时，执行前一个语句或语句块，否则执行后一个语句或语句块。

if-else 语句可以将 else 部分省略，成为简化的形式：

```
if(boolean_expression)
  statement_or_block
```

此时的执行流程就是前面介绍的程序控制结构中单选择结构的执行流程，如图 2.3 所示。当逻辑表达式的值为 true 时，执行语句或语句块；否则这个语句就什么也不执行。

在介绍 if-else 语句时，需要讨论一个经常遇到的影响程序执行结果的问题，即当多条 if-else 语句被嵌套使用时，出现的所谓"else 悬挂问题"，请参考如程序清单 2.2 所示的例子。

程序清单 2.2

```java
//Example 2 of Chapter 2 save as ArchitectApp2.java

public void proccessResult(int result)
{
    if (result<=75)
        if(result>=60)
            System.out.println("及格");
    else
        if(result>=90)
            System.out.println("优秀");
        else
            System.out.println("良好");
}
```

这个程序定义的 proccessResult()方法的本意是采用二分法的算法为不同的考试成绩输出不同的结果，具体的思路是：对于成绩在 75 分及以下的，若成绩在 60 分及以上则输出"及格"；对于成绩在 75 分以上的，若成绩在 90 分及以上则输出"优秀"，否则输出"良好"。并且为了表达自己的思路，程序员用缩进格式写得清清楚楚。可以说这个思路是可行的，但是由于程序员没有很好地理解选择语句嵌套的语法，所以编写的程序偏离了程序员的本意。

按照 Java 语言的语法，Java 编译器总是将 else 与离它最近的 if 配对，所以 Java 编译器在编译时会将程序第 7 行的 else 与第 5 行的 if 配对，而不是与第 4 行的 if 配对。

程序清单 2.3 给出了程序清单 2.2 中程序的等效程序，其逻辑为"如果成绩在 75 分及以下则进入语句，若成绩在 60 分及以上，则输出'及格'；若成绩不在 60 分及以上则要看成绩是否在 90 分及以上，是则输出'优秀'，否则输出'良好'"。

程序清单 2.3

```java
//Example 3 of Chapter 2 save as ArchitectApp3.java

public void proccessResult(int result){
    if (result<=75)
    {
        if(result>=60)
            System.out.println("及格");
        else
        {
            if(result>=90)
                System.out.println("优秀");
            else
                System.out.println("良好");
        }
    }
}
```

　　然而程序清单 2.2 和程序清单 2.3 中的程序在实际执行时，就变成了对于 75 分以上的成绩什么也不输出，对于 75 分及以下且 60 分及以上的成绩输出"及格"，对于 75 分及以下且 60 分以下的成绩输出"良好"。显然，这是一个荒唐的逻辑和结果。

　　程序清单 2.2 的程序所犯的错误是没能清楚地理解 Java 语言的语法，从而获得了一个不希望得到的结果。这个错误是荒唐的，但是编译系统却无法发现，这是因为在语法检查时，该程序可以通过检查，并正常运行。避免这一错误的办法十分简单，只需要在程序中使用一对大括号"{"和"}"将相关的语句括起来，组成语句块，把程序中的层次标示清楚即可。请读者记住：缩进格式可以让人在阅读程序时看得清楚一些，但是不会改变编译器对程序的理解；而大括号则既可以让人看得清楚，也可以让编译器理解清楚。将程序清单 2.2 的程序改写为程序清单 2.4 的程序，从而向 Java 编译器清楚、明白地表达程序员的思路，就可以避免错误的发生，同时让程序更具可读性。

程序清单 2.4

```java
//Example 4 of Chapter 2 save as ArchitectApp4.java

public void proccessResult(int result)
{
    if (result<=75)
    {
        if(result>=60)
            System.out.println("及格");
    }
    else
    {
```

```
        if(result>=90)
            System.out.println("优秀");
        else
            System.out.println("良好");
    }
}
```

还有一种嵌套用法的 if-else 语句，即 if-else if-else 语句，它的基本语法格式如下：

```
if(boolean_expression1)
  statement_or_block
else if(boolean_expression2)
  statement_or_block
else
  statement_or_block
```

其执行逻辑相当于在第一个 if-else 语句的第二选项处放置了一个 if-else 语句，可以被看作两个 if-else 语句嵌套使用的简化方式。

2.3.2.2　switch 语句

switch 语句，也称为开关语句，它的基本语法格式如下：

```
switch(expression){
  case const1:statements
  case const2:statements
    ……
  default:statements
}
```

其中，expression 称为控制表达式，可以是 byte、short、int、char 四种数据类型之一，即必须是整数类型或字符类型的表达式，不能是其他数据类型的表达式。switch 语句中每个 case 和后面的 const1、const2 等称为控制标号，const1、const2 是常量，其数据类型与控制表达式的数据类型一致，必须是整数类型或字符类型的常量。statements 代表语句序列，default 关键字是一个专门的控制标号，这部分是 switch 语句中的可选项，可以根据需要选择写或不写。

Java SE 7 对 switch 语句的控制表达式和控制标号的数据类型进行了扩展，允许采用字符串型和常量作为控制表达式和控制标号的数据类型，这个补充扩展定义为程序员带来了一定的便利。

在 switch 语句中，包含由若干条语句组成的语句序列，其中一些语句前面设置了控制标号。switch 语句的执行规则是：当控制流进入 switch 语句时，首先计算出控制表达式的值，然后由程序将这个值与各个控制标号中的常量进行对比。如果控制表达式的值与某个控制标号中的常量相等，就从该控制标号所标记的语句开始执行语句序列，并一直执行到 switch 语句中语句序列的最后。如果控制表达式的值不与任何一个控制标号中的常量相等，则从 default 关键字标示处开始执行语句序列，并一直执行到 switch 语句中语句序列的最后。如果没有 default 控制标号部分，则 switch 语句将不进行任何操作而退出程序的控制，执行下面的语句。基本的 switch 语句的执行流程如图 2.6 所示。

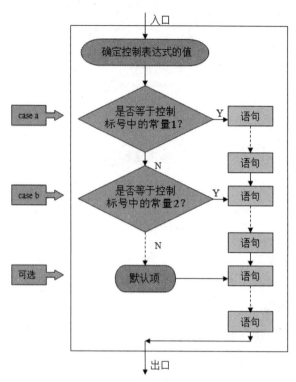

图 2.6　基本的 switch 语句的执行流程

关于 switch 语句有以下几点说明。

（1）在比较控制表达式的值与控制标号中的常量时，只进行相等比较。如果所有的控制标号中的常量都不与控制表达式的值相等，而且 switch 语句中没有 default 控制标号部分，则 switch 语句将不进行任何操作而退出 switch 语句。

（2）在 switch 语句中，可以结合使用 break 语句。在每个 case 标号后面的语句序列的最后放一条 break 语句，程序在执行到 break 语句时就会跳出 switch 语句。这样一来，switch 语句就变成了多选择结构的语句。带有 break 语句的 switch 语句的执行流程如图 2.7 所示。

（3）在 switch 语句中，控制标号中的常量不能相等，如果出现相等的情形，将被看作一个语法错误。

（4）有两种情形是需要特别注意的，即当控制标号为字符型时，不要忘记使用单引号将其括起来；当控制标号为字符串型时，不要忘记使用双引号将其括起来。

（5）default 控制标号部分是一个可选项，程序员可以根据设计要求决定是否使用。在带有 break 语句的 switch 语句中，default 控制标号后面的语句序列的最后不必放 break 语句，但是为了保持程序的形式一致，也可以放一条 break 语句，因为无论是否放 break 语句，语句的控制流程都没有什么差别，switch 语句的运行结果是一样的。

（6）按照 Java 语言的语法，switch 语句中不要求使用大括号来标示，但是为了程序的可读性，可以使用大括号将语句块标示清楚。

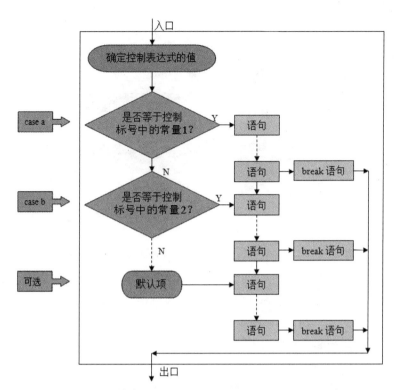

图 2.7　带有 break 语句的 switch 语句的执行流程

2.3.3　循环语句

Java 语言共设置了 3 种循环语句，分别使用 3 种方式完成循环操作，它们是 for 循环语句、while 循环语句和 do-while 循环语句。

2.3.3.1　for 循环语句

for 循环语句的语法格式如下：

```
for(init_statement; boolean_expression; alter_expression)
    statement_or_block
```

第一行称为语句头，其中，init_statement 代表一个初始表达式，用于初始化循环控制变量；boolean_expression 代表一个逻辑表达式，是在 for 循环语句中决定循环是否可以继续进行的条件，称为循环控制条件；alter_expression 代表一个用于增加循环控制变量的值的表达式。语句头中的 3 个部分之间使用分号隔开。statement_or_block 代表作为循环体的语句或语句块。

for 循环语句在执行时按照如下的逻辑次序进行：首先初始化循环控制变量，然后判断循环控制条件是否为真，若为真则执行一次循环体，并进行一次循环控制变量增加计算，之后再次判断循环控制条件是否为真；否则退出 for 循环语句控制流，执行下面的语句。for 循环语句的执行流程如图 2.8 所示。

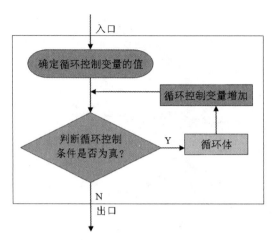

图 2.8　for 循环语句的执行流程

关于 for 循环语句有以下几点说明。

（1）for 循环语句通常需要使用一个循环控制变量来控制循环控制条件的判定，通过调整循环控制变量的值，使循环控制条件最终变为假，从而控制循环体的执行次数。在大多数情况下，for 循环语句的执行次数可以通过循环控制变量的初始值、循环控制变量的增加量和循环控制条件事先判断出来。

（2）for 循环语句的语句头中的 3 个部分都不是必须出现的，其功能可以在程序的其他地方实现或省略，但是这样一来，语句的功能将会发生相应的改变。例如，在 for 循环语句之前已经初始化了循环控制变量，则第一部分可以省略；如果省略第二部分，则程序将认为循环控制条件始终为真，程序将成为一个死循环，除非在循环体中有跳出循环体的功能语句；如果省略第三部分，则程序将不进行循环控制变量增加计算，把这个计算放到循环体中也是可以的。循环控制变量的增加值可以是负值。

（3）很多初学者容易犯的一个错误是把 for 循环语句语句头中的 3 个部分之间的分号写成逗号，这是需要引起注意的。另外，无论省略 3 个部分中的哪一个部分，分号都是必须保留的。

（4）建议程序员在编写程序的时候使用大括号将循环体标示清楚。如果循环体中的语句超过一条，那么这是必须做的事情。即使只有一条语句，使用大括号也是一个好习惯，可以让程序更具可读性。在程序中使用大括号不会产生不良的作用。

2.3.3.2　while 循环语句

while 循环语句的语法格式如下：

```
while(boolean_expression)
  statement_or_block
```

其中，boolean_expression 代表循环控制条件；statement_or_block 代表作为循环体的语句或语句块。当循环体中的语句超过一条时，同样要求用大括号标示清楚。

while 循环语句在执行时按照如下的逻辑次序进行：首先判断循环控制条件是否为真，若为真则执行一次循环体，然后再次判断循环控制条件是否为真；否则退出 while 循环语句控制流，执行下面的语句。while 循环语句的执行流程如图 2.9 所示。

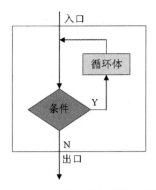

图 2.9　while 循环语句的执行流程

　　while 循环语句和 for 循环语句是有差别的，从语法上来说，并不要求 while 循环语句使用循环控制变量。通常 while 循环语句的循环次数是事先无法判断的，因此它适用于像牛顿迭代法那样的计算过程。在牛顿迭代法中，循环的终止条件是相邻两次计算结果的差符合精度要求，并以此来决定是否停止计算。对于不同的情形来说，计算过程的收敛速度不同，因此计算的循环次数也不同，这是事先无法判断的。

　　但是，while 循环语句也可以构造出与 for 循环语句的执行流程完全等效的结构，例如：

```
循环控制变量初始化；
while(循环控制条件)
{
循环体；
循环控制变量增加计算；
}
```

　　这样的结构也可以实现 for 循环语句的功能。这说明 while 循环语句和 for 循环语句的逻辑结构还是有相同的情形的。

2.3.3.3　do-while 循环语句

do-while 循环语句的语法格式如下：

```
do
  statement_or_block
while(boolean_expression)
```

　　与 while 循环语句相同，boolean_expression 代表循环控制条件，statement_or_block 代表作为循环体的语句或语句块。当循环体中的语句超过一条时，同样要求用大括号标示清楚。

　　do-while 循环语句在执行时按照如下的逻辑次序进行：首先执行一次循环体，然后判断循环控制条件是否为真，若为真则再次执行循环体；否则退出 do-while 循环语句控制流，执行下面的语句。do-while 循环语句的执行流程如图 2.10 所示。

　　do-while 循环语句和 while 循环语句很相似，二者的不同之处在于，do-while 循环语句是先执行一次循环体，再判断循环控制条件是否为真，若为真则继续执行，否则结束该语句；while 循环语句是先判断循环控制条件是否为真，若为真则执行循环体，否则结束该语句。do-while 循环语句至少循环一次，也可能循环若干次；而 while 循环语句可能一次都不循环，也可能循环若干次。do-while 循环语句的循环次数也是事先无法判断的。

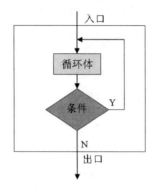

图 2.10　do-while 循环语句的执行流程

2.3.4　break 语句和 continue 语句

在 Java 语言中还有两条语句在控制结构中起辅助作用，分别是 break 语句和 continue 语句，这两条语句自身不进行任何操作，只是起到转移程序控制流的作用。由于 break 语句和 continue 语句可以转移程序控制流，因此有人建议在结构化程序设计中不使用这两条语句。

2.3.4.1　break 语句

break 语句在 switch 语句、for 循环语句、while 循环语句和 do-while 循环语句中执行时，可以立即结束当前的控制结构，而开始顺序执行下面的语句。前面在介绍 switch 语句时已经对 break 语句在 switch 语句中的使用进行了讲解，对于 break 语句在循环结构中的用法将在例 2.2 中讲解。

2.3.4.2　continue 语句

continue 语句在 for 循环语句、while 循环语句和 do-while 循环语句中执行时，可以结束当前正在执行的循环体中未完成的部分，停止当前循环，开始下一次循环。

例 2.2 给出了一个在循环结构中使用 break 语句和 continue 语句的实例。

【例 2.2】break 语句和 continue 语句在循环结构中的流程控制。

具体的程序如程序清单 2.5 所示。程序的执行结果如图 2.11 所示。

程序清单 2.5

```
//Example 5 of Chapter 2

import javax.swing.JOptionPane;

public class ArchitectApp5
{
    public static void main(String[] args)
    {
```

```java
String output = "";
for(int i=1;i<=10;i++)      //计划进行 10 次循环
{
    output +="\n 第"+i+"次循环开始。";
    if(i==2)continue;       //第 2 次循环到此跳过循环体中剩余的部分
    if(i==3)break;          //第 3 次循环到此结束
    output +="\n 第"+i+"次循环结束！";
}
output +="\n 结束整个程序的输出工作。";
JOptionPane.showMessageDialog(null,output);
System.exit(0);
    }
}
```

图 2.11　程序清单 2.5 的程序的执行结果

从图 2.11 中我们可以看到，程序中的循环语句本来是要进行 10 次循环的，第 1 次循环顺利完成了，输出了两条信息。在第 2 次循环时，由于循环控制变量 i 的值为 2，第一条 if 语句的条件为真，因此会执行 continue 语句，结果就是跳出了第 2 次循环，我们没有看到"第 2 次循环结束。"这样的信息输出，表明第 2 次循环没有完成。在第 3 次循环时，由于循环控制变量 i 的值为 3，第二条 if 语句的条件为真，因此会执行 break 语句，结果就是跳出了循环体，我们没有看到"第 3 次循环结束。"这样的信息输出，表明第 3 次循环没有完成。而且，这进一步导致第 4 次到第 10 次循环根本就没有进行，直接输出了"结束整个程序的输出工作。"这样的信息。

关于程序清单 2.5 中的程序代码还有两处需要说明。

（1）在 for 循环语句的语句头中，第一部分带有循环控制变量 i 的类型说明，这是语法允许的，而且是经常使用的一种方式。此时，变量 i 仅在 for 循环语句部分可以使用，这种变量的使用范围称为"声明的作用域"，将在 3.2 节中介绍。

（2）细心的读者可能会发现，在处于循环体内部的两条字符串对象实例 output 的连接运算表达式语句中，将 int 型循环控制变量 i 作为字符串型参与了连接运算，而且都正确执行了，这是因为系统将 int 型变量自动转化为字符串型了，这是 String 类的功能。

2.3.4.3　带标号的 break 语句

带标号的 break 语句的语法格式如下：

```
break label
```

其中，label 代表一个符合语法要求的语句标号。带标号的 break 语句使用在 switch 语句、for 循环语句、while 循环语句和 do-while 循环语句中。带标号的 break 语句比不带标号的 break 语句的控制转移能力要强一些，它可以结束多层嵌套控制结构的运行，确切来说，它可以退出由语句标号所标示的那一层控制结构，无论这一层控制结构与 break 语句所在的位置有多少层的"距离"。

2.3.4.4　带标号的 continue 语句

带标号的 continue 语句的语法格式如下：

```
continue label
```

其中，label 也代表一个符合语法要求的语句标号。带标号的 continue 语句同样使用在 for 循环语句、while 循环语句和 do-while 循环语句中。在嵌套的循环结构中，带标号的 continue 语句可以结束由语句标号所标示的那一层循环结构中的循环体的当前循环，并立即开始下一次循环，无论这一层循环结构与 continue 语句所在的位置有多少层的"距离"。

例 2.3 给出了一个使用带标号的 break 语句和 continue 语句的例子，用于简单说明它们的使用方法。具体的程序如程序清单 2.6 所示。程序的执行结果如图 2.12 所示。

【例 2.3】带标号的 break 语句和 continue 语句在循环结构中的流程控制。

程序清单 2.6

```java
//Example 6 of Chapter 2

import javax.swing.JOptionPane;

public class ArchitectApp6
{
    public static void main(String[] args)
    {
        String output = "";
        L01:{
            for(int i=1;i<=10;i++)          //计划进行 10 次外部循环
            {
                output += "\n第";
                output +=i;
                output +="次外部循环开始 ";
                for(int j=1;j<=8;j++){       //计划进行 8 次内部循环
                    if(i==4&&j==6)
                        break L01;
                    output += "## ";
                }                           //结束内部循环
                output +="第";
                output +=i;
                output +="次外部循环结束";
            }  //结束外部循环
```

```
    } //结束 L01
output +="\n 结束 break 语句的输出工作。";

L02:for(int i=1;i<=5;i++)              //计划进行 5 次外部循环
{
    output +="\n 第";
    output +=i;
    output +="次外部循环开始 ";
    for(int j=1;j<=6;j++)              //计划进行 6 次内部循环
    {
        if(i==2||i+j==7)
            continue L02;
        output += "$$ ";
    } //结束内部循环
    output +="第";
    output +=i;
    output +="次外部循环结束";
} //结束外部循环
output +="\n 结束 continue 语句的输出工作。";

JOptionPane.showMessageDialog(null,output);
System.exit(0);
    }
}
```

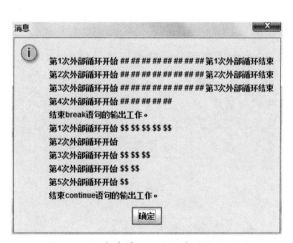

图 2.12　程序清单 2.6 的程序的执行结果

　　从图 2.12 中我们可以看到，当以 L01 标记的语句块执行到 i 为 4 且 j 为 6，即符合第一条单选语句的选择条件时，系统执行了 break 语句，使 L01 语句块停止执行，转而执行其下一条语句，并将"结束 break 语句的输出工作。"信息添加到输出字符串上。当以 L02 标记的 for 循环语句执行到第 1 次外部循环，而内部循环进行到 j 为 6 时，由于符合了 i 与 j 之和为 7 的第二条单选语句的选择条件之一，系统执行了 continue 语句，这次外部循环即

被以 L02 标记的 for 循环语句放弃，开始执行第 2 次外部循环；当第 2 次外部循环开始时，又由于符合了 i 为 2 的第二条单选语句的选择条件之一，系统又执行了 continue 语句，第 2 次外部循环又被放弃；在以后的 3 次外部循环中，每当 i 与 j 之和为 7 时，系统都会放弃外部循环而执行下一次循环，直到最后一次循环放弃执行循环体，并将"结束 continue 语句的输出工作。"信息添加到输出字符串上。

关于程序清单 2.6 中的程序代码还有以下几点说明。

（1）语句标号的写法：在标记语句之前、语句标号之后，一定要写上冒号。

（2）请读者注意：break 语句标号 L01 放在了由大括号标记的语句块前面，而 continue 语句标号 L02 放在了 for 循环语句前面，这是因为 break 语句可以退出多种控制结构，而 continue 语句只能退出循环控制结构。有兴趣的读者可以尝试将 L02 语句的外面放上一组大括号，并运行一下，看看有什么情况发生。

（3）在选择结构的逻辑表达式中使用了条件逻辑与和条件逻辑或运算符，这是因为在程序的运行中，可以使逻辑表达式为真的条件比较充裕。在计算逻辑表达式时，经常可以通过左运算数就得到逻辑真，在这种情况下，条件逻辑与和条件逻辑或运算符可以使程序在进行逻辑运算时减少一些运算量，从而提高程序的运行速度。

2.3.5　return 语句

return 语句也称为方法返回语句，这个语句在方法体中用于返回一个与方法的返回类型一致的值给方法的调用语句，使用格式如下：

```
return variable_or_expression
```

其中，variable_or_expression 代表变量或表达式，用于将这里的变量或表达式的值传递给调用 return 语句所在方法的语句。在实际使用时，要求 return 语句传递的值与方法的返回类型相同，这一点会在第 3.2 节中介绍。

编程常见错误提示 2.3　大括号和分号的不正确使用

大括号必须成对使用，并且放置的位置要正确。编译系统会检测大括号的匹配性，若出现不匹配的情形，则将出现错误。

语句的后面应该写分号，但是分号不会出现在右大括号之后，也不应该出现在 if 语句的条件判定部分之后，也不应该出现在 for 语句的语句头之后。

2.4　数组

在 Java 语言中，数组是一种简单的引用数据类型。定义一个数组实际上是定义了一组变量或对象实例。这组变量或对象实例的类型是相同的，并且使用共同的变量标识符来标识，需要通过不同的下标值来辨别它们。对于程序中所声明的数组来说，其中的任何一个成员都可以像普通的变量一样被使用。而因为它们使用了相同的变量标识符，所以可以很方便地在类似于 for 循环结构的特定结构中统一处理它们。Java 语言允许在程序中根据需要声明各种基本数据类型和引用数据类型的数组。

2.4.1 数组的声明、创建、初始化与释放

如同普通的变量一样，Java 语言的数组在使用时需要经过声明、创建、初始化 3 个步骤。数组的声明是对代表数组的标识符进行说明；数组的创建是为数组指定元素的个数，并为数组的元素分配存储空间；数组的初始化是为数组的所有成员赋予初值，为使用数组做出必要的准备，如果程序中使用了未被初始化的数组，将导致一个语法错误而无法编译。

2.4.1.1 数组的声明

数组的声明是对代表数组的标识符进行说明。注意：Java 语言不允许在声明数组时指定数组的长度，指定数组的长度要在创建数组时完成。Java 语言支持两种完全等价的数组声明格式，分别如下：

```
格式一: char s[]; Point p[];
格式二: char[] s; Point[] p;
```

我们在这里特意分别给出了针对基本数据类型和引用数据类型两种情形的数组声明格式。在声明数组时，既可以把下标标记符号放在变量标识符的后面，也可以把下标标记符号放在类型说明的后面，两种数组声明格式在效果上是一样的。

2.4.1.2 数组的创建

数组的创建是为数组指定元素的个数，并为数组的元素分配存储空间。创建数组需要使用 new 操作符。new 操作符可以在程序中创建一般的对象实例。如果已经有了如上面所示的数组声明，则数组创建格式如下：

```
s = new char[10]; p = new Point[4];
```

或者将数组的声明和创建一起完成，格式如下：

```
char[] s = new char[10]; Point[] p = new Point[4];
```

数组的变量标识符是一个引用，数组的创建使得这个引用指向存储数组的内存的首地址。

数组长度变量 length 是 Java 语言中定义的一个只读量，在系统创建数组时会被自动创建，可以作为数组的一部分与数组一同存储。length 的值为数组的元素的个数。一旦数组被创建，length 的值就不能更改，这也意味着数组在被创建之后就不能改变其长度。可通过数组名加取成员运算符“.”访问数组的长度，如 s.length 表示访问数组 s 的长度。

在创建数组时应当注意，Java 语言要求程序中所创建的数组元素的个数必须是正数。如果应用程序试图创建元素个数为负数的数组，则会抛出 NegativeArraySizeException 异常，该异常是在 Java 类库中定义的。关于异常的概念，我们将在第 4 章介绍。

2.4.1.3 数组的初始化

可以采用赋值初始化的方式，即通过执行赋值语句为数组成员赋予初始值。

还可以采用静态初始化的方式为数组成员赋予初始值，即使用大括号将数组元素的值逐一列出，格式如下：

```
char[] s = {'a','b','c','d'};
```

如果采用静态初始化的方式为数组成员赋予初始值，则需要在声明数组时同步进行，

即将数组的声明、创建、初始化一起完成。此时数组的长度由大括号中出现的值的个数决定，并且在这种方式下，数组的长度也不能更改。

例 2.4 示范了 Java 语言中常见的采用赋值初始化的方式为数组成员赋予初始值。其中使用了一个应用类 DecimalFormat，这个类用于格式化十进制数字，使用 0.000000 作为构造方法的参数，意即保留 6 位小数。具体的程序如程序清单 2.7 所示。程序的执行结果如图 2.13 所示。

【例 2.4】计算 0° 角、15° 角、30° 角、45° 角、60° 角、75° 角、90° 角的正弦值。

程序清单 2.7

```java
//Example 7 of Chapter 2

import javax.swing.JOptionPane;
import java.text.DecimalFormat;

public class ArchitectApp7
{
    public static void main(String[] args)
    {
        String output = "";
        double angle[],sinvalue[];
        angle = new double[7];
        sinvalue = new double[7];
        for(int i=0;i<angle.length;i++)
        {
            angle[i] = i*Math.PI/12.0;
            sinvalue[i] = Math.sin(angle[i]);
        }

        DecimalFormat df = new DecimalFormat("0.000000");

        output += "各个角度的正弦值: \n";
        for(int i=0;i<sinvalue.length;i++)
        {
            output += i*15 + "度角的正弦值:    " + df.format(sinvalue[i]) + "; \n";
        }

        JOptionPane.showMessageDialog(null,output);
        System.exit(0);
    }
}
```

图 2.13　程序清单 2.7 的程序的执行结果

这个程序中使用了 Math 类，使用了代表圆周率的 PI 常量，使用了计算正弦的 sin()方法。关于 Math 类，可以查阅 Java API 文档。

2.4.1.4　数组的释放

当数组中的所有元素都被使用完毕后，数组就完成了其在程序中的使命，需要释放其占用的存储空间，这称为数组的释放。与 Java 语言中的其他语言成分一样，数组的释放不需要程序员显式地操作，不再使用的数组会作为垃圾由系统通过自动垃圾收集机制自动处理。

2.4.2　多维数组

如同 C++语言一样，在 Java 语言中没有多维数组，多维数组是通过定义"数组的数组"来实现的。多维数组的声明、创建和初始化与一维数组相似，例如：

```
int twoDim[][] = new int[4][];
```

表示声明和创建了一个有 4 个元素的数组，每个元素都是一个数组。

例 2.5 给出了一个二维数组的使用实例，其中示范了静态初始化操作。具体的程序如程序清单 2.8 所示。程序的执行结果如图 2.14 所示。

【例 2.5】计算两个 3×5 矩阵的和。

程序清单 2.8

```java
//Example 8 of Chapter 2

import javax.swing.JOptionPane;

public class ArchitectApp8
{
    public static void main(String[] args)
    {
        String output = "";
        //声明数组一和求和数组
        int PlusArray1[][], SumArray[][];
```

```java
//采用静态初始化的方式为数组二的成员赋予初始值
int PlusArray2[][] =
    {{19,26,37,21,65},{22,36,28,42,5},{17,61,23,29,11}};

//创建二维数组的上层数组
PlusArray1 = new int[3][];
SumArray = new int[3][];

//创建二维数组的下层数组
for(int i=0;i<PlusArray1.length;i++)
{
    PlusArray1[i] = new int[5];
    SumArray[i] = new int[5];
}

//采用赋值初始化的方式为数组一的成员赋予初始值
for(int i=0;i<PlusArray1.length;i++)
{
    for(int j=0;j<PlusArray1[0].length;j++)
        PlusArray1[i][j] = (i+2)*(j+2);
}

//采用赋值初始化的方式为求和数组的成员赋予初始值
for(int i=0;i<SumArray.length;i++)
{
    for(int j=0;j<SumArray[0].length;j++)
        SumArray[i][j] = PlusArray1[i][j] + PlusArray2[i][j];
}

output += "数组求和的结果是：\n";

for(int i=0;i<SumArray.length;i++)
{
    for(int j=0;j<SumArray[0].length;j++)
        output += SumArray[i][j] + "  ";
    output += "\n";
}

JOptionPane.showMessageDialog(null,output);
System.exit(0);
    }
}
```

图 2.14　程序清单 2.8 的程序的执行结果

特别提示，多维数组需要逐层完成创建操作。在上面的程序中，二维数组 PlusArray1 的创建就经过了两步：第一步是创建其上层数组；第二步是创建其下层数组。二维数组 PlusArray1 采用了赋值初始化的方式进行初始化，二维数组 PlusArray2 采用了静态初始化的方式进行初始化。

2.4.3　不等长多维数组

与其他高级语言相比，Java 语言的多维数组还有一个特别之处：在数组的数组中，作为顶层数组的成员的数组之间可以有不一样的长度。例如，数组定义如下：

```
int twoDim[][] = new int[4][];
```

在上述定义的基础上，可创建第二维数组如下：

```
twoDim[0] = new int[4];
twoDim[1] = new int[2];
twoDim[2] = new int[3];
twoDim[3] = new int[4];
```

即定义 4 个长度不完全相同的数组作为数组 twoDim 的成员，这在 Java 语言中是合法的。然而对于习惯使用 C 语言和 C++语言的人，在这个问题上可能会感到不适应，其实仔细思考一下就会理解，这个差别是由 Java 语言数组的访问机制决定的。Java 语言在访问数组时是通过数组长度 length 变量来控制指针的移动的，这与 C 语言和 C++语言的控制方式明显不同。每个低层数组都有各自的 length 变量，因此不会发生访问的偏差。

2.4.4　数组边界与数组元素的访问

在 Java 语言中，数组元素的访问是通过数组下标来实现的，并且数组下标必须是整数类型的常量、变量或表达式，数组下标的值必须在 0～length-1 的范围内。如果数组下标的值不在上述范围内，则程序运行时将产生一个 ArrayIndexOutofBoundsException 异常，这也是 Java 异常的一种。当采用表达式作为数组下标访问数组时，系统总是先计算出表达式的值，再使用这个值访问数组。有了数组长度变量 length 的作用，Java 语言的多维数组才可以实现将其每个元素即子数组定义成互不相同的长度，实际上是因为其每一个子数组都各自记录了长度信息。

Java 语言的这个规定比 C 语言和 C++语言中对数组的访问规定要严格得多，逻辑上也严谨得多，使得在访问数组时，不会越过数组边界而访问不属于数组的数据，不至于破坏其他的内存数据，这体现了 Java 语言安全性的特点。

例 2.6 给出了 Java 语言中常见的一种数组元素复制操作。具体的程序如程序清单 2.9

所示。程序的执行结果如图 2.15 所示。

【例 2.6】将下面两个 short 型数组合并为一个 short 型数组：

```
ShortArray1 = {1, 2, 3, 4, 5, 6}
ShortArray2 = {31, 32, 33, 34, 35, 36, 37, 38, 39}
```

要求先将 ShortArray1 的元素按顺序放入，再将 ShortArray2 的元素按顺序放入。

程序清单 2.9

```java
//Example 9 of Chapter 2

import javax.swing.JOptionPane;

public class ArchitectApp9
{
    public static void main(String[] args)
    {
        String output = "";
        short ShortArray1[] = {1,2,3,4,5,6};
        short ShortArray2[] = {31,32,33,34,35,36,37,38,39};
        short ResultArray[];
        ResultArray = new short[ShortArray1.length+ShortArray2.length];
        System.arraycopy(ShortArray1,0,ResultArray,0,ShortArray1.length);
        System.arraycopy(ShortArray2,0,
                ResultArray,ShortArray1.length,ShortArray2.length);

        output +="数组 ResultArray 的元素是：\n";

        for(int i=0;i<ResultArray.length;i++)
        {
            output +=ResultArray[i]+",";
        }

        JOptionPane.showMessageDialog(null,output);
        System.exit(0);
    }
}
```

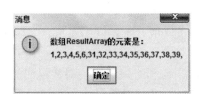

图 2.15　程序清单 2.9 的程序的执行结果

在上面的程序中，我们在创建数组 ResultArray 时，使用了此前已经初始化了的数组

ShortArray1 和 ShortArray2 的两个 length 变量的值。因为 ShortArray1 和 ShortArray2 已经初始化了，这两个 length 变量已经有了确切的值，所以对数组 ResultArray 的创建是可行的。在向数组 ResultArray 传递数组元素时，采用了 arraycopy()方法。这个方法是 System 类中定义的一个方法成员，其作用就是从源数组向目标数组复制数组元素。关于 arraycopy()方法的具体定义，请读者查阅 Java API 文档中对 System 类的说明。

2.5 结构化程序设计实例选讲

在我们学习完本章内容之后，已经可以编写具有一定计算能力和逻辑处理能力的程序了，即结构化程序。结构化程序是面向对象程序设计的基础，是十分重要的程序设计方法，对于程序员来说是必备的基础训练。结构化程序设计主要要求程序员掌握 3 种基本的程序控制结构，特别是对这 3 种控制结构的结合使用，也就是说，在实际问题上能够综合运用这 3 种控制结构，能够熟练使用它们描述问题的求解算法，并能够在此基础上准确地编写和调试程序代码。本节将通过几个实例介绍结构化程序设计，演示如何利用结构化程序设计的方法和思路解决实际问题。

按照软件工程的设计规范，对于一个实际问题来说，通常是按照"问题—模型—逻辑和算法—代码—软件"的设计路线来逐步解决的。建议读者在学习 Java 语言程序设计课程时，能够尝试将软件工程的设计思想和工作步骤融合进来。这对提高我们的软件开发能力是十分有用的，特别是在学习了类的概念并采用了面向对象程序设计手段之后，这种尝试会带来更多的好处。

【例 2.7】求级数 $1\times3\times5+2\times4\times6+3\times5\times7+4\times6\times8\cdots\cdots$ 中单项值在 10000 以下的项的和。

这个题目是初中代数题目的变形，原题是求前 n 项之和。求解这个题目，可以使用级数的通项表达式求和，并利用该级数的递增性质，只要知道单项值在 10000 以下的最后一项是第几项，然后求前面这些项的和即可。可以先用一个循环语句求项数，再用一个循环语句求和。在下面的程序中，我们会利用一个小技巧，由于在 for 循环语句中，循环控制条件可以是一个表达式，因此可以将上面算法中"求项数"这个环节放到 for 循环语句头中，并利用一个循环完成全部工作。

具体的程序如程序清单 2.10 所示。程序的执行结果如图 2.16 所示。

程序清单 2.10

```
//Example 10 of Chapter 2

public class ArchitectApp10
{
    public static void main(String[] args)
    {
        int count = 0;
        int i,s;
        for(i=1;(s=i*(i+2)*(i+4))<=10000;)
        {
```

```
        count +=s;
        ++i;
        System.out.println("s="+s);
    }
    System.out.println("级数前"+i+"项的总和是:"+count);
    }
}
```

图 2.16　程序清单 2.10 的程序的执行结果

在程序清单 2.10 的程序代码中，我们在 for 循环语句的语句头中使用了一个复合表达式作为循环控制条件。其中先对 int 型变量 s 进行了赋值运算，之后才进行了比较关系运算而得到一个逻辑值，这是被语法允许的。在 for 循环语句的执行过程中，每进行一次循环，都需要进行一次循环控制条件的判断。在每次判断中，都包含了一次对变量 s 的赋值运算，就是这部分节省了一个循环语句。

关于程序清单 2.10 中的程序代码还有以下几点说明。

（1）虽然在代码中节省了一个循环语句，但是程序的实际运算量并没有减少。

（2）我们将 for 循环语句的语句头中的第三部分，即循环控制变量的增量运算空出来了，并将这部分功能放在循环体中实现，这也是被语法允许的，逻辑上是正确的。

（3）有一处与前面的例 2.2 等不同，此例将循环控制变量 i 的声明放在 for 循环语句的外面，这样一来，i 的作用域就不是 for 循环语句了，而是整个 main()方法了，因此我们还可以在 for 循环语句后面的标准输出中使用这个变量。

（4）在这个程序中，我们有意识地采用了标准输出，这是想提醒读者，程序的输出方式有多种选择。在学习组件之后，读者可以找到更多的程序输出方式。

【例 2.8】解数字谜。

```
    A B C D
 —    C D C
```

这是一个模拟算术中的竖式减法计算的式子，其中的 A、B、C 和 D 分别代表一个 0～9 的数字，上面式子的含义就是"A 千 B 百 C 十 D 减去 C 百 D 十 C 等于 A 百 B 十 C"，要求将 A、B、C、D 四个字母所代表的数字求解出来。

上面这个题目可以采用"暴力求解"方式，把所有数字的组合都验证一遍。于是此题目就是比较典型的用多重循环嵌套来解决的题目，其逻辑结构比较简单，这里就不再赘述了。算法要点就是把 A、B、C、D 四个数所有可能的组合都计算了，并输出所有符合要求的组合。具体的程序如程序清单 2.11 所示。程序的执行结果如图 2.17 所示。

程序清单 2.11

```java
//Example 11 of Chapter 2

import javax.swing.JOptionPane;

public class ArchitectApp11
{
    public static void main(String[] args)
    {
        String output = "";
        for(int a=0;a<10;a++)
            for(int b=0;b<10;b++)
                for(int c=0;c<10;c++)
                    for(int d=0;d<10;d++)
                        if((((1000*a+100*b+10*c+d)-(100*c+10*d+c))
                                ==(100*a+10*b+c))&a!=0&c!=0)
                        {
                            output +="\n 所求的四个数是: "+a+","+b+","+c+","+d;
                            output +="\n 所求的算式是: ";
                            output +="\n    "+a+b+c+d;
                            output +="\n  -  "+c+d+c;
                            output +="\n------------";
                            output +="\n     "+a+b+c;
                        }
        JOptionPane.showMessageDialog(null,output);
        System.exit(0);
    }
}
```

在上述代码中我们添加了两个判定条件，即 A 不为 0 和 C 不为 0。这是因为数字的最高位一般不能为 0。

图 2.17　程序清单 2.11 的程序的执行结果

【例 2.9】在 4 组 1～10 之间的数字中分别随机抽取 1 个，组成一个数字集合，请问可以得到多少组不同的组合？

简单想一想这个问题，按照排列算法，一共可以得到 10 的 4 次方，即 10000 个数字集合，但其中一些数字集合是相同的，如（2，4，7，1）和（7，2，4，1）实际上是同一个集合。解决这个问题的关键是找到一个可以将相同的集合排除的方法。可以这样寻求解决方法：将数字集合中的数字按照从小到大的顺序排列，再依次按照第一到第四个数字从小到大的顺序排列所有的集合，就可以将相同的数字集合排列到一起，并在计数时将这些相同的数字集合按照 1 个计算即可。

将这个思路放到程序中，得到的程序如程序清单 2.12 所示。程序的执行结果如图 2.18 所示。

程序清单 2.12

```
//Example 12 of Chapter 2

import javax.swing.JOptionPane;

public class ArchitectApp12
{
    public static void main(String[] args)
    {
        String output = "";
        int count = 0;
        for(int a=1;a<=10;a++)
            for(int b=a;b<=10;b++)
                for(int c=b;c<=10;c++)
                    for(int d=c;d<=10;d++)
                        ++count;
        output +="总共可以得到"+count+"组不同的组合。";
        JOptionPane.showMessageDialog(null,output);
        System.exit(0);
    }
}
```

图 2.18　程序清单 2.12 的程序的执行结果

在这个程序中，我们使用了一个新的程序设计技巧，在嵌套式的循环中，将内层循环控制变量的起点设定为外层循环控制变量的当前值，从而解决了问题。在有些问题中，还可以对外层循环控制变量的当前值进行更复杂的应用，这是结构化程序设计中常见的技巧。

【例 2.10】100! 代表 100 的阶乘，试求在阶乘的结果数字中最右端 0 的个数。

100! 是一个很大的数字，使用计算机精确求解这个值是一个复杂的计算问题，现在题目所要求解的是在这个数字中，其低位连续出现的 0 的个数。经过分析我们会发现，其实在结果数字中，最右端出现一个 0，意味着数字中有一个约数 10，这样一来，问题就转化为求阶乘结果中有多少个约数 10。而约数 10 的个数也不易直接求出，因为约数 10 也可能是在各个数字做完乘法之后出现的。再进一步，我们发现 10 是由 2 和 5 两个素数组成的，所以问题还可以进一步转化为求约数 2 与约数 5 的个数，这两个约数的个数中的较小者就是约数 10 的个数。因此可以编写程序来求约数 2 与约数 5 的个数。

具体的程序如程序清单 2.13 所示。程序的执行结果如图 2.19 所示。

程序清单 2.13

```java
//Example 13 of Chapter 2

import javax.swing.JOptionPane;

public class ArchitectApp13
{
    public static void main(String[] args)
    {
        String output = "";
        int num2=0;
        int num5=0;
        for(int i=1;i<=100;i++)
        {
            int s=i;
            while(s%2==0)
            {
                s/=2;
                ++num2;
            }
            while(s%5==0)
            {
                s/=5;
                ++num5;
```

```
            }
        }
        output +="共含有约数 2: "+num2+"个, 约数 5: "+num5+"个。";
        output +="\n 在 100!的低位区中共有"+(num2<num5?num2:num5)+"个 0。";
        JOptionPane.showMessageDialog(null,output);
        System.exit(0);
    }
}
```

图 2.19　程序清单 2.13 的程序的执行结果

在这个例子中，我们在字符串连接表达式中使用三元条件运算符表达式选择出了约数
2 与约数 5 的个数中的较小者，这也就演示了三元条件运算符的一种使用方法。

【例 2.11】利用字符型数组生成字符串及计算几个自然数的 2 次幂。

这个例题的目的是简单演示一下数组的操作与处理。具体的程序如程序清单 2.14 所
示。程序的执行结果如图 2.20 所示。

程序清单 2.14

```
//Example 14 of Chapter 2

import javax.swing.JOptionPane;

public class ArchitectApp14
{
    public static void main(String[] args)
    {
        String output = "";
        char a[] = {'N','u','m','b','e','r',' ','S','q','u','a','r','e'};
        int b1[] = {3,5,6,7,8,9,10,15,16,25};
        int b2[] = new int[b1.length];
        for(int i=0;i<a.length;i++)
        {
            output +=a[i];
        }
        for(int i=0;i<b1.length;i++)
        {
            b2[i] = b1[i]*b1[i];
            output +="\n  "+b1[i]+"          "+b2[i];
        }
```

```
        JOptionPane.showMessageDialog(null,output);
        System.exit(0);
    }
}
```

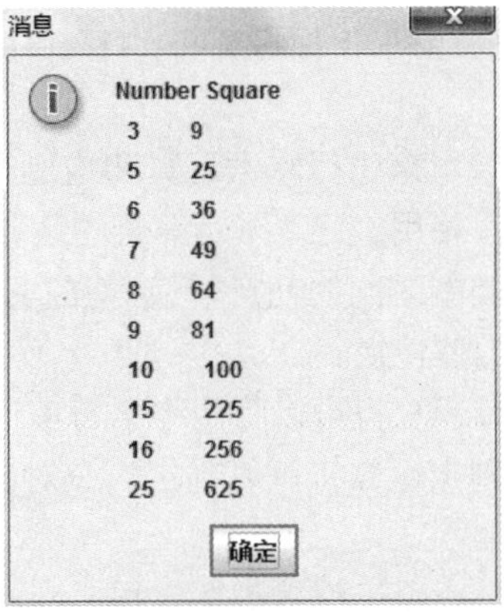

图 2.20　程序清单 2.14 的程序的执行结果

　　在这个程序中我们看到，将字符型数组转换为字符串的操作是通过 for 循环语句实现的，对数组的赋值操作也是通过 for 循环语句实现的。

本章知识点

　　★　Java 语言采用以 16 位二进制存储格式存储的 Unicode 字符作为字符集。

　　★　Java 语言的标识符是以字母、下画线或$符号开头的，后面含有字母、下画线、$符号和数字的字符串。

　　★　Java 语言区分大写和小写字母，同一个字母的大写和小写形式被看作不同的字符。

　　★　在程序中书写注释信息可以显著提高程序的可读性。Java 语言支持 3 种格式的注释信息。

　　★　在 Java 语言程序中，应该尽量使用大括号将程序的层次和结构标示清楚，这既有利于程序员阅读程序，大多数情况下也有利于系统正确编译程序。

　　★　在 Java 语言程序中，应该尽量正确使用空格符、制表符和回车符来将程序的格式写清楚，因为系统在编译程序时将忽略这几种字符。

　　★　关键字是由系统定义的具有特定含义的字符串。Java 语言共定义了 48 个关键字，其中包括 3 个表示特殊值的保留字。另外，Java 语言还有 2 个保留却已经不再使用的关键字。

　　★　Java 语言共有 4 类 8 种基本数据类型。它们是 boolean，char，byte、short、int 和 long，float 和 double。

　　★　Java 语言包括类、接口和数组等引用数据类型。

　　★　常量是在程序运行中其值保持不变的量。Java 语言允许用户使用文字常量和符号常量。所有基本数据类型都可以定义常量。

　　★　Java 语言的所有基本数据类型和引用数据类型都可以生成相应的变量。变量在使用之前必须经过声明、创建和初始化。

★ 对于在方法体外声明的基本数据类型的变量，如果 Java 语言程序中没有显式地赋予其一个初始的数值，则系统将自动为其赋予默认值。

★ Java 语言的运算符共分为 10 类，其中包括一元运算符、二元运算符和三元运算符。这些运算符在运算中有不同的优先级，表现出自左向右和自右向左两种结合性。

★ Java 语言的成员运算符 "."、下标运算符 "[]" 和优先运算符 "（）" 是构造 Java 语言表达式的几个重要的运算符。

★ Java 语言的算术运算符用来进行算术运算和构造算术表达式。一元算术运算符都是右结合的，其优先级都比较高。使用二元算术运算符的运算结果与运算数的类型是一致的。

★ Java 语言不支持变量类型之间的任意转换，强制类型转换运算符只能在整数类型之间、浮点类型之间进行强制类型转换。

★ Java 语言的字符串连接运算符可以将两个字符串连接成一个字符串。

★ Java 语言的对象类型判定运算符可以判定一个对象实例是否为某个类的对象，运算结果是逻辑型。

★ Java 语言的位运算符只适用于整数类型数据。

★ Java 语言的关系运算符用来判定两个运算数的数值关系，运算结果是逻辑型值。

★ Java 语言的逻辑运算符用来进行逻辑运算和构造逻辑表达式，参加运算的运算数是逻辑型值，运算结果也是逻辑型值。

★ Java 语言的三元条件运算符是一个条件选择运算符，会根据第一个运算数的逻辑值，在第二和第三运算数中选择一个作为运算结果。

★ Java 语言的赋值运算符是为左端的变量赋予右边表达式的值，可以与算术运算符和位运算符组成复合赋值运算符。

★ 表达式是运算符与作为运算数的常量和变量的遵循运算规则的组合。

★ 表达式是 Java 语言中的重要成分，可以单独作为语句，也可以在控制结构、方法调用等场合使用。

★ 结构化程序设计思想提倡使用 3 种控制结构来编写程序：顺序结构、选择结构、循环结构，不提倡使用 goto 语句。

★ 在 Java 语言中，包括声明创建语句、表达式语句、方法调用语句、8 条基本流程控制语句等在内的语句都要以分号结尾。

★ if-else 语句是 Java 语言中的基本选择结构语句，可以简化为单选择结构。当选择条件为真时，会执行一个选择；当选择条件为假时，会执行另一个选择。

★ switch 语句是 Java 语言中的开关语句。带有 break 语句的 switch 语句能够完成多项选择功能。

★ Java 语言中共设置了 3 种循环语句：for 循环语句、while 循环语句和 do-while 循环语句。

★ break 语句和 continue 语句是在控制结构中使用的两种控制转移语句，具有辅助作用，都可以选择带标号。

★ return 语句使用在方法中，向调用方法的语句返回一个值。

★ 数组是 Java 语言中一种简单的复合数据类型。

★ Java 语言的数组在使用时需要经过声明、创建、初始化 3 个步骤。

★ 数组长度变量 length 是 Java 语言中规定的一个只读量，在系统创建数组时会被自动创建，并与数组一同存储，是访问数组的关键。

★ 数组的长度必须是正的，如果定义负的数组长度，则将发生 NegativeArraySizeException 异常。

★ 数组的下标必须是在 0～length-1 的范围内的整数类型的常量、变量或表达式，否则将发生 ArrayIndexOutofBoundsException 异常。

★ 在 Java 语言中可以定义多维数组，并且在多维数组中作为顶级数组成员的数组可以有不同的长度。

★ 两个数组之间的元素传递可以使用 System 类中的 arraycopy()方法来完成。

习题 2

2.1 Java 语言采用什么字符作为字符集？其标识符有哪些要求？

2.2 Java 语言的基本数据类型有哪些？

2.3 Java 语言的常量有哪几种？

2.4 什么是表达式？

2.5 Java 语言的运算符有哪些？请总结其优先级和结合性。

2.6 Java 语言有几条基本的流程控制语句？

2.7 Java 语言的数组声明格式是什么样的？

2.8 Java 语言的多维数组有什么特殊的地方？

2.9 Java 语言如何控制对数组元素的访问？

2.10 请问在下面的字符串中，哪些是合法的 Java 语言标识符？为什么？

A. main   B. $persons   C. _startline   D. 2standard

E. thisandsuper   F. c   G. goto   H. _for

I. sSss1   J. num ber

2.11 下列表达式不正确的有哪些？

A. float c=3.14;   B. int a = 20;   C. char c = "a";   D. boolean b = null;

E. float c=3.14f;

2.12 请说明下列表达式的结果是什么类型。

A. 2.5+4;   B. (int)(2.5+4);   C. (5>3)|(5<3);   D. s=7.5*4;

E. 13/3;   F. 5<5.5;   G. int a=5；byte b=8；a+b;

H. double f=5.25；short s=7；(int)f+s;

2.13 将程序清单 2.8 的程序修改为以程序清单 2.7 的程序的输出界面输出的形式，即将输出结果用 JOptionPane 组件输出。

2.14 分别使用 1 个和 4 个 System.out 语句编写程序，用于实现向标准输出流中输出"I"、"love"、"java"和"programming"等 4 个字符串，中间用一个空格分开。

2.15 请用 Java 语言编写程序，用于找出所有的 3 位数"水仙花数"。所谓"水仙花数"，即一个 3 位自然数的各位数字的立方和等于这个数。

2.16 请用 Java 语言编写程序，用于查找所有的边长在 500 以内的"勾股弦"三元组（或称为"毕达哥拉斯"三元组），即其中两个数的平方和等于第三个数的平方。

2.17 某企业对其销售代理商制定了一套销售奖励提成政策，根据销售额的多少来确定销售代理商在销售总额中的提成比例，具体的办法如表 2.5 所示。

表 2.5 销售额及相应的提成比例

销售额	提成比例
100 万元及以上	5%
400 万元及以上	7%
600 万元及以上	8%
1000 万元及以上	10%

请按照此办法用 Java 语言编写一个计算程序，程序可以根据用户输入的销售额，计算出该用户应该提取的提成金额并显示计算结果。可以使用如下代码实现程序的输入：

```
String input;
int result;
input = JOptionPane.showInputDialog("请输入销售额");
result = Integer.parseInt(input);
```

2.18 冒泡排序是数据结构中一个经常使用的排序算法，其基本思想为，对自左至右次序的 N 个记录 R_1，R_2，…，R_N 进行如下操作：

①对 i 从 1 到 $N-1$ 执行"若 $R_i>R_{i+1}$ 则交换二者的位置"的操作。

②对 i 从 1 到 $N-2$ 执行"若 $R_i>R_{i+1}$ 则交换二者的位置"的操作。

③以上操作一直进行到对 i 从 1 到 2 执行"若 $R_i>R_{i+1}$ 则交换二者的位置"的操作。

由此可以得到原来的 N 个记录的从小到大的序列。请用 Java 语言编写程序来实现这个算法。

2.19 利用迭代公式求某数平方根的计算公式为 $x_{n+1}=(x_n+a/x_n)/2$，请用 Java 语言编写程序来实现这个算法。

2.20 在大学的选修课程中，学生会按照自己的兴趣选择课程来修学分，所以同一个班级的同学已经学完的选修课程是不同的，名称可能不相同，数量也可能不相同。某班的 30 位学生已经学完的选修课程可以采用一个二维 String 型数组并按学号来存储，请用 Java 语言编写程序，用于根据输入的学号输出学生所学的课程。学号的输入采用 2.17 题的方式。

2.21 所谓下三角矩阵，是指主对角线以上的元素都为 0 的正方形矩阵。由于 Java 语言的二维数组可以被定义成每行不等长的形式，因此存储为下三角矩阵比较方便。对于一个 N 阶下三角矩阵，可以建立一个 N 行二维数组，自第一行起其每行的长度从 1 到 N，这样就可以不存储主对角线以上的 0 元素。请用 Java 语言编写程序，使得在程序中能够存储下三角矩阵并能够计算两个下三角矩阵的加法和乘法。程序中以 8 阶方形下三角矩阵为例实现即可。

2.22 同习题 2.21 一样，也可以使用 Java 语言的二维数组存储上三角矩阵，即主对角线以下的元素都为 0 的正方形矩阵。但是需要将矩阵的行元素的位置向左移动。请用 Java 语言编写程序，使得在程序中能够存储上三角矩阵并能够计算两个上三角矩阵的加法和乘法。

实验 2

S2.1　中国古代《张邱建算经》中有一个著名的"百鸡问题"："今有鸡翁一，值钱五；鸡母一，值钱三；鸡雏三，值钱一。凡百钱买鸡百只，问鸡翁、鸡母、鸡雏各几何？"从现代初等代数学的观点来看，这实际上是一个求不定方程整数解的问题。

请仿照例 2.8，采用"暴力求解"方式编写一个程序，求出此问题的所有可能的解。

S2.2　1992 年，数学家罗杰希思-布朗推测，所有自然数都可以被写成 3 个整数立方之和。随后被证实，除 $9n \pm 4$ 型自然数外，所有 100 以内的自然数都能写成 3 个整数立方之和，例如：

$2 = 7^3 + (-5)^3 + (-6)^3$，$38 = 1^3 + (-3)^3 + 4^3$。

请用 Java 语言编写程序，用于在 -240～240 范围内求 6、7、8、9、10、11、12 的立方表示数组，进而在 -2000～2000 范围内求 15、16、17、18、19、20、21 的立方表示数组。

S2.3　编写一个计算矩阵乘积的程序，完成对一个 3×4 矩阵和一个 4×5 矩阵的乘法运算。

第3章　Java 语言面向对象程序设计

本章主要内容： 类是面向对象程序的主体，也是对程序代码进行模块化管理的一个重要手段。Java 语言采用包来管理类和类名空间。本章主要介绍使用 Java 语言实现面向对象程序设计的基本概念和相关语法，包括对象的封装和信息的隐藏、类的继承、程序设计的多态、Java 语言的单一继承机制、实现多重继承功能的接口概念、完整的 Java Application 程序的基本结构和基本规范，并简要介绍 Java 类库中几个比较常用的类。

3.1　面向对象程序设计

3.1.1　程序设计思想：结构化与面向对象

自高级程序设计语言诞生以后，使用高级程序设计语言开发软件就成为一个新兴的项目领域，并且得到了蓬勃发展。大约在 20 世纪 70 年代，随着软件开发的规模越来越大，参与开发项目的人越来越多，程序代码动辄几百万行，开发者们发现相互之间的协调越来越难，在软件出现问题时，查找错误甚至比开发一个软件还要困难。因此，人们开始注意研究软件设计的方法和思想。结构化程序设计和面向对象程序设计的思想先后产生。

实际上，早在 20 世纪 60 年代后期就出现了类和对象的概念，将类作为语言机制来封装数据和对数据的相关操作。20 世纪 70 年代前期，随着 Smalltalk 语言的出现，面向对象的方法逐渐被引入软件开发中。自 80 年代中期到 90 年代，面向对象的研究重点已经从语言方面转移到设计方法学方面，尽管还不成熟，但已经陆续提出了一些面向对象的开发方法和设计技术。目前，面向对象的方法和思想已经成为软件工程领域中的重要设计思想。

面向对象程序设计是建立在"对象"概念基础上的方法学，是将描述客观事物的数据和处理数据的方法封装为一体的设计方式，程序代码与客观实体具有更贴切的对应关系。采用面向对象程序设计方法带来了以下 3 个方面的好处。

一是可以将一个大的程序分解为若干个小的相对独立的程序，降低了关联度和耦合度。这样一来，就规避了大型程序设计中的检查难、协调难问题，毕竟一个小的程序在出现问题时更容易复查。

二是促进了软件重用技术的应用和发展。在不同的软件开发过程中，总会有一些功能是重复出现的，可以使用标准的开发方法创建程序。在面对一个新的项目时，可以使用现有的方法作为模块来搭建项目。对于连续开发多个项目的情形来说，这种方法往往能够加快开发进度。

三是避免重复开发。在软件开发中经常会遇到这样的事情，有些功能模块会重复出现，采用面向对象程序设计方法可以将这样的部分提取出来，实现一次开发、多次使用。

Java 语言是一种完全的面向对象的程序设计语言，它是在 C++语言基础上改进而成的，但它比 C++语言更彻底地实现了面向对象程序设计方式。Java 语言用类来实现对代码的管理，实现了完全的面向对象的程序设计。Java 语言对代码采用二级模块管理：一级模块是类；二级模块是方法。类在 Java 语言中的作用有两个：一个作用是作为面向对象程序设计的主体概念；另一个作用是作为组织程序代码的基本单位，即程序代码的一级模块。

3.1.2 封闭：对象、类和消息

在面向对象程序设计方法中，对象就是描述事物的数据与处理数据的方法的集合。面向对象程序设计实现了对象的封装，实现了模块化和信息隐藏，有利于程序的可移植性和安全性。类是对客观事物的抽象，是在程序中统一定义的对象，定义了所有对象所共有的内容，是程序中若干个对象所具有的共性，是对象的模板。将类实例化即可生成对象。在程序中，各个对象之间采用消息进行交互。消息是对象之间的交互方式和交互内容。消息包括消息的接收者、接收对象应采用的应对方法和执行方法所需要的参数 3 个方面的内容。

3.1.3 继承

继承是面向对象程序设计方法中的重要内容，通过类的继承可以实现程序代码的重复利用，也可以在原有代码的基础上进行改进。

Java 语言不支持类的多重继承，只支持类的单一继承，使类的继承机制大大简化。学习过 C++语言的人都有一个体会，该语言的多重继承语法非常复杂和烦琐，往往令人十分头疼。Java 语言在继承机制上的改进，避免了 C++语言中因多重继承而导致的弊病，以及因此所定义的很多关联概念，使得 Java 语言的语法更为简洁和清晰。由于实行了类的单一继承，因此每个经过继承所得到的派生类只有一个信息来源，继承关系十分明确，使得 Java 语言的类按照其继承层次形成了一个树状的继承关系图，不妨称其为"类树"。在摒弃类的多重继承的同时，Java 语言支持接口，可以通过接口之间的多重继承和接口在类中的实现完成多重继承的功能。

3.1.4 多态

多态是面向对象程序设计方法中最具有灵活性和技巧性的内容。通过多态，程序员可以使程序具有很多灵活的适应性，完成各种具有自适应能力的设计。Java 语言实现多态的手段有：方法重载和方法重写、用子类的构造方法初始化父类的对象实例、抽象类和抽象方法、接口等。在 Java 语言中，多态的内容与类继承的内容是交叉、融合的。

3.2 类与对象

3.2.1 类声明

在 Java 语言中，一个基本的类声明格式如下：

```
[public][abstract|final] class classname
```

```
{
classbody
}
```

其中，class 是类声明关键字，任何类声明都需要使用这个关键字。classname 代表这个类的名称，是一个符合 Java 语法要求的标识符。前面用一对方括号标记的部分是可选项，采用不同的可选项可代表不同的含义。如果这个类被定义为程序的主类，就需要在类的前面使用 public 关键字修饰。对于 Java Application 程序而言，主类中的主方法是程序执行的入口点和出口点。我们在第 1 章和第 2 章中已经见过比较简单的 Java 语言程序的例子，其中的类都是程序的主类。在第二个方括号中，我们采用一条竖线将两个关键字 abstract 和 final 分开，表示这两个关键字修饰的意义是不相容的，在这个位置上只能二选一，不能同时使用。如果使用 abstract 关键字修饰，这个类就被定义成了抽象类；如果使用 final 关键字修饰，这个类就被定义成了最终类。这两个概念将在 3.5 节中介绍。classbody 代表类的类体，类体是类的定义的实际内容部分。在类体中，包含对变量成员和方法成员的声明和定义，还可以对所有的成员分别设定访问权限，以限定其他对象对它的访问。Java 语言的访问权限将在 3.4 节中介绍。

3.2.2　变量成员

在 Java 语言的类中，变量是类的属性的载体。

变量成员的基本声明格式如下：

```
[public|protected|private][static][final][transient][volatile]
type variableName;
```

其中，type 代表一种数据类型；variableName 代表作为变量成员名的标识符，只要符合 Java 语法要求的标识符，都可以作为变量成员的名称。如同第 2 章中已经介绍过的，推荐采用英文单词序列作为类变量成员的名称，习惯上首单词全部小写，后面的单词首字母大写。

变量成员的类型可以是基本数据类型，也可以是引用数据类型，其名称在同一个类的变量成员中必须是唯一的，不能与其他变量成员同名，但可以和同一个类内的某个方法成员使用同一个名称。在一个类中可以根据需要声明多个变量成员，也可以没有变量成员，但是实际工作中很少出现没有变量成员的情况。

我们可以为变量成员设定访问权限，如 public、protected、private 等均是设定访问权限的关键字，后面将对它们进行专门介绍。变量成员可以用 static、final、transient、volatile 等关键字来修饰。static 的含义将在 3.4 节中介绍；final 用来声明一个标识符常量，其含义将在 3.5 节中介绍；transient 用来声明一个暂时性变量；volatile 用来声明一个由多个并发线程共享的变量。

在声明的基础上，变量成员在使用之前必须有创建的过程，也要有初始化的过程。显式地给出变量成员的初始值，称为显式初始化。如果类的变量成员没有进行显式初始化，则系统会对其进行自动初始化，自动初始化的规则参见表 2.4。

3.2.3　方法成员

在 Java 语言的类中，方法是类的行为的载体。

方法成员的基本声明格式如下：

```
[public|protected|private][static][abstract|final][native][synchronized]
returnType methodName([paramList])
{
    methodbody
}
```

其中，returnType 代表方法的返回类型，可以是基本数据类型，也可以是引用数据类型，当方法成员无返回值时，还可以是 void 型。methodName 代表方法的名称，是一个符合 Java 语法要求的标识符，推荐使用以动词开头的英文单词序列作为方法名称，并且首单词全部小写，后面的单词首字母大写。paramList 代表参数列表，在 Java 语言的方法定义中，允许定义有参数的方法，也允许定义无参数的方法。参数列表中的参数可以是各种数据类型，包括基本数据类型和引用数据类型，参数的个数由程序员根据需要来确定。参数列表中的每个参数都必须明确声明数据类型，参数声明之间用逗号分隔。在一个类中可以通过声明定义任意个方法成员。在实际工作中，一个类中可能会出现几十个甚至上百个方法成员。

我们可以为方法成员设定访问权限，如 public、protected、private 等均是设定访问权限的关键字，后面将对它们进行专门介绍。可以使用 static，final 和 abstract 中的一个，以及 native 和 synchronized 等关键字来修饰方法成员。static、final 和 abstract 的含义将在 3.4 节、3.5 节中讲解；native 用来声明一个本地方法；synchronized 用来声明一个并行方法。

methodbody 代表方法体。方法体是方法的实现，其中可以包含局部变量的声明和合法的 Java 执行语句。从软件设计上来说，方法最重要的任务是描述一个算法的计算逻辑。事实上，方法体是 Java 语言程序代码的实质部分，程序中所有的执行动作都是在方法体中实现的。一个方法的方法体就是一段完成一定功能的程序，这段程序的设计方式通常遵循结构化程序设计的方式。结构化程序设计是面向对象程序设计的基本前提，这一点恰恰体现在方法体的定义上。至于在方法体中需要定义什么样的内容，则是由程序员根据设计意图来确定的。按照面向对象程序设计的指导思想，应该尽量把软件的功能分得细一些，最好是根据一个功能定义一个方法，避免将超过一个以上的功能用一个方法实现。

方法的返回类型与方法体内部的语句之间应该有一个关联关系。Java 语言对方法体有一个规定：如果方法的返回类型不为 void 型，则在方法体中必须包含 return 语句，用于返回一个与方法的返回类型相同的值，并且在程序的执行流程中，必须保证有一条 return 语句被执行；如果方法的返回类型为 void 型，则在方法体中不必包含 return 语句。总而言之，如果一个方法是有返回类型的，就必须能够向外传递一个与其返回类型相同的值；如果一个方法没有返回类型，则无须向外传递任何值。有返回类型而没有执行 return 语句和返回类型为 void 型而返回了一个值，都算是一种语法错误。

return 语句在方法中的使用方式如下：

```
return expression;
```

其中，expression 代表一个表达式，可以是任何符合 Java 语法要求的表达式，也可以是一个简单的变量。表达式的计算结果的数据类型应该与方法的返回类型一致。这种方式的 return 语句既可以向调用方法的语句返回一个确切的值，又可以返回控制。

return 语句的另一种使用方式如下：

```
return;
```

此时的 return 语句不返回任何数值，只向调用方法的语句返回控制。

3.2.4　声明的作用域

作用域是程序设计的一个重要概念。所谓声明的作用域，就是程序中可以通过正常的方式引用所声明的程序实体的代码范围。Java 语言的作用域分为类级、方法级、语句块级、语句级，具体来说，有以下基本规则。

（1）在类体中声明的变量成员和方法成员的作用域是整个类。可以在类中直接访问在该类中声明的变量成员和方法成员，以及该类从其父类继承的方法。

（2）在方法中声明的参数的作用域是整个方法体；在方法中所有语句之外声明的变量的作用域是整个方法体。

（3）在语句块中声明的局部变量的作用域是该语句块。

（4）在语句中声明的变量的作用域是该语句。例如，在第 2 章程序清单 2.5 的程序中，在 for 循环语句中声明的循环控制变量的作用域是该 for 循环语句。

特别提示，在 Java 语言中没有全局作用域。

3.2.5　主类和主方法

在 Java 语言程序中，可以定义一个特殊的类，称为程序的主类。主类需要在类声明的前面用 public 关键字修饰。对于 Java Application 程序而言，主类中的主方法是程序执行的入口点和出口点；对于 Java Applet 程序而言，主类不具有这个特性。

Java Application 程序的主类中有一个特殊的方法成员，称为主方法。主方法的名称与类型声明都是固定的。例如：

```
public static void main(String args[])
{
    methodbody
}
```

主方法是在 Java Application 程序执行时第一个被访问的方法，也是最后一个被退出的方法。主方法是公有方法、静态方法、无返回值的方法。

主方法只能出现一个，不允许重载。

3.2.6　构造方法

在 Java 语言的类中，还有一个特殊的方法成员，称为构造方法。构造方法是用来初始化类对象的。构造方法的方法名与类名相同，并且无返回类型，构造方法只能使用 new 关键字调用。我们可以在定义类时像定义一般的方法一样定义构造方法，如果在定义类时没有定义构造方法，则 Java 系统会自动提供默认的无参数构造方法。所以，无论程序中是否显式地定义了构造方法，在类中都将存在构造方法。构造方法在类定义中经常被定义多个，即它可以是重载的。也可以将构造方法的方法体定义为空，当程序执行到空的构造方法时，将自动调用该类的父类的构造方法。

3.2.7　finalize()方法

finalize()方法是在 Object 类中定义的，其作用是释放对象实例所占用的系统资源，一般会在自动垃圾收集之前由系统自动调用。由于 Object 类是所有 Java 类的父类，所以 finalize()方法会被所有的 Java 类继承，程序员无须在类中显式地定义该方法，一般也无须重写该方法。Object 类的详细情况将在本章后面专门讲授。

3.2.8　方法重载

方法重载（Overloading）是 Java 语言实现多态的手段之一。

方法重载是指在一个类中可以定义多个名称相同的方法，这些同名方法的访问权限可以相同，返回类型可以相同，但是参数列表不能相同。参数列表的不同体现在参数的个数不同，或者虽然参数的个数相同，但是参数中至少有一个处于同一位置上的参数的类型不同。在调用方法时，系统通过使用参数数量和类型的不同组合来确定调用的是哪一个方法。重载的方法的方法体一般是不同的，相当于定义了使用同样的方法名的不同方法。在实际工作中，方法重载一般用于采用不同的途径完成相同或相似目的的多个方法的定义。

注意，Java 系统无法分辨名称相同、参数列表相同，而返回类型不同的两个方法成员，一旦出现这种情况，将导致一个编译错误。

一般来说，在类中声明的方法成员都允许进行重载，常见的方法重载是构造方法的重载。有兴趣的读者可以查阅一下 Java 类库，看看在类库中的 Java 类中是如何进行方法重载的，只要稍加留意就会发现，方法重载，特别是构造方法的重载，在 Java 类库中非常普遍。

下面介绍一个类的声明和定义的例子。

【例 3.1】利用 Java 类库中的 Point 类定义三角形的例子。

具体的程序如程序清单 3.1 所示。

程序清单 3.1

```
//Example 1 of Chapter 3

import java.awt.Point;

class Triangle {

    //定义三角形的 3 个顶点
    protected Point X1,X2,X3;

    //无参数的构造方法
```

```java
public Triangle()
{
    //空的构造方法，隐含访问 Object 类的构造方法
}

//有参数的构造方法
public Triangle(Point a,Point b,Point c)
{
    X1 = a;
    X2 = b;
    X3 = c;
}

//设置第一个顶点
public void setX1(Point a)
{
    X1 = a;
}

//获取第一个顶点
public Point getX1()
{
    return X1;
}

//设置第二个顶点
public void setX2(Point b)
{
    X2 = b;
}

//获取第二个顶点
public Point getX2()
{
    return X2;
}

//设置第三个顶点
public void setX3(Point c)
{
    X3 = c;
}

//获取第三个顶点
```

```java
public Point getX3()
{
    return X3;
}

//获取三角形的字符串表示
public String toString()
{
    return "["+X1.x+","+X1.y+"]"+"\n"+"["+X2.x+","+X2.y+"]"+"\n"+
"["+X3.x+","+X3.y+"]";
}

//计算三角形的面积
public double getTriangleArea()
{
    //定义三角形的 3 条边
    double a,b,c;
    //定义三角形的 3 条边之和的一半
    double s;
    //定义三角形的面积
    double S;

    a=Math.sqrt((X1.x-X2.x)*(X1.x-X2.x)+(X1.y-X2.y)*(X1.y-X2.y));
    b=Math.sqrt((X2.x-X3.x)*(X2.x-X3.x)+(X2.y-X3.y)*(X2.y-X3.y));
    c=Math.sqrt((X1.x-X3.x)*(X1.x-X3.x)+(X1.y-X3.y)*(X1.y-X3.y));

    s=(a+b+c)/2;

    //计算三角形的面积
    S=Math.sqrt(s*(s-a)*(s-b)*(s-c));

    //返回三角形的面积
    return S;
}

}
```

我们看到，程序的开头使用 import 语句引入了 Java 类库中的 Point 类。这个类是一个关于平面上的点的类，其中包含两个 int 型变量成员，作为两个平面坐标。关于 import 语句，我们将在 3.3 节中介绍。在程序中定义了一个 Triangle 类作为对三角形的描述，其中包含 3 个 Point 类的对象成员，作为三角形的 3 个顶点。在定义构造方法时，实现了构造方法的重载，定义了一个无参数的构造方法，其中不包含任何可执行语句。在这种情况下，程序将默认使用 Triangle 类的父类的构造方法，即 Object 类的构造方法。在另一个构造方法中，将 3 个实参的值传递给了类的 3 个成员。Triangle 类中一共定义了 8 个方法成员，有 3 个以 set 命名的方法成员负责对 3 个对象成员进行设置，还有 3 个以 get 命名的方法成员负责获取 3 个对象成员的值，这种使用专门的方法成员来设置和获取变量成员的设计方法是一种规范的程序设计方法，后面还会介绍。方法成员 toString() 负责将类的内容用字符串表示出来，在 Object 类中已经有定义。作为 Object 类的子类，Triangle 类定义 to String() 方法实际上是在重写 Object 类的这个方法。方法成员 getTriangleArea() 负责计算一个 Triangle 类所描述的三角形的面积，其中使用了海伦公式来计算三角形的面积。查看 getTriangleArea() 方法的程序段，我们会发现，这是一个典型的结构化程序设计的例子。

关于例 3.1 还有以下几点说明。

（1）在程序代码中多次出现了 return 语句的使用实例，请读者注意每一条 return 语句所返回的数据类型与方法的返回类型之间的严格对应关系。

（2）在方法成员 getTriangleArea() 中，我们有意识地使用了两个局部变量 s 和 S。虽然它们是一个字母，但是由于大小写不同，因此 Java 语言将它们看作不同的标识符。

（3）在程序代码中多处使用了注释信息，这是为了更好地理解程序，再次建议读者在编写程序时坚持这种好习惯。

（4）在方法成员 getTriangleArea() 中，我们使用了 Math.sqrt() 方法来计算平方根。本章的 3.9 节将专门介绍 Math 类。

3.2.9 对象

定义类是为了给出一个生成实例的模板，而对象就是类在程序中的实例化。一个类在被定义之后，只有生成了对象实例才可以被程序使用。在程序代码中，对象实例要经历生成、使用和清除 3 个阶段。

对象实例的生成包括声明、实例化和初始化 3 个步骤，格式如下：

```
type objectName = new type([paramList])
```

其中，type 代表某个已经存在的类的类型；objectName 代表一个对象实例标识符，与前面已经介绍的类和方法一样，对象实例标识符也应该是符合 Java 语法要求的标识符；new 关键字用于分配存储空间，完成实例化；type 构造方法用于执行初始化工作。

调用构造方法的结果是将该类的一个引用赋给对象实例标识符。

在程序中使用对象实例的目的是访问对象实例中的变量和方法，这都是通过取成员运算符 "." 来实现的，其格式如下：

```
objectName.variable                  //引用变量
objectName.methodName([paramList])   //引用方法
```

当一个对象实例被使用完之后，其使命也就结束了，应该被清除以释放其占用的资源，这称为对象实例的清除。Java 运行时系统通过自动垃圾收集机制可以周期性地清除无用对象，释放内存。

例 3.2 在例 3.1 的基础上将 Triangle 类进行实例化，并进行了一些简单的应用计算。

【例 3.2】利用对象实例访问方法成员的例子。

具体的程序如程序清单 3.2 所示。程序的执行结果如图 3.1 所示。

程序清单 3.2

```java
//Example 2 of Chapter 3

import javax.swing.JOptionPane;
import java.text.DecimalFormat;
import java.awt.Point;

class Triangle {

    //定义三角形的 3 个顶点
    protected Point X1,X2,X3;

    //无参数的构造方法
    public Triangle()
    {
        //空的构造方法，隐含访问 Object 类的构造方法
    }

    //有参数的构造方法
    public Triangle(Point a,Point b,Point c)
    {
        X1 = a;
        X2 = b;
        X3 = c;
    }

    //设置第一个顶点
    public void setX1(Point a)
    {
        X1 = a;
    }

    //获取第一个顶点
    public Point getX1()
    {
        return X1;
    }

    //设置第二个顶点
    public void setX2(Point b)
    {
        X2 = b;
    }
```

```java
//获取第二个顶点
public Point getX2()
{
    return X2;
}

//设置第三个顶点
public void setX3(Point c)
{
    X3 = c;
}

//获取第三个顶点
public Point getX3()
{
    return X3;
}

//获取三角形的字符串表示
public String toString()
{
    return "["+X1.x+","+X1.y+"]"+"\n"+"["+X2.x+","+X2.y+"]"+"\n"+
"["+X3.x+","+X3.y+"]";
}

//计算三角形的面积
public double getTriangleArea()
{
    //定义三角形的 3 条边
    double a,b,c;
    //定义三角形的 3 条边之和的一半
    double s;
    //定义三角形的面积
    double S;

    a=Math.sqrt((X1.x-X2.x)*(X1.x-X2.x)+(X1.y-X2.y)*(X1.y-X2.y));
    b=Math.sqrt((X2.x-X3.x)*(X2.x-X3.x)+(X2.y-X3.y)*(X2.y-X3.y));
    c=Math.sqrt((X1.x-X3.x)*(X1.x-X3.x)+(X1.y-X3.y)*(X1.y-X3.y));

    s=(a+b+c)/2;

    //计算三角形的面积
    S=Math.sqrt(s*(s-a)*(s-b)*(s-c));
```

```java
        //返回三角形的面积
        return S;
    }

}

public class TriangleTest {

    public static void main(String[] args)
    {
        String output = "";

        //定义顶点
        Point a1,a2,a3;
        Point b1,b2,b3;
        a1 = new Point(0,0);
        a2 = new Point(30,0);
        a3 = new Point(30,40);
        b1 = new Point(10,10);
        b2 = new Point(40,50);
        b3 = new Point(0,100);

        //定义三角形
        Triangle t1,t2;
        t1 = new Triangle();
        t1.setX1(a1);
        t1.setX2(a2);
        t1.setX3(a3);

        t2 = new Triangle(b1,b2,b3);

        DecimalFormat twoDigits = new DecimalFormat("0.00");

        output += "第一个三角形的顶点为：\n"+t1.toString();
        output += "\n第一个三角形的面积为："+twoDigits.format(t1.getTriangleArea());
        output += "\n"+"第二个三角形的顶点为：\n"+t2.toString();
        output += "\n第二个三角形的面积为："+twoDigits.format(t2.getTriangleArea());

        JOptionPane.showMessageDialog(null,output);
        System.exit(0);

    }
}
```

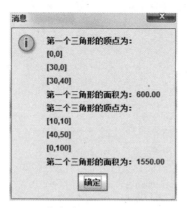

图 3.1　程序清单 3.2 的程序的执行结果

在例 3.2 中，建立了一个主类 TriangleTest，其中包含主方法。在主方法中声明了两个 Triangle 类的对象实例；第一个对象实例先通过无参数的构造方法进行了实例化，再通过方法成员设置了类成员的初始值；第二个对象实例通过重载的有参数的构造方法进行了实例化并为类成员赋予了初始值。通过这两个对象实例，实现了对方法成员的访问，分别得到了两个三角形的字符表达和面积的数值。在使用 Triangle 类的构造方法之前，先使用 Point 类的构造方法对 6 个局部变量进行了初始化，读者应该能够理解其中的道理。另外，程序中使用了 Java 类库中的一个 DecimalFormat 类，其作用是定义一个十进制浮点数的输出格式。

3.2.10　源程序文件的组织与存储

按照上面的语法，可以编写 Java 语言的源程序代码，并且在源程序代码编写完成后，可以以系统文件的形式将其存储到外部设备上。类是 Java 语言程序代码存储的基本单元。一个文件中可以包含一个类，也可以包含多个类。当源程序文件被存储时，如果文件中包含主类，则必须以主类名作为文件基本名，以.java 作为文件扩展名；如果文件中不包含主类，则文件的基本名无限制，以.java 作为文件扩展名。

源程序代码在执行之前需要进行编译，并且在编译之后得到 Java 字节码文件。Java 字节码文件的基本名与源程序文件的基本名相同，但以.class 为扩展名。如果源程序文件中包含多个类，则每个类会各自生成一个独立的字节码文件，并且字节码文件的基本名与类名相同。

编程技巧提示 3.1　学会使用开发工具的在线提示

Java 基础类库为用户提供了大量的实用类，使用户在进行程序设计时可以借鉴使用。初学者可以多了解、多关注，并且学会在自己的程序中使用类库。而且用户不必记忆 Java 基础类库的内容，因为目前的开发工具都有在线提示功能。用户在安装开发工具软件之后，只要简单配置一下就可以使用这个方便、快捷的功能。

编程技巧提示 3.2　学会阅读编译提示信息

无论是使用命令行还是开发工具编译程序，系统在遇到程序中的错误时，都会输出相应的错误提示信息。错误提示信息一般会说明错误的类型、错误在源代码中的位置和错误原因等。虽然这些提示信息不能准确地指导程序员如何修改，但它们还是非常有价值的。

用户应该逐渐学会通过编译提示信息分析程序中的错误，找到错误发生的原因。

编程常见错误提示 3.1　变量成员的声明和赋值相混淆

初学者易犯的一个错误是：在程序中直接对变量成员进行赋值操作而忘记先声明变量成员。这通常是初学者把编写 C 语言程序的习惯带到编写 Java 语言程序中了，并且认为对变量成员进行赋值的操作中隐含了对变量成员的声明。用户应该尽量养成先声明、后赋值使用的习惯。

编程常见错误提示 3.2　定义构造方法时写返回类型

Java 语言的语法规定构造方法没有返回类型，要求构造方法不能给出返回类型。然而很多初学者容易忘记这个规则，在定义构造方法时下意识地写上了返回类型或 void 型。

编程常见错误提示 3.3　在方法体中重复定义变量成员

变量成员作为类的成员，其声明的作用域是整个类体。如果在方法体中声明了与类的变量成员同名的变量，则变量成员的作用将被覆盖，在方法体中访问到的将是在方法体中定义的局部变量。这可能会引起数据传递的错误。

3.3　包

在进行大型软件的开发时，可能会有很多人参与，写出很多的 Java 类，这些类的名称可能会出现重复。为了便于管理数目众多的类，也为了解决类的命名冲突问题，Java 引入了包的机制，以提供类的多重命名空间，同时负责类名空间的管理。将因不同目的而开发的类放在不同的包中，即使出现相同的类名，也可以很好地管理它们。包可以有一定的层次，这种层次实际上对应着外部存储器上的目录结构。有兴趣的读者可以参考 Java API 文档或者自己机器上安装的 JDK。在程序代码中，有两条与包的概念有关的执行语句：package 语句用于实现在程序中定义的类的存储；import 语句用于调用已经在包中存在的类。

3.3.1　package 语句

package 语句被放在 Java 源程序文件的第一行，用于指明该文件中定义的类被存放在哪个包中。程序中可以没有 package 语句，此时的类将被存放到当前包中。显然，在每个程序文件中，最多只能有一条 package 语句。

package 语句的格式如下：

```
package pkg1.[pkg2.[pkg3.…]];
```

其中，pkg1、pkg2 等代表不同的包的层次。程序员可以在外部存储器上根据需要定义不同的包，将所开发的类根据开发项目或使用目的存储到不同的包中。这也是一个管理数据和代码的好习惯。

3.3.2　import 语句

import 语句被放在 Java 源程序文件的 package 语句之后，以及 Java 类定义和接口定义之前。package 语句和 import 语句都应该被放在类定义和接口定义模块之外。import 语句的作用是引入包中已经存在的类，以供程序使用，包括 JFC 标准类库和开发包中的类，其格式如下：

```
import pkg1[.pkg2…].classname|*;
```

其中，classname 代表所要引入的类的类名，用于引入包中类名指代的类；*是一个通配符，用于引入包中的所有类。当需要在同一个包中引入多个类时，无须针对每个类写一条 import 语句，只需写一条 import 语句，并使用*通配符代替具体的类名即可。如果需要从多个包中引入多个类，则需要使用多条 import 语句逐一引入。

Java 语言的各个版本都提供了相当数量的类，构成了 Java 类库。这些类用来定义 Java 语言的各种基本功能，是使用不同的包的层次来管理的，称为 Java API 包，有兴趣的读者可以查阅 Java API 文档，了解其中的内容。

3.4　成员的访问

在完成类的定义之后，就可以对类中定义的类成员，包括变量成员和方法成员进行访问了。一般而言，在类的内部可以自由地访问变量成员和方法成员，没有什么限制；在类的外部访问类的成员时，会受到访问权限的限制。另外，对于具有 static 属性的类成员来说，Java 语言对其访问方式和访问范围有一些特别的规定。

3.4.1　变量成员和方法成员的访问

按照面向对象程序设计的思想，把描述事物属性的信息与处理这些信息的方法封装在对象中，实现了信息的隐藏。实际上，类中的方法就是用来访问类中的属性的。在同一个类中，方法成员可以直接使用变量名来任意地访问变量成员，其形式就像访问一个普通的变量一样；在类的外部，对变量成员的访问要通过类的对象实例来实现。具体的形式如下：

```
objectName.variableName            //引用变量
```

在类的内部，可以使用方法名实现在一个方法中对其他方法成员的访问；在类的外部，对方法成员的访问也要通过类的对象实例来实现。具体的形式如下：

```
objectName.methodName([paramList])     //引用方法
```

有一种程序设计方法是值得推荐的，即可以为类中的每一个变量成员都定义一个读取方法和设置方法，通常这样的方法被称为 setter 方法和 getter 方法，这也是软件工程理论一向强调的程序设计方法。这种程序设计方法的作用是，即使对于被设置为 private 访问权限的变量成员而言，只要将相应的 setter 方法和 getter 方法设置成 public 型，就可以在程序中通过调用 setter 方法和 getter 方法很容易地访问变量成员。同时这种程序设计方法避免了对变量成员的直接访问，更有利于隐藏对象信息。

3.4.2 形参和实参

下面讨论关于方法成员的访问的另一个问题——参数的传递。前文在介绍方法的定义时说过，在 Java 语言的方法定义中，允许定义有参数的方法，也允许定义无参数的方法。在方法定义时所使用的参数称为形参。在访问有参数的方法时，要给出与形参的个数和类型都一致的参数，这样的参数称为实参。访问的过程包含实参向形参传递值的动作。程序在执行时将使用实参代替形参，并把实参的值传递给方法，以便对实参进行预期的处理和计算。

Java 语言对参数的数量和出现顺序有非常严格的要求，在这一点上比 C++语言要严格得多。在程序中使用实参访问方法成员时要特别注意，一定要把实参的数量和顺序写正确，否则将会出现一个语法错误。在调用重载的方法时更要注意，一定要把实参的数量和顺序与将要调用的那个方法成员的形参严格对应，如果没有严格对应，则很可能会调用同名的重载方法，从而得不到预期的结果，而这种错误往往较难检查出来。

这里有一个重要的内容必须介绍，就是参数提升。所谓参数提升，是当进行方法访问时，如果实参的数据类型与形参的数据类型不一致，则需要将给定的实参强行转换为适当的数据类型，以便与形参的数据类型一致，再传递给方法进行计算。参数提升是在程序中自动进行的。将实参进行强制数据类型转换的规则称为提升规则。按照提升规则，可以在不损失数据的前提下，将一种数据类型转换为另一种数据类型。提升规则适用于两种情况：一种情况是在表达式中包含两个及两个以上的基本类型运算数，需要两个运算数的数据类型一致；另一种情况是在访问方法时，要将作为实参的基本数据类型的数据传递给方法的形参，需要实参和形参的数据类型一致。提升规则的基本思想是将数据存储长度较短的数据提升为数据存储长度较长的数据，这样可以保证在数据提升的过程中不会损失数据的存储精度。

Java 语言的 8 种基本数据类型允许进行的提升如表 3.1 所示，没有被收录在表中的基本数据类型转换都是不被允许的。

表 3.1　Java 语言的 8 种基本数据类型允许进行的提升

基本数据类型	允许进行的提升
boolean	不允许
char	int、long、float 和 double
byte	short、int、long、float 和 double
short	int、long、float 和 double
int	long、float 和 double
long	float 和 double
float	double
double	无

从表 3.1 中可以看到，boolean 型的数据不允许进行提升；double 型的数据由于使用 64 位存储，已经是最高数据存储长度的数据而无法提升了。参数提升规则的意义在于，在使用实参访问定义了形参的方法时，即使实参的数据类型与形参的数据类型不严格一致，也可以成功地进行访问。不过我们已经看到了，这种"不严格一致"只允许很小的差别，提升规则的数据类型转换是十分有限的，所以在进行方法访问时要特别注意，一定要把实参的数据类型与形参的数据类型匹配好。

3.4.3 this

在 Java 语言程序中，有时需要对当前的对象实例进行一些操作，而操作的代码往往位于对象实例的内部，这时需要使用一个特别的方式来指代当前的对象实例。

在 Java 语言中，每个对象实例都可以使用 this 关键字作为其自身的引用，这是 this 关键字的第一种用法。另外，在方法体中，还可以使用 this 关键字引用当前对象，调用对象成员。其格式如下：

```
this.variableName                        //引用变量
this.methodName([paramList])             //引用方法
```

此时，this 关键字代表当前对象，用于调用当前对象的成员。

关于 this 关键字的用法，不在这里给出例子了。在后面的章节中，我们会频繁地看到带有这两种使用形式的程序。

3.4.4 访问权限

Java 语言规定了 4 种类成员的访问权限，分别限定了允许对其进行访问的其他对象的范围。这 4 种访问权限分别为 private、protected、public 和 friendly，前面 3 种访问权限需要在程序中使用关键字明确声明，如果没有明确声明，则系统会默认定义为第四种访问权限，即 friendly 型。注意：friendly 并不是 Java 关键字，也无须在程序中出现。这 4 种访问权限的限定范围如表 3.2 所示。

表 3.2　4 种访问权限的限定范围

	同一个类中	同一个包中	不同包中的子类	不同包中的非子类
private	√			
protected	√	√	√	
public	√	√	√	√
friendly	√	√		

private 是私有型，凡是被声明为私有型的成员是不允许在类的外部被访问的，而只能在类的内部被访问，这样的成员通常是需要对外实行信息隐藏的部分。所以，在类以外的任何地方采用对象实例的引用来访问私有型成员都是不被允许的。另外，凡是被声明为私有型的成员都不能被其子类所继承。关于继承将在 3.5 节中介绍。

protected 是介于 private 型和 public 型的一种访问权限，具有这种访问权限的成员可以被继承，也可以被其子类访问，而且除了子类，还可以被同一个包中的类访问。

public 是公有型，是为了让外界对类进行了解而定义的。公有型成员是类中的开放部分，可以被任何类访问。无论是否在同一个包中，也无论是否有继承关系，其他的类都可以访问公有型成员，可以在类的内部直接访问，也可以在类的外部使用对象实例的引用访问。公有型成员可以被其子类继承。

friendly 是注重位置关系而不注重继承关系的一种访问类型。可以在类的内部和同一个包中对这种类型的成员进行访问，但是这种类型的成员不能被其子类访问。这种类型的成员也可以被继承。

3.4.5 static 属性：类变量成员和类方法成员

在类的定义中，还可以使用 static 关键字修饰其变量成员和方法成员，使其具有 static 属性。成员在具有 static 属性之后，其被访问的方式和范围将发生一些变化。

3.4.5.1 类变量成员和实例变量成员

使用 static 关键字声明的变量成员称为类变量成员；不使用 static 关键字声明的变量成员称为实例变量成员。类变量成员有时也称为静态变量成员，其声明格式如下：

```
static type classVariableName;
```

实例变量成员通常都有各自的内存区。对于不同的对象实例而言，其对应的变量成员有不同的值。实例变量必须在生成对象实例后通过对象实例名来访问。一旦使用 static 关键字声明了变量成员，该变量成员就成了类变量成员，其值存储在类定义共享内存区，将由多个对象实例共享同一个值。而类变量除了可以通过对象实例名访问，还可以通过类名直接访问。

3.4.5.2 类方法成员和实例方法成员

使用 static 关键字声明的方法成员称为类方法成员；不使用 static 关键字声明的方法成员称为实例方法成员。类方法成员有时也称为静态方法成员，其声明格式如下：

```
static returnType classMethodName([paramList])
{
    methodbody
}
```

与实例方法成员相比，类方法成员发生了较大的变化。一般的实例方法既可以访问实例变量和实例方法，又可以访问类变量和类方法；而类方法则只能访问类变量和类中的其他类方法，不能访问实例变量和实例方法。在访问实例方法时，必须在生成对象实例后通过对象实例名来访问；而类方法可以在不生成对象实例的情况下，通过类名直接访问。这可能就是将其称为"类"方法成员的原因。另外，在类方法成员中不能使用 this 关键字和 super 关键字。

结合本章前面所介绍的内容和本节的内容，可以看出，访问类的成员的方式有 3 种：第一种是在类的内部使用成员名直接访问；第二种是在类的外部使用对象实例名调用成员名访问；第三种是在类的外部使用类名调用成员名访问。

例 3.3 说明了类变量成员和类方法成员的使用，具体的程序如程序清单 3.3 所示。

【例 3.3】类变量成员和类方法成员的使用实例。

程序清单 3.3

```
//Example 3 of Chapter 3

public class SoftwareNumber
{
    private int serialNumber;
    public static int counter=0;
```

```
public SoftwareNumber()
{
    counter++;
    serialNumber=counter;
}

public static int getTotalNumber()
{
    return counter;
}

public int getSerialNumber()
{
    return serialNumber;
}

}
```

在例 3.3 的程序代码中，在 SoftwareNumber 类中同时定义了实例变量成员和类变量成员，也同时定义了实例方法成员和类方法成员。其中示范了在实例方法成员 SoftwareNumber()中访问类变量成员 counter 和实例变量成员 serialNumber 的方式，也示范了在类方法成员 getTotalNumber()中访问类变量成员 counter 的方式，这都是系统允许的访问方式。但是如果尝试在类方法成员 getTotalNumber()中访问实例变量成员 serialNumber，则会发生错误。

编程技巧提示 3.3　谨慎定义静态的类方法

使用 static 关键字声明的方法成员是静态的类方法。在程序设计中，如果不是为了一些特定的用途，尽量不要使用 static 关键字修饰方法成员，因为这样会带来两个不便：静态的类方法在功能更新时不够灵活；静态的类方法在访问变量成员时有权限限制。

编程常见错误提示 3.4　调用构造方法没有使用 new 关键字

初学者易犯的一个错误是在调用构造方法初始化对象实例时，习惯性地使用调用一般方法的方式直接调用构造方法给对象实例赋值，却忘记使用 new 关键字。

编程常见错误提示 3.5　调用方法时没有严格对应实参与形参

很多 Java 语言的初学者都是学过 C 语言的，在编写 Java 语言程序时，对于 Java 语言对方法参数的顺序和类型的要求未能深入理解，依然习惯性地忽略实参与形参的严格对应关系。

3.5　父类、子类和继承

Java 语言支持继承机制，允许在已有的类的基础上派生新的类。在继承关系中，被继承的类称为父类（Superclass）、超类，通过继承得到的类称为子类（Subclass）、派生类。子类可以继承父类的属性和行为的载体——变量和方法，还可以在子类中添加新的变量成员和方法成员，修改原有的变量成员定义，重写方法成员。Java 语言只支持单一继承，不支持多重继承。在 Java 语言中，所有的类都是通过直接或间接地继承 Object 类而得到的，也就是说，在 Java 语言的"类树"中，Object 类是这棵树的"根"，Object 类是 Java 语言中唯一没有父类的类。

所以，面向对象程序设计的继承机制既可以"遗传"，也可以"变异"。

3.5.1 创建子类

在 Java 语言中，创建子类的过程是在程序的类声明中通过 extends 子句声明父类来实现的，其格式如下：

```
[public][abstract|final] class subclassName extends superclassName
{
    classbody
}
```

其中，subclassName 代表子类的类名；superclassName 代表已经存在的作为父类的一个类的类名；extends 为继承关键字，其后面的部分称为 extends 子句。经过这样的声明，subclassName 类就是 superclassName 类的子类了。子类可以继承父类中访问权限为 protected、public 和 friendly 的成员，但不能继承访问权限为 private 的成员。

Java 语言规定，如果在程序中声明类时没有使用 extends 子句明确指明该类是哪个类的子类，则该类将被认为是 Object 类的子类。这样一来，用户在程序中所定义的类实际上都将加入 Java 语言的"类树"中。

3.5.2 变量成员的隐藏和方法重写

通过继承关系，即使子类中不进行任何关于变量成员和方法成员的定义，其中也会含有变量成员和方法成员，这是因为在父类中已经定义过的变量成员和方法成员只要访问权限不是 private，就会通过继承关系被传递到子类中。子类除了继承父类中的变量成员和方法成员，还可以在自己的类体中定义新的变量成员和方法成员。这样一来，子类中的变量成员和方法成员将包括两部分：一部分是继承得到的；另一部分是新定义的。

在子类中定义新的变量成员有一种特别的方式：变量成员的名称可以和从父类中继承的变量成员的名称相同，但其数据类型可以和原来的数据类型不一致，这称为变量成员的隐藏。在子类中定义新的方法成员的名称、参数列表、返回类型时，也可以和从父类中继承的方法成员的名称、参数列表、返回类型相同，这称为方法重写。重写的方法可以根据需要对父类中原有的方法进行功能改造，即修改其方法体，还可以对其访问权限进行修改。但是重写的方法不能使用比被重写的方法更严格的访问权限，也就是说，新定义的方法的访问权限或者和原来方法的访问权限一样，或者比原来方法的访问权限宽。例如，如果原来的访问权限是 friendly，新的访问权限就必须是 friendly、protected 或 public，不能是 private；如果原来的访问权限是 protected，新的访问权限就必须是 protected 或 public，不能是 friendly 或 private。

在子类中定义与父类中变量同名的变量时,父类中的同名变量将被隐藏。在子类中重写的方法也将把从父类中继承的方法隐藏,这种现象称为方法重写或方法覆盖(Overriding)。方法重写也是 Java 语言多态性的一个体现。如果把子类从父类中继承变量成员和方法成员看作"遗传",那么在子类中定义新的变量成员和方法成员,修改父类中的变量成员定义和方法重写就可以被看作继承机制中的"变异"。

3.5.3 super

为了准确地分辨父类中原有的成员和子类中修改定义的成员,Java 语言通过 super 关键字来实现对父类中被隐藏成员的访问。super 关键字的使用有 3 种格式:

```
super.variableName                    //访问父类变量
super.methodName([paramList])         //调用父类方法成员
super([paramList])                     //调用父类构造方法
```

这样一来,无论是父类中原有的成员还是子类中修改定义的成员,都可以在程序中被准确地调用,实现了运行时多态。

例 3.4 说明了类继承的一般方式和 super 关键字的使用。

【例 3.4】 定义一个"产权"类,要求其中有业主姓名、面积和办理日期。在"产权"类的基础上派生一个"带车库的产权"类,要求增加车库序号信息。

具体的程序如程序清单 3.4 所示。程序的执行结果如图 3.2 所示。

程序清单 3.4

```java
//Example 4 of Chapter 3

import javax.swing.JOptionPane;
import java.util.GregorianCalendar;

class PropertyRight
{
    protected String Owner;
    protected double Area;
    protected GregorianCalendar DateofPurchase;

    public PropertyRight(String n,double s,GregorianCalendar d)
    {
        Owner = n;
        Area = s;
        DateofPurchase = d;
    }

    public String putoutDateofPurchase()
    {
        return DateofPurchase.get(GregorianCalendar.YEAR) + "年"
```

```java
            + DateofPurchase.get(GregorianCalendar.MONTH) + "月"
            + DateofPurchase.get(GregorianCalendar.DAY_OF_MONTH) + "日";
    }

    public String getDetails()
    {
        return "所有人: " + Owner +", 面积: " + Area + ", 办理日期: " +
putoutDateofPurchase();
    }
}

class PropertyRightWithGarage extends PropertyRight
{
    protected String GarageNumber;

    public PropertyRightWithGarage(String n,double s,GregorianCalendar
d,String number)
    {
        super(n,s,d);
        GarageNumber = number;
    }

    public String getDetails()
    {
        return super.getDetails() + ", 车库序号: " + GarageNumber;
    }

}

public class PropertyRightTest
{
    public static void main(String args[])
    {
        String output = "";

        PropertyRight a,b,c;
        PropertyRightWithGarage d,e;

        GregorianCalendar date1 = new GregorianCalendar(2001,4,28);
        GregorianCalendar date2 = new GregorianCalendar(2001,2,20);
        GregorianCalendar date3 = new GregorianCalendar(2001,8,18);
        GregorianCalendar date4 = new GregorianCalendar(2011,3,13);
        GregorianCalendar date5 = new GregorianCalendar(2011,5,22);
```

```
a = new PropertyRight("李嘉庆",200.0,date1);
b = new PropertyRight("张寿常",165.0,date2);
c = new PropertyRight("王文昌",200.0,date3);

d = new PropertyRightWithGarage("边立志",137.0,date4,"8181");
e = new PropertyRightWithGarage("邵东志",145.0,date5,"4285");

output += "\n 业主一的信息: " + a.getDetails();
output += "\n 业主二的信息: " + b.getDetails();
output += "\n 业主三的信息: " + c.getDetails();
output += "\n 业主四的信息: " + d.getDetails();
output += "\n 业主五的信息: " + e.getDetails();

JOptionPane.showMessageDialog(null,output);
System.exit(0);

  }
}
```

图 3.2　程序清单 3.4 的程序的执行结果

在例 3.4 的程序代码中，先定义了 PropertyRight 类，其中包含 3 个保护型变量成员和 2 个方法成员，随后在 PropertyRight 类的基础上派生定义了 PropertyRightWithGarage 类，增加了一个新的保护型变量成员，共含有 4 个变量成员。在 PropertyRightWithGarage 类中重写了 PropertyRight 类的方法成员 getDetails()。在 PropertyRightWithGarage 类的构造方法中，我们看到了 super 关键字的一种使用方法，此时使用的是 PropertyRightWithGarage 类的父类 PropertyRight 的构造方法。在 PropertyRightWithGarage 类的方法成员 getDetails()中，我们看到了 super 关键字的另一种使用方法，此时的 super 关键字代表父类，使用的是父类的方法成员 getDetails()。在这个例子中，还可以看到 Java 语言多态性的一个表现：代码中分别使用 5 个对象实例调用了 getDetails()方法，代码相同，却得到了不同的运行结果。在调用 a、b、c 三个对象实例时，输出了信息窗中呈现的前三行；在调用 d、e 两个对象实例时，输出了信息窗中呈现的后两行。这是因为 a、b、c 是父类的对象实例，调用的是父类的方法成员；而 d、e 是子类的对象实例，调用的是子类的方法成员。在程序中使用了一个 Java 类库中用来处理时间的 GregorianCalendar 类。

3.5.4 final 属性：final 类和 final 方法

具有 final 属性的类是不能被继承的类，称为最终类；具有 final 属性的方法是不能被重写的方法，称为最终方法。使用 final 关键字修饰类和方法，可以分别得到最终类和最终方法。我们已经在前面的类定义和方法定义中看到了 final 关键字的使用方法，这里就不再给出使用格式了。将某一个类定义为最终类，是希望这个类不再被继承；将某一个方法定义为最终方法，是希望在类的继承中不要再改写这个方法。最终类中的所有方法都隐含地具有最终方法的属性，但是最终方法不一定只包含在最终类中，实际上，在很多普通的类中也包含最终方法。

final 属性的实质是不让所描述的语言成分再发生变化，不让它们"进化"。

3.5.5 abstract 属性：abstract 类和 abstract 方法

abstract 属性与 final 属性的性质相反，具有 abstract 属性的类是必须被继承的类，称为抽象类；具有 abstract 属性的方法是必须被重写的方法，称为抽象方法。使用 abstract 关键字修饰类和方法，可以分别得到抽象类和抽象方法。我们也已经在前面的类定义和方法定义中看到了 abstract 关键字的使用方法，这里也不再给出使用格式了。抽象类不能被实例化，只有其子类才能被实例化，所以抽象类只有被继承之后，才能被程序使用。抽象方法是只给出方法声明而没有给出方法体的方法，即抽象方法不提供方法实现，只有在子类中重新定义其方法体，才有实际意义。抽象类中不一定含有抽象方法，但含有抽象方法的类一定是抽象类。因为同一个抽象类可能被不同的新类所继承，同一个抽象方法在被继承之后，也可能被实现为不同内容的方法，所以抽象类和抽象方法也是 Java 语言实现多态的手段之一。

abstract 属性的实质是强制性地让所描述的语言成分发生变化，让它们必须"进化"。

由于 final 属性和 abstract 属性的性质相反，无法同时在一个类或方法上出现，所以 final 关键字和 abstract 关键字不能同时使用在一个类或一个方法上。

3.5.6 类继承机制在程序设计中的作用

类的继承可以让子类直接获取在父类中定义的内容，并直接在子类中使用。在父类中定义的方法就像在子类中编写的一样，使用时没有访问权限等限制，这种使用是几乎无障碍的。从软件工程角度来讲，类继承机制是软件复用技术的一种，由于被复用的代码是对使用方开放的，因此这种复用方式属于"白盒复用"。类继承机制允许在已有程序代码的基础上迅速开展新的程序设计工作，并且提供了对原有程序代码进行修改和补充的方法。

3.6 接口

Java 语言不支持类的多重继承，而是使用接口实现多重继承的功能。在接口中只定义方法，而不给出方法体，所以其中的方法实际上是抽象方法。另外，在接口中只允许定义常量，不允许定义变量。可以说接口是抽象方法与常量的集合，从本质上来讲，接口是一种特殊的抽象类。接口与接口之间允许多重继承，由于在接口中只定义方法，而不给出方法体，因此接口之间的多重继承只是方法集合的合并，即子接口的方法集合是其所有父接口的方法集合的并集，即使继承了多个相同的方法，也不会引起方法在执行时的混淆。接口需要通过在类中实现来实现其程序功能，并且一个类可以实现多个接口。利用这种接口之间的继承和接口与类之间的实现，Java 语言明显地改进了 C++语言中的多重继承机制，实现了比 C++语言中的多重继承机制更强的功能。类的继承和接口的实现可以同时出现在一个类定义中。

接口也是 Java 语言实现多态的重要手段之一。同一个接口在不同的实现中可以实现不同的功能。

3.6.1　接口的定义

在 Java 语言中，接口是通过 interface 关键字来声明的，基本的接口声明格式如下：

```
[public]interface interfaceName
{
    interfaceBody
}
```

其中，interfaceName 代表接口的名称，通常由用户使用一个符合 Java 语法要求的标识符来作为接口名。一般来说，接口名采用带有-able 或-ible 词尾的英文单词。接口具有 public 访问权限，所以即使在程序代码中没有写出 public，也不影响其访问权限。

3.6.2　接口体的定义

接口体包含常量定义和方法声明两部分。接口体中定义的常量具有 public、static 和 final 属性。接口体中的方法只进行方法声明，无须提供方法体，用分号结尾，具有 public、abstract 属性。

【例 3.5】一个简单的接口的定义。

具体的程序如程序清单 3.5 所示。

程序清单 3.5

```
//Example 5 of Chapter 3

interface Collection
{
    int  MAX_NUM = 100;
    void  add(Object  obj);
    void  delete(Object  obj);
    Object  find(Object  obj);
    int  currentCount( );
}
```

3.6.3　接口的继承

Java 语言允许在已有接口的基础上定义新的接口，这是通过接口的继承机制实现的。Java 语言不允许类之间的多重继承，但允许接口之间的多重继承。

接口之间的继承与类之间的继承一样，也是使用 extends 子句来实现的。被继承的接口称为父接口。在 extends 子句中，可以写出当前接口所要继承的所有父接口，如果父接口多于一个，则使用逗号隔开，具体的格式如下：

```
[public] interface subInterfaceName extends superInterfaceNameList
{
    interfacebody
}
```

子接口可以继承各个父接口的全部成员，而对于相同的成员来说，子接口中只保留一个副本。也可以说，子接口的方法成员的集合是各个父接口的方法成员的集合的并集。

3.6.4　接口的实现

在接口中只声明了方法成员，而没有给出方法体，这样还不能在程序中使用。要想使用接口中声明的方法成员，就必须在实现接口的类中给出方法体，这个过程称为接口的实现。在类的声明中，使用 implements 子句来实现某个或某些接口，其格式如下：

```
[public][abstract|final] class className [extends superclassName]
    implements interfaceNameList
{
    classbody
}
```

在一个类中可以实现多个接口，多个接口的名称可以写在 implements 子句中，并使用逗号隔开。在接口中定义的方法都必须在实现接口的类中给出方法体，只要给出了方法体，接口就实现了。即使没有必要给出方法体的方法，按照语法要求，在形式上也必须给出一个由一对大括号 "{" 和 "}" 标出的空方法体。类的继承和接口的实现可以同时出现在一个类定义中，所以可以在一个类定义中同时出现 extends 子句和 implements 子句。extends 子句和 implements 子句之间可以连续依次写，不需要使用逗号或其他符号隔开。

实际上，利用抽象类也可以实现接口的部分功能。二者的差别在于，抽象类的子类除继承抽象类之外，不能再继承其他的类，而实现接口的类可以同时实现多个接口，还可以再继承一个类。显然这种方法能实现更多的内容。

这里不再给出实现接口的例子，在第 5 章介绍事件监听器时，会给出很多实现一个或多个接口的程序。

3.6.5　接口代码的存储

与类一样，一个接口是一个代码存储的基本单元。接口体的源程序代码在存储时，一般与类存储在同一个源程序文件中，接口体的代码与类的代码并列。存储文件的命名规则依然遵循存储类的代码时的命名规则，接口体的源程序不影响文件命名。

当包含接口体的代码的源程序进行编译时，除了每个类会各自生成一个字节码文件，接口体也会生成一个专有的字节码文件。文件的基本名与接口名相同，并以.class 为扩展名。

3.6.6 Java 8 对接口定义的扩展修订

Java 8 修订了接口的定义，主要的改动有以下两个。

（1）允许在接口中定义非抽象的方法实现，并使用 default 关键字修饰该方法。该方法称为扩展方法，默认扩展方法可以在实现接口的子类上直接使用。例如：

```
interface Shape
{
    double calculate(double a);
    default double perimater(double u)
    {
        ......
    }
}
```

在此接口的基础上定义实现类：

```
public class NewShape
{
    public double calculate(double a)
    {
        ......
    }
}
```

之后，可以在代码中直接使用接口中定义的扩展方法，例如：

```
NewShape ns;
ns.perimater(2.205);
```

（2）允许在接口中定义非抽象的方法实现，并使用 static 关键字修饰该方法，然后在程序中直接使用接口名调用该方法，例如：

```
interface Shape
{
    double calculate(double a);
    public static double perimater(double u)
    {
        ......
    }
}
```

之后，可以在代码中直接使用接口中定义的方法，例如：

```
Shape.perimater(2.205);
```

编程常见错误提示 3.6　在实现接口的方法时未声明 public 访问权限

无论接口的方法声明中是否写了 public 关键字，所有的方法都具有公有属性。在实现接口的类中，如果实现接口中声明的方法成员没有明确使用 public 关键字修饰，则意味着将这个方法的访问权限定义为默认的 friendly 了，访问权限会比原方法更弱。这个错误将导致一个编译错误，从而在编译程序时无法通过。

3.7　多态性的讨论

3.7.1　多态性的概念

多态性是面向对象程序设计中非常有实用价值的技术，也是一项比较复杂的技术。多态性与继承机制中的方法重载、方法重写、接口、抽象类等概念密切相关，利用多态性，可以设计和实现具有良好的可扩展性的系统。

多态性是指在一个继承层次结构或接口实现结构中，一个对象实例在代码叙述形式相同的情形下，可以依据其所指向的对象类型调用不同的执行方法，其后台的执行逻辑就是代码的动态加载。程序在编译时仅对语法进行检验，只有在执行时才会根据对象实例的类型与具体的执行方法实现关联，这种机制称为运行时绑定或动态绑定（Dynamic Binding）。

3.7.2　继承层次结构中对象间的关系

在 Java 语言的语法中，存在着类与类之间的常规继承方式，存在着在某一个类中实现接口的继承方式，还存在着为了使抽象类成为可用类而进行的继承方式。这 3 种继承方式如图 3.3 所示。

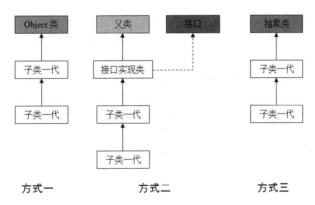

图 3.3　Java 语言中的 3 种继承方式

下面简单比较一下接口与抽象类。在接口中，定义的所有方法都是没有实现的，都具有抽象的属性；而在抽象类中，可能包含部分已经实现了的方法和部分没有实现的方法。如果抽象类中不存在已经实现了的方法供子类继承，则可以使用接口定义替代。如果抽象类的子类依然包含抽象方法且没有实现方法，则该子类仍然需要被声明为抽象类。

在 Java 语言的继承关系中，有一个十分关键且常用的概念：子类对象可以被视为父类的对象。利用这个重要概念，可以在程序中实现很多灵活、丰富的操作。这个概念是 Java

语言多态性的一个重要体现。

从类的继承关系中可以看到，在通常情况下，子类可以继承父类的全部非私有成员，而在子类中还可以定义自己的新成员，所以子类的成员集合比父类的成员集合要大一些。下面两种多态性应用是可以从逻辑上讲清楚的。

（1）允许将父类的对象实例用子类的构造方法实例化，或者将子类的引用赋给父类的对象实例，但是反之不可以。

（2）当访问一个有引用数据类型形参的方法时，可以使用该引用数据类型的子类的对象实例作为实参访问该方法。

第二种应用在本质上与第一种应用是一样的，都是将子类中从父类中继承的成员传递给访问的方法，都是将父类的对象实例中的成员用子类的构造方法初始化。由于子类中的成员数量比父类中的成员数量多，因此子类的构造方法是有能力完成这个工作的。

如果反过来，将子类的对象实例用父类的构造方法实例化，则将产生一个编译错误。

这种现象可以使用类型转换的思想来认识，对 Java 引用数据类型的强制类型转换称为造型（Casting），而造型仅被允许在有继承关系的引用数据类型之间进行。从子类到父类的类型转换可以自动进行，而从父类到子类的类型转换必须通过造型来实现，无继承关系的引用数据类型之间的转换及造型是非法的。为了保证程序中的造型能够正确执行，在造型前可以使用运算符"instanceof"测试一个对象的类型是否有继承关系，只有当测试结果为真时，才进行造型。

例 3.6 对例 3.4 中的程序进行了扩充，定义了一个 Property 接口，并由 PropertyRight 类实现了该接口。在主类中，分别声明了接口的几个对象实例、父类的几个对象实例和子类的几个对象实例，分别验证了几种初始化方式。

【例 3.6】用子类的构造方法初始化父类的对象实例，并将子类的引用赋给父类的对象实例。

具体的程序如程序清单 3.6 所示。程序的执行结果如图 3.4 所示。

程序清单 3.6

```
//Example 6 of Chapter 3

import javax.swing.JOptionPane;
import java.util.GregorianCalendar;

interface Property
{
    public String putoutDateofPurchase();
    public String getDetails();
}

class PropertyRight implements Property
{
    protected String Owner;
    protected double Area;
```

```java
    protected GregorianCalendar DateofPurchase;

    public PropertyRight(String n,double s,GregorianCalendar d)
    {
        Owner = n;
        Area = s;
        DateofPurchase = d;
    }

    public String putoutDateofPurchase()
    {
        return DateofPurchase.get(GregorianCalendar.YEAR) + "年"
            + DateofPurchase.get(GregorianCalendar.MONTH) + "月"
            + DateofPurchase.get(GregorianCalendar.DAY_OF_MONTH) + "日";
    }

    public String getDetails()
    {
        return "所有人: " + Owner +", 面积: " + Area + ", 办理日期: " +
putoutDateofPurchase();
    }
}

class PropertyRightWithGarage extends PropertyRight
{
    protected String GarageNumber;

    public PropertyRightWithGarage(String n,double s,GregorianCalendar
d,String number)
    {
        super(n,s,d);
        GarageNumber = number;
    }

    public String getDetails()
    {
        return super.getDetails() + ", 车库序号: " + GarageNumber;
    }

}

public class PropertyRightTest2
{
    public static void main(String args[])
```

```java
{
    String output = "";

    Property p1,p2,p3,p4;
    PropertyRight pr_a,pr_b,pr_c,pr_d;
    PropertyRightWithGarage prg_e,prg_f;

    GregorianCalendar date1 = new GregorianCalendar(2001,4,28);
    GregorianCalendar date2 = new GregorianCalendar(2001,2,20);
    GregorianCalendar date3 = new GregorianCalendar(2001,8,18);
    GregorianCalendar date4 = new GregorianCalendar(2011,3,13);
    GregorianCalendar date5 = new GregorianCalendar(2011,5,22);

    //语法允许的初始化
    p1 = new PropertyRight("测试者",200.0,date1);
    //语法允许的初始化
    p2 = new PropertyRightWithGarage("测试者",145.0,date5,"4285");
    pr_a = new PropertyRight("李嘉庆",200.0,date1);
    pr_b = new PropertyRight("张寿常",165.0,date2);
    //语法允许的初始化
    pr_c = new PropertyRightWithGarage("邵东志",145.0,date5,"4285");

    prg_e = new PropertyRightWithGarage("边立志",137.0,date4,"8181");
    //prg_f = new PropertyRight("王文昌",200.0,date3);语法不允许的初始化

    p3 = pr_a;              //语法允许的引用赋值
    p4 = prg_e;            //语法允许的引用赋值
    pr_d = prg_e;          //语法允许的引用赋值
    //prg_f = pr_b;             语法不允许的引用赋值

    output += "\n" + p1.getClass().getName();
    output += "\n" + p1.getDetails();
    output += "\n" + p2.getClass().getName();
    output += "\n" + p2.getDetails();
    output += "\n" + p3.getClass().getName();
    output += "\n" + p3.getDetails();
    output += "\n" + p4.getClass().getName();
    output += "\n" + p4.getDetails();
    output += "\n" + pr_a.getClass().getName();
    output += "\n" + pr_a.getDetails();
    output += "\n" + pr_b.getClass().getName();
    output += "\n" + pr_b.getDetails();
    output += "\n" + pr_c.getClass().getName();
    output += "\n" + pr_c.getDetails();
```

```
output += "\n" + pr_d.getClass().getName();
output += "\n" + pr_d.getDetails();
output += "\n" + prg_e.getClass().getName();
output += "\n" + prg_e.getDetails();

JOptionPane.showMessageDialog(null,output);
System.exit(0);


    }
}
```

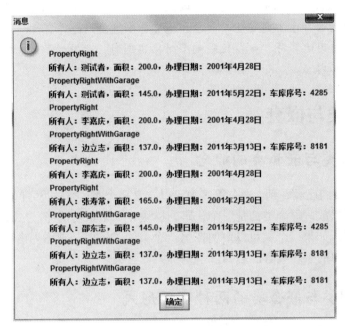

图 3.4　程序清单 3.6 的程序的执行结果

在程序清单 3.6 的程序中，演示了使用接口实现类的构造方法初始化接口的对象实例的操作；演示了使用接口实现类的子类的构造方法初始化接口的对象实例的操作；演示了将接口实现类的引用和接口实现类的子类的引用赋值给接口的对象实例的操作；演示了使用子类的构造方法初始化父类的对象实例的操作；演示了将子类的引用赋值给父类的对象实例的操作。这些操作都是系统允许的。但是使用父类的构造方法初始化子类的对象实例的操作和将父类的引用赋值给子类的对象实例的操作都是系统不允许的，编译时将产生一个编译错误。

无论使用哪一种语法允许的初始化方法进行初始化，在程序执行对象实例时，都将调用对应的方法。然而调用哪个类的方法取决于对象实例被初始化为哪个类的对象实例。那么，对象实例被初始化为哪个类的对象实例，是取决于对象的类型声明呢？还是取决于对象的初始化操作呢？其实这个答案存在于每个对象实例中，可以通过 getClass()方法来获取答案。在程序清单 3.6 的程序中出现了形如 p1.getClass().getName()的语句，该语句就是用来判定这个事情的。getClass()方法是在 Object 类中定义的，其功能是返回一个 Class 类，该类是对象实例对应的类；getName()方法是在 Class 类中定义的，其功能是返回此 Class 对象所表示的实体的名称。可以从图 3.4 的执行结果中清楚地看到，上述问题的答案是：在声明时可以使用父类的类型声明，甚至可以使用接口的类型声明，对象实例被初始化为哪个类的对象实例取决于对象的初始化操作。各个对象实例的初始化类型与对象实例动态绑定的方法呈现严格、准确的对应关系，这正是 Java 语言多态性程序设计的形式特征。

编程技巧提示 3.4　使用 equals()方法比较两个对象实例

equals()方法是 Object 类定义的方法，可以用来比较两个对象实例。如果两个对象实例是同一个类的实现，并且内容相同，则认为它们是相等的，返回逻辑值 true。equals()方法的使用方式是用一个对象实例调用 equals()方法，将另一个参加比较的对象实例作为 equals()方法的参数放到小括号中。除了可以比较两个对象实例，equals()方法还可以用来比较两个数据，并且这种方法更安全。初学者通常都知道使用运算符"=="比较两个数据是否相等，但是在使用运算符"=="比较两个对象实例时，比较的是两个对象实例的引用是否相同，而不看其内容。

3.8　内部类与嵌套类

3.8.1　内部类与嵌套类的概念

在例 3.4 中我们已经看到，一个程序中可以定义多个类，类与类之间是平等的关系，它们在程序中并列摆放，每个类都是一个代码的模块。除了正常情形，Java 语言还允许创建内部类和嵌套类：如果一个类可以声明在另一个类的类体内，则称为内部类；如果声明在另一个类的类体内的类还具有静态属性，则称为嵌套类。

3.8.2　内部类与嵌套类的两种实现形式

内部类可以以一个完整的类的形式出现在另一个类中，此时包容内部类的类相对而言就称为外部类。内部类的类体与外部类的方法成员并列摆放。内部类与外部类之间存在一个特殊的关系：系统允许内部类直接访问外部类的变量成员和方法成员。另外，如果在内部类中使用了 this 关键字，则此时的 this 指向内部类的当前对象而不是外部类的当前对象。如果要使用外部类的 this 引用，则要在 this 关键字之前加上外部类的类名。

还可以在类的某个方法中声明内部类，这种形式的内部类可以定义类名，也可以不定义类名而形成无名类，即不必为所定义的类给定标识符，称为匿名内部类。在方法中声明的内部类具有 3 个代码层次：外部类、外部类方法、内部类。方法中的内部类可以访问其外部类的对象实例的变量成员和方法成员，也可以访问声明它的方法中的具有 final 属性的局部变量，但是不能访问声明它的方法中的其他局部变量。在匿名内部类中，也可以像普通的类一样实现接口、继承类。

使用包含内部类与嵌套类的类在编译程序时，外部类和内部类将生成各自的字节码文件。外部类的字节码文件的基本名与普通类的生成规则相同，而内部类的字节码文件的基本名由外部类的类名与内部类的类名使用"$"连起来构成，如 OuterClassName$InnerClassName.class。

匿名内部类的字节码文件的基本名类似于 OuterClassName$#.class，其中的"#"为数字，如果程序中有多个匿名内部类，则从 1 开始，每遇到一个匿名内部类，该数字就递增 1。

内部类与嵌套类主要用于事件处理，将实现事件监听器的类写在类的内部，便于访问程序中的某些特定变量。具体实例参见第 5 章的例 5.8 和例 5.9。

3.9 Java 类库中常用类的介绍

本节将简要介绍 Java 类库中几个常用的类。在这些类中，有的已经在前面的例题中出现过，有的则是在设计 Java 语言程序时非常常见和常用的。在学习 Java 语言时，有必要对这些类进行一个初步的了解。关于这些类的具体信息，请读者参阅相关的 Java API 文档。

3.9.1 Object 类

前文已经介绍过，无论是 Java 类库中已经提供的类，还是用户自己定义的类，Java 语言的所有类都可以遵循继承关系，构成一个树状的继承关系图。我们可以将其称为"继承树"或"类树"。在这棵"树"中，处于根的位置的类就是 Object 类，它被存放在 Java 类库的 java.lang 包中。由于 Object 类是所有 Java 类的父类，因此所有 Java 类都将继承该类定义的成员，所有 Java 对象都可以使用该类的成员。Object 类是 Java 语言中唯一一个没有父类的类。

Java 类库中的 java.lang 包是其最基本的一个包，其中定义的类都是关于 Java 语言的最基本的语言内容，在 Java 语言程序中使用该包中的类无须用 import 语句引入，直接使用即可。后面还会介绍该包中的几个类。

程序清单 3.7 中的代码就是 Object 类的定义原型。

程序清单 3.7

```
public class java.lang.Object
{
    public Object();                              //构造方法
    protected Object clone();                     //建立当前对象的副本
    public boolean equals(Object obj);            //比较对象
    protected void finalize();                    //释放资源
    public final Class getClass();                //求对象对应的类
    public int hashCode();                        //求哈希码值
    public final void notify();                   //唤醒当前线程
    public final void notifyAll();                //唤醒所有线程
    public String toString();                     //返回当前对象的字符串
    public final void wait();                     //使线程等待
    public final void wait(long timeout);
    public final void wait(long timeout, int nanos);
}
```

其中，timeout 为最长等待时间，单位为毫秒；nanos 为附加时间，单位为纳秒，取值范围为 0～999999。

3.9.2　System 类

System 类是 java.lang 包中一个非常常用的实用类，是一个极其重要的类，在前面的章节中已经多次出现过。System 类不能被实例化，包含很多有用的静态字段和静态方法，可以通过类名直接访问。System 类提供了 Java 的标准输入流、标准输出流和标准错误输出流，对外部定义的属性和环境变量的访问，数组元素的快速复制等功能。

System 类中有 3 个静态变量成员：作为标准错误输出流的 PrintStream 类内建对象 err，作为标准输入流的 InputStream 类内建对象 in，作为标准输出流的 PrintStream 类内建对象 out。利用这 3 个内建对象可以实现 Java 语言程序的标准输入和标准输出。System 类中的 exit()方法可以终止当前正在运行的 Java 虚拟机，在前面的例题中已经多次使用过。getProperties()方法、getProperty()方法可以获取当前的系统属性，setProperties()方法、setProperty()方法可以设置当前的系统属性，getSecurityManager()方法可以获取系统安全属性，setSecurityManager()方法可以设置系统安全属性。

3.9.3　Class 类

Class 类是 java.lang 包中一个很特别的类，也是一个极其重要的类。System 类不能被实例化，而 Class 类的实例表示正在运行的 Java 应用程序中的类和接口，也就是说，程序中正在使用的具体的类都是 Class 类的对象实例。Class 类中两个常用的方法成员如下：

```
String  getName()                    //以 String 的形式返回此 Class 对象所表示
                                     //的实体名称
public T newInstance()               //创建此 Class 对象所表示的类的新实例
```

3.9.4　Math 类

在例 3.1 和例 3.2 中，我们已经见到了计算平方根的方法，就是 Math 类的方法成员 sqrt()。Math 类也是定义在 java.lang 包中的，它将基本的数学操作，如绝对值计算、指数计算、对数计算、幂计算、平方根计算和三角函数计算的方法都封装于其中。Math 类中还定义了两个常用的数学常量：圆周率 π 和自然对数的底 e。Math 类中的成员都被声明为静态的，可以通过类名直接访问。利用 Math 类中的方法可以完成程序中常见的数学计算功能。

3.9.5　基本数据类型封装类

在 java.lang 包中，Java 语言为每一种基本数据类型都定义了一个封装类，共有 8 个，分别是 Boolean、Character、Byte、Short、Integer、Long、Float 和 Double 类，并且将逻辑类型、字符类型、4 种整数类型和 2 种浮点类型的基本数据分别进行了封装。除 Boolean 类和 Character 类之外，其他 6 个类都派生自 Number 抽象类。这 8 个类都具有 final 属性，即不可以再被继承。在程序中可以将基本数据类型的数据存储为相应的基本数据类型封装类的对象实例，这样就可以利用基本数据类型封装类，像操作对象实例一样地操作基本数据类型的数据，特别是可以多态地操作基本数据类型的数据。

在 Number 抽象类中，专门定义了基本数据类型之间的转换方法：

```
byte byteValue()            //以 byte 形式返回指定的数值
double doubleValue()        //以 double 形式返回指定的数值
float floatValue()          //以 float 形式返回指定的数值
int intValue()              //以 int 形式返回指定的数值
long longValue()            //以 long 形式返回指定的数值
short shortValue()          //以 short 形式返回指定的数值
```

由于 Byte、Short、Integer、Long、Float 和 Double 这 6 个类都派生自 Number 抽象类，并且各自实现了上述方法，因此只要调用各个类中的相应方法，就可以实现这 6 个数据类型之间的转换。需要留意的是，其中有些情形可能会涉及舍入或取整。

在这 8 个基本数据类型封装类中，定义了解析方法成员，可以把表示基本数据类型变量的字符串解析为相应的数值；还定义了字符串转换方法成员，可以把各种数据类型的数值转换为表示指定数值的字符串。这种解析和转换方式在向程序中的变量进行数值的输入/输出操作中，具有安全性的特点，可以使程序更为稳定、可靠。8 个基本数据类型封装类的方法汇总如下。

Boolean 类：

```
static boolean parseBoolean(String s)   //将字符串参数解析为 boolean 值
String toString()                       //返回表示此 boolean 值的 String 对象
Static String toString(boolean b) //返回一个表示指定 boolean 值的新 String 对象
```

Character 类：

```
String toString()              //返回表示此 char 值的 String 对象
static String toString(char c) //返回一个表示指定 char 值的新 String 对象
```

Byte 类：

```
static byte parseByte(String s)     //将字符串参数解析为有符号的十进制 byte 值
String toString()                   //返回表示此 byte 值的 String 对象
static String toString(byte b)      //返回一个表示指定 byte 值的新 String 对象
```

Short 类：

```
static short parseShort(String s)   //将字符串参数解析为有符号的十进制 short 值
String toString()                   //返回表示此 short 值的 String 对象
static String toString(short s)     //返回一个表示指定 short 值的新 String 对象
```

Integer 类：

```
static int parseInt(String s)       //将字符串参数解析为有符号的十进制 int 值
String toString()                   //返回表示此 int 值的 String 对象
static String toString(int i)       //返回一个表示指定 int 值的新 String 对象
```

Long 类：

```
static long parseLong(String s)     //将字符串参数解析为有符号的十进制 long 值
String toString()                   //返回表示此 long 值的 String 对象
static String toString(long i)      //返回一个表示指定 long 值的新 String 对象
```

Float 类：

```
static float parseFloat(String s)    //返回一个新的 float 值，该值被初始化为
                                      //用指定 String 表示的值
String toString()                     //返回这个 Float 对象的字符串表示形式
static String toString(float f)       //返回 float 参数的字符串表示形式
```

Double 类：

```
static double parseDouble(String s)  //返回一个新的 double 值，该值被初始化为
                                      //用指定 String 表示的值
String toString()                     //返回 Double 对象的字符串表示形式
static String toString(double d)      //返回 double 参数的字符串表示形式
```

3.9.6 数组操作工具类 Arrays

Arrays 类是一个实用类，定义了用来操作数组的各种方法。这些方法都具有静态属性，并且针对不同数据类型的参数给出了不同的重载版本，主要的方法如下：

```
copyOf()               //将一个数组中的值复制到新数组
copyOfRange()          //将一个数组中的值按范围复制到新数组
asList()               //返回一个支持数组的固定大小的列表
binarySearch()         //用二进制搜索算法在数组中搜索指定值
equals()               //如果两个数组相等，则返回 true
hashCode()             //基于指定数组的内容返回哈希码
sort()                 //对数组成员按数字升序进行排序
toString()             //返回指定数组内容的字符串表示形式
```

3.9.7 String 类和 StringBuffer 类

前文已经介绍过，在 Java 语言中没有字符串数据类型，而是把字符串作为对象来处理。java.lang 包中的 String 类和 StringBuffer 类都可以用来表示一个字符串：String 类用于处理不变的字符串；StringBuffer 类则用于处理可变的字符串。例如，在一个字符串中插入字符或者将两个及两个以上的字符串连接起来，最好使用 StringBuffer 类来处理，一旦处理完成，创建了一个新的字符串，就可以使用 toString()方法将其转换为 String 类对象实例。另外，在 java.util 包中还有一个与字符串处理有关的 StringTokenizer 类。该类允许应用程序将字符串分解为语言符号，可以用来处理自然语言，这里就不详细介绍了。

可以采用以下方式创建一个字符串：

```
String(byte[] bytes)
String(byte[] bytes,int offset,int length)
String(byte[] ascii,int hibyte,int offset,int count)
String(char[] value)
String(char[] value,int offset,int count)
String(String original)
String(StringBuffer buffer)
```

在 String 类中，以下几个方法是比较常用的：

```
charAt()                    //返回指定索引处的 char 值
compareTo()                 //按字典顺序比较两个字符串
equals()                    //比较此字符串与指定的对象
indexOf()                   //返回指定字符在此字符串中第一次出现处的索引
length()                    //返回此字符串的长度
```

在 StringBuffer 类中，以下几个方法是比较常用的：

```
append()                    //将参数的字符串表示形式追加到此序列
delete()                    //移除此序列的子字符串中的字符
insert()                    //将参数的字符串表示形式插入此序列中
setCharAt()                 //将给定索引处的字符设置为给定参数
```

3.9.8 Calendar 类和 GregorianCalendar 类

早期的 Java 版本定义了一个 Date 类，该类是一个描述日期和时间的常用类，它把日期和时间解释为年、月、日、小时、分钟和秒值，还允许格式化和分析日期字符串。为了处理时间功能的国际化，从 Java 1.1 版开始，Date 类中的一些方法逐渐被 Calendar 类和 GregorianCalendar 类中的方法取代，目前 Date 类已经被废弃。这两个类都被存放在 java.util 包中。

Calendar 类是处理日期和时间的类，它是一个抽象类，为特定瞬间与一组日历字段之间的转换提供了一些方法，并为操作日历字段提供了一些方法。GregorianCalendar 类是 Calendar 类的直接子类，也是它的实现类，提供了世界上大多数国家使用的标准日历系统。Calendar 类中定义的静态字段对年、月、日、小时、分钟和秒值，以及月份、星期等有详尽的描述，其中的方法在经由 GregorianCalendar 类实现之后，可以用来处理与日期和时间有关的工作。在程序中，如果要生成与日期和时间有关的对象实例，则必须使用 GregorianCalendar 类生成。

3.10 Java Application 程序的完整结构

前文对 Java 语言中的类的概念进行了介绍，本节将对把类作为组织程序代码的基本单位的作用进行介绍，对 Java Application 程序的基本结构进行总结，同时对 Java Application 程序的代码管理进行总结。

完整的 Java Application 程序的基本结构是：一个程序可以被分成若干个文件，其中可以有一个主类，并且最多只能有一个主类；一个文件中可以含有若干个类和接口，每个类中包含若干个变量成员和方法成员，每个方法中包含若干个变量声明和若干条执行语句。在同一个文件中，类和接口出现的先后顺序对程序的运行没有影响；在同一个类中，变量成员和方法成员出现的先后顺序对程序的运行没有影响。但是按照书写习惯，通常把接口写到类的前面，把变量成员写到方法成员的前面。

1. 完整的 Java 语言程序文件的格式

```
package packageName;                //指定文件中定义的类所在的包,0 个或 1 个
import packageName.(className|*);   //指定引入的类, 0 个、1 个或多个
```

```
public classDefinition                        //主类定义，0个或1个
interfaceDefinition and classDefinition //接口和类定义，0个、1个或多个
```

2．完整的类定义格式

```
[public][abstract|final] class className [extends superclassName]
    [implements interfaceNameList]
{
  [public|protected|private][static][final][transient][volatile]type
    variableName;                       //变量成员定义，0个、1个或多个
    [public|protected|private][static][final|abstract][native][synchronized]
    returnType methodName([paramList])[throws exceptionList]
  {
    statements
  }                                      //方法成员定义，0个、1个或多个
}
```

有一个特别的类，称为程序的主类，需要在类声明的前面用 public 关键字修饰。对于 Java Application 程序而言，主类中的主方法是程序执行的入口点和出口点。

3．完整的接口定义格式

```
[public]interface interfaceName[extends superInterfaceList]
{
    type constantName = Value;          //常量成员定义，0个、1个或多个
    returnType methodName([paramList]); //方法成员声明，0个、1个或多个
}
```

4．3 个特别的类方法成员

1）main()方法

main()方法，即主方法。主方法只能在 Java Application 程序的主类中定义。主方法的名称、参数列表、访问权限、静态属性、返回类型是固定的，在编写程序时都不能改变。其声明格式如下：

```
public static void main(String args[])
{
    methodbody
}
```

主方法是在 Java Application 程序执行时第一个被访问的方法，也是最后一个被退出的方法。主方法是公有方法、静态方法、无返回值的方法。

2）构造方法

前文已经介绍过，构造方法的方法名就是类名，它没有返回类型，通常是 public 访问权限的。构造方法要求的固定声明格式如下：

```
className([paramList])
{
    methodbody
}
```

3）finalize()方法

finalize()方法的声明格式如下：

```
protected void finalize() throws throwable
{
    methodbody
}
```

finalize()方法是在 Object 类中定义的，这个方法在继承过程中会被其子类所继承，因此所有 Java 类中都含有这个方法。在通常情况下，finalize()方法不需要在类中重新定义。

5. Java 文件的存储

在存储 Java 源程序文件时，如果文件中有主类，则文件的基本名必须和主类名一致，否则没有限制，文件的扩展名为.java。Java 源程序文件在经过编译后，得到的是 Java 字节码文件。在存储字节码文件时，其基本名与源程序文件名一致，但文件的扩展名为.class。如果文件中含有多个类和接口，则每个类和接口都各自生成一个专有的字节码文件，并且文件的基本名是类名或接口名。

由于 Java 语言规定没有指明父类的类是 Object 类的子类，因此用户通过写程序来定义类的过程也可以被看作定义 Object 类的子类的过程。用户可以直接使用现有类中的方法成员来完成程序的功能，从而留给用户自己定义代码的工作就比较少了，这是面向对象程序设计所带来的好处之一。在进行 Java 语言面向对象程序设计时，提倡使用已有的方法，这样设计出来的程序可能会比完全由程序员自己编写代码所设计的程序要可靠。

综上所述，我们已经对 Java 语言中面向对象程序设计的思想和面向对象程序设计实现的载体——类进行了介绍，并且对使用类的方式管理程序代码模块的功能进行了介绍。至此，我们已经将 Java 语言面向对象程序设计的语法规则介绍完了。根据这些语法规则，相信读者已经可以设计出完整的 Java 语言程序了。

作为本章的结束，例 3.7 给出了一个具有比较完整的程序功能的典型案例。

【例 3.7】多态性应用案例。

某超市中有以下几大类商品：包装物，每位顾客限购一件，金额固定为包装物的单价；按单价计算金额的一般商品，金额为单价乘以数量；优惠商品，按单价计算金额的一般商品，但是在超过一定数量之后，超出部分按 9 折计价；需带包装购买的商品，包装物 1 件，商品数量不限，金额为包装物金额与商品金额之和。该超市希望编写一个 Java 语言程序，用于计算顾客购买的每一种商品所应付的金额。

具体的程序如程序清单 3.8 所示。程序的执行结果如图 3.5 所示。

程序清单 3.8

```
//Example 7 of Chapter 3

import javax.swing.JOptionPane;

// 定义 Merchandise 抽象类

abstract class Merchandise
```

```
{
    private String Name;
    private String SerialNumber;

    public Merchandise( String name, String number )
    {
        Name = name;
        SerialNumber = number;
    }

    public void setName( String name )
    {
        Name = name;
    }

    public String getName()
    {
        return Name;
    }

    public void setSerialNumber( String number )
    {
        SerialNumber = number;
    }

    public String getSerialNumber()
    {
        return SerialNumber;
    }

    public String toString()
    {
        return getName() + ",SerialNumber: " + getSerialNumber();
    }

    public abstract double paying();

}// 结束定义 Merchandise 抽象类

// 定义 Wrappage 类

class Wrappage extends Merchandise
{
    private double wrappagePrice;
```

```java
    public Wrappage( String name, String number, double nowwrappageprice )
    {
        super( name, number );
        setWrappagePrice( nowwrappageprice );
    }

    public void setWrappagePrice( double nowwrappageprice )
    {
        wrappagePrice = nowwrappageprice < 0.0 ? 0.0 : nowwrappageprice;
    }

    public double getWrappagePrice()
    {
        return wrappagePrice;
    }

    // 重写父类的方法
    public String toString()
    {
        return "包装物: " + super.toString();
    }

    // 实现父类的抽象方法
    public double paying()
    {
        return getWrappagePrice();
    }
} // 结束定义 Wrappage 类

// 定义 GeneralMerchandise 类

class GeneralMerchandise extends Merchandise
{
    private double price;
    private double count;

    public  GeneralMerchandise( String  name,  String  number,  double
nowprice, double nowcount )
    {
        super( name, number );
        setPrice( nowprice );
        setCount( nowcount );
    }
```

```java
    public void setPrice( double nowprice )
    {
        price = nowprice < 0.0 ? 0.0 : nowprice;
    }

    public double getPrice()
    {
        return price;
    }

    public void setCount( double nowcount )
    {
        count = nowcount < 0.0 ? 0.0 : nowcount;
    }

    public double getCount()
    {
        return count;
    }

    // 重写父类的方法
    public String toString()
    {
        return "一般商品: " + super.toString();
    }

    // 实现父类的抽象方法
    public double paying()
    {
        return getPrice() * getCount();
    }
} // 结束定义 GeneralMerchandise 类

// 定义 RebateMerchandise 类

class RebateMerchandise extends Merchandise
{
    private double price;
    private double count;
    private int rebateCount;

    public RebateMerchandise( String name, String number, double nowprice,
        double nowcount, int nowrebatecount )
```

```java
{
    super( name, number );
    setPrice( nowprice );
    setCount( nowcount );
    setRebateCount( nowrebatecount );
}

public void setPrice( double nowprice )
{
    price = nowprice < 0.0 ? 0.0 : nowprice;
}

public double getPrice()
{
    return price;
}

public void setCount( double nowcount )
{
    count = nowcount < 0.0 ? 0.0 : nowcount;
}

public double getCount()
{
    return count;
}

public void setRebateCount( int nowrebatecount )
{
    rebateCount = nowrebatecount < 0 ? 0 : nowrebatecount;
}

public int getRebateCount()
{
    return rebateCount;
}

// 重写父类的方法
public String toString()
{
    return "打折商品: " + super.toString();
}

// 实现父类的抽象方法
```

```
    public double paying()
    {
        if ( count <= rebateCount )
            return price * count;
        else
            return price * rebateCount + price * ( count - rebateCount ) * 0.9;
    }
}// 结束定义 RebateMerchandise 类

// 定义 WrappageMerchandise 类

class WrappageMerchandise extends GeneralMerchandise
{
    private double wrappagePrice;

    public WrappageMerchandise( String name, String number, double nowprice,
            double nowcount, double nowwrappageprice )
    {
        super( name, number, nowprice, nowcount );
        setWrappagePrice( nowwrappageprice );
    }

    public void setWrappagePrice( double nowwrappageprice )
    {
        wrappagePrice = nowwrappageprice < 0.0 ? 0.0 : nowwrappageprice;
    }

    public double getWrappagePrice()
    {
        return wrappagePrice;
    }

    // 重写父类的方法
    public String toString()
    {
        return "带包装的商品: " + super.getName() + " " + ",SerialNumber: "
                + super.getSerialNumber();
    }

    // 实现父类的抽象方法
    public double paying()
    {
    return getPrice() * getCount() + getWrappagePrice();
    }
```

```
    }// 结束定义 WrappageMerchandise 类

    // 定义主类

    public class PayingCalculation
    {
        public static void main( String[] args )
        {
            // 生成 Merchandise 数组
            Merchandise merchandise[] = new Merchandise[4];

            // 用子类的构造方法实例化
            merchandise[ 0 ] = new Wrappage( "包装袋", "100011231", 1.00 );
            merchandise[ 1 ] = new GeneralMerchandise( "非常可乐", "205433501",
3.50, 12 );
            merchandise[ 2 ] = new WrappageMerchandise( "大米", "502000125",
1.50, 20, 1.00 );
            merchandise[ 3 ] = new RebateMerchandise( "苹果", "320171005",
4.80, 5.5, 5 );

            String output = "";

            // 循环语句中出现运行时多态应用
            for ( int i = 0; i < merchandise.length; i++ )
            {
                output += "\n";
                output += merchandise[ i ].toString();

                // 确定哪个元素是 WrappageMerchandise 类的对象实例
                if ( merchandise[ i ] instanceof WrappageMerchandise )
                {
                    // 强制类型转换后赋值给新的对象实例
                    WrappageMerchandise currentM = ( WrappageMerchandise )
merchandise[ i ];
                    output += "\n 包装袋的价格是: " + currentM.getWrappagePrice();
                } // 结束 if 语句

                output += "\n 需要支付: " + merchandise[ i ].paying() + "\n";

            } // 结束 for 语句

            JOptionPane.showMessageDialog( null, output );
            System.exit( 0 );
```

```
}// 结束定义主方法

}// 结束定义主类
```

图 3.5　程序清单 3.8 的程序的执行结果

在上面的案例中，总共定义了 6 个类，首先定义了一个 Merchandise 抽象类，作为程序中所需要的类的共同父类，其中含有一个抽象方法。然后在 Merchandise 抽象类的基础上，通过继承定义了 Wrappage、GeneralMerchandise、RebateMerchandise、WrappageMerchandise 等几个实用类，这几个类的继承层次关系如图 3.6 所示。

图 3.6　程序清单 3.8 的程序中的几个类的继承层次关系

这几个类中所定义的类的全部功能都通过主类 PayingCalculation 得到了使用，并通过窗口实现了输出。在案例中使用了本章介绍过的继承和多态的多种知识，其中通过抽象类定义公有属性，并在此基础上派生所需要的实用类的设计方法，这在 Java 面向对象程序设计中是比较常用的设计方法。对于类的每一个私有型变量成员，都设计一个设置方法和一个获取方法，这也是一种规范化的 Java 语言程序设计方法。至于在案例中如何使用多态和使用多少种多态的方法，有兴趣的读者可以仔细阅读程序并详细总结一下。程序清单 3.8 中使用了很多由英文单词构成的标识符，建议读者在编写自己的程序时，也尽量使用接近自然语言的字符串作为程序中的标识符，这样做可以实现一种"望词见义"的效果，有利于理解程序的内容和算法。

编程技巧提示 3.5　尽量把程序的业务内容封装在类中

在编写程序时，应该避免把主类和主方法的内容写得过多，较好的方式是把程序的业务内容封装到专门的类中，并且这种封装越是细分，写出的程序就越具有可重用性。而在主类中，只需生成封装类的对象实例，然后调用适当的方法即可完成程序功能。

本章知识点

★　面向对象程序设计思想是结构化程序设计思想的发展和延伸，是目前软件工程领域中的重要设计思想。

★　面向对象程序设计主要体现在对象的封装、类的继承和程序设计的多态上。

★　面向对象程序设计的 3 个主要好处是项目的分解、代码的重用和避免程序的重复开发。

★　Java 语言是一种完全的面向对象的程序设计语言，其中完全实现了对象的封装、类的继承和程序设计的多态。

★　Java 语言对代码采用二级模块管理：一级模块是类；二级模块是方法。

★　类在 Java 语言中的作用有两个：一个作用是作为面向对象程序设计的主体概念；另一个作用是作为组织程序代码的基本单位，即程序代码的一级模块。

★　对象是描述事物的数据与处理数据的方法的集合。面向对象程序设计实现了对象的封装，实现了模块化和信息隐藏。

★　类是统一定义的对象，对象是类的具体实现。

★　对象之间采用消息进行交互。消息包括消息的接收者、接收对象应采用的应对方法和执行方法所需要的参数 3 个方面的内容。

★　继承是面向对象程序设计方法中的重要内容，通过类的继承可以实现程序代码的重复利用。

★　Java 语言只支持单一继承，不支持多重继承，其多重继承的功能是通过接口之间的多重继承和在类中实现接口实现的。

★　多态是面向对象程序设计方法中的重要内容。通过多态，程序可以实现丰富多彩的设计内容。

★　Java 语言中有多种实现多态的手段：方法重载和方法重写、用子类的构造方法初始化父类的对象实例、抽象类和抽象方法、接口等。

★　类包含类头和类体，类体中包含变量成员和方法成员，变量成员是类的属性的载体，方法成员是类的行为的载体。

★　Java 语言中的方法体是由一段程序代码构成的，是 Java 语言程序的实质性执行成分。

★　如果一个方法是有返回类型的，就必须能够向外传递一个与返回类型相同的值，如果返回类型为空，就不能向外传递值。

★　声明的作用域就是程序中可以通过正常的方式引用所声明的程序实体的代码范围。Java 语言的作用域分为类级、方法级、语句块级、语句级。

★　用来初始化类对象的方法称为构造方法。构造方法是一种特殊的方法成员，其名称与类名相同，没有返回类型，只能使用 new 关键字调用。

★ 任何类中都有 finalize()方法，其作用是释放系统资源，一般在程序中无须重写这个方法。

★ 在一个类中可以定义多个相同名称、相同访问权限、相同返回类型，但参数列表不同的方法，称为方法重载。

★ 对象是类的实例化。在程序代码中，对象实例的使用包括生成、使用和清除 3 个阶段；对象实例的生成包括声明、实例化和初始化；对象实例的使用是为了访问其成员；对象实例的清除是释放其占用的资源，这是由自动垃圾收集机制完成的。

★ 包的作用有两个：管理类和管理类名。

★ package 语句让程序将生成的类存储到指定的包中；import 语句让包中现有的类被程序所用。

★ 在类的内部对成员的访问没有什么限制；在类的外部对成员的访问会受到访问权限的限制。

★ 从形式上总结，对成员的访问有 3 种形式：直接使用成员名访问、使用对象实例名访问、使用类名访问。

★ 在方法定义时所使用的参数称为形参；在方法访问时所使用的参数称为实参。实参的数量和类型要与形参一致，Java 语言可以通过参数提升对与形参类型不一致的实参进行有限的类型转换，转换的规则称为提升规则。

★ this 是指代当前对象实例的关键字，可以用其访问当前对象实例的成员。

★ Java 语言中规定了 4 种类的成员的访问权限，分别为 private、protected、public、friendly。

★ 具有 static 属性的成员称为类成员。类成员的访问方式比较简单，但是类成员的访问功能比较弱。

★ 继承机制允许在已有类的基础上派生新的类，被继承的类称为父类，通过继承而得到的类称为子类。

★ 在子类中可以继承父类的属性和行为的载体——变量和方法，还可以在子类中添加新的变量成员和方法成员，修改原有的变量成员定义，重写方法成员。

★ Java 语言只支持单一继承，不支持多重继承。

★ 创建子类的过程是通过 extends 子句实现的，其中声明了当前类的父类。如果在声明类时没有使用 extends 子句，则其父类为 Object 类。

★ 子类中可以定义与父类中原有的变量成员同名的变量成员，也可以重写父类中原有的方法成员，此时父类中原有的变量成员和方法成员将被隐藏。

★ 使用 super 关键字可以访问父类中被隐藏的变量成员和方法成员，也可以访问父类的构造方法。

★ 在 Java 语言的继承关系中，有一个十分关键且常用的概念：子类对象可以被视为父类的对象。

★ 具有 final 属性的类是不能被继承的类，称为最终类；具有 final 属性的方法是不能被重写的方法，称为最终方法。

★ 具有 abstract 属性的类是必须被继承的类，称为抽象类；具有 abstract 属性的方法是必须被重写的方法，称为抽象方法。

★ Object 类是 Java 语言的所有其他类的父类，被存放在 java.lang 包中。

★ java.lang 包是定义 Java 语言基本内容的类的共用包。在使用这个包中的类时，无须使用 import 语句引入。

★ 接口是实现 Java 语言多重继承功能的重要内容，具有抽象类的属性。接口也是 Java 语言实现多态的重要手段。

★ 在多个接口的基础上可以定义新的接口，即接口允许多重继承。

★ 在实现接口的类中必须给出接口中声明的方法的方法体。实现接口需要使用 implements 子句，并在其中写出被实现的接口的名称。一个类可以实现多个接口。

★ Java 语言允许将一个类声明在另一个类的类体中，称为内部类。如果这个内部类还具有静态属性，则称为嵌套类。

★ 内部类可以是定义在外部类中的一个完整类，也可以是声明在外部类的方法中的类。方法中的类通常不必定义标识符，称为匿名内部类。

★ 内部类在编译时会独立生成一个字节码文件，其基本名为外部类名加"$"再加内部类名。匿名内部类在编译时生成的字节码文件的基本名为外部类名加"$"再加一个从 1 开始的数字。

★ 在 java.lang 包中，Java 语言为每一种基本数据类型都定义了一个封装类，分别是 Boolean、Character、Byte、Short、Integer、Long、Float 和 Double 类。利用这些类可以像处理一般对象实例一样地处理基本类型数据。

★ System 类是 java.lang 包中的实用类，可以用来进行标准输入/输出，获取和设置系统属性等操作。

★ String 类和 StringBuffer 类都可以用来进行字符串的有关处理工作。

★ Math 类中封装了进行数学计算的方法，可以通过类名直接访问其中的方法并进行相关的数学计算。

★ Date 类、Calendar 类和 DateFormat 类可以用来处理日期和时间。

★ 完整的 Java Application 程序的基本结构是：一个程序可以被分成若干个文件，其中可以有一个主类，并且最多只能有一个主类，一个文件中可以含有若干个类和接口，每个类中包含若干个变量成员和方法成员，每个方法中包含若干个变量和若干条执行语句。

★ 主方法只能在主类中定义。主方法的名称、参数列表、访问权限、静态属性、返回类型是固定的，在编写程序时都不能改变。主方法是 Java Application 程序执行时的入口点，也是程序执行结束时的出口点。

习题 3

3.1 总结一下 Java 语言中的面向对象程序设计思想都体现在哪些地方，以及封闭、继承和多态的思想都是如何实现的。

3.2 什么是类？什么是对象？

3.3 类的变量成员和方法成员各自体现了类的什么内容？

3.4 在 Java 语言的继承机制中，子类除继承父类中的内容之外，还可以通过哪些方式改变和扩充其从父类中继承的内容？

3.5　什么是包？包的作用是什么？

3.6　什么是 final 类和 final 方法？什么是 abstract 类和 abstract 方法？

3.7　关键字 this 和 super 的含义是什么？使用方式是什么样的？

3.8　什么是方法重载？什么是方法重写？简要说明二者的区别。

3.9　Java 语言中的 4 种访问权限是如何界定的？

3.10　什么是实例变量成员？什么是类变量成员？

3.11　什么是实例方法成员？什么是类方法成员？

3.12　什么是接口？接口的多重继承机制是如何实现的？

3.13　接口中定义的方法是怎样实现的？

3.14　什么是内部类？内部类是如何定义的？

3.15　回顾一下例 3.7，在程序清单 3.8 的程序代码中，GeneralMerchandise 类在实现父类 Merchandise 的方法成员 paying() 时是采用 getPrice() 方法和 getCount() 方法获取私有成员 price 和 count 的值的，而在 RebateMerchandise 类中，在实现 paying() 方法时是直接采用变量名获取 price 和 count 的值的，请问这是为什么？这两种方式有什么差别？

3.16　同样是在程序清单 3.8 的程序代码中，在主类的循环语句中有一个表达式：

```
merchandise[i] instanceof WrappageMerchandise
```

请问按照程序中的实际情况，当程序执行到这个循环语句时，上面的这个表达式可能为真吗？当 i 的值为多少时这个表达式为真？为什么？

3.17　编写程序，将程序清单 3.3 中定义的类生成 5 个对象实例，看一看在第 5 个对象实例生成之后静态变量 counter 的值是多少，并解释为什么。

3.18　接口继承和实现练习：编写 3 个接口，其中各含有 3 个方法声明，并且在 3 个接口所声明的方法中有名称相同的方法出现，在这 3 个接口的基础上派生一个新的接口，在其中增加 3 个常量成员，并编写一个主类来实现这个子接口。

3.19　访问权限练习：编写一个类，其中含有 4 个访问权限分别为 private、protected、public、friendly 的变量成员和方法成员，再编写一个主类，其中生成前面的类的一个对象实例，然后使用这个对象实例分别访问 4 个变量成员和方法成员，并编译程序，看看将有哪些现象出现。

3.20　方法重载练习：编写一个类，其中含有至少两个具有相同名称但形参列表不同的方法，再编写一个主类，其中生成前面的类的一个对象实例，然后使用这个对象实例分别访问重载的方法成员。

3.21　编写一个类，其中声明了实例变量成员，也声明了类变量成员。编写两个类方法成员，分别用于访问实例变量成员和类变量成员；编写两个实例方法成员，分别用于访问实例变量成员和类变量成员。再编写一个主类，其中生成前面的类的一个对象实例，然后调用 4 个方法成员并编译程序，看看将有哪些现象出现。

3.22　模仿程序清单 3.1 中的程序代码，定义“正方形”类，定义描述正方形边长和面积的变量成员 edgelength 和 area，定义相应的方法成员 setEdgelength()、getEdgelength()、setArea()、getArea()，重新定义方法成员 toString()，并编写一个主类，在其中生成一个正方形的对象实例，然后通过这个对象实例完成对上述方法成员的调用操作。

3.23 在前一个题目的基础上定义"正方形"类的子类"正方体",改变变量成员 area 的含义为正方体的表面积,增加描述体积的变量成员 volume,修改方法成员 setArea()、getArea()的定义为对表面积的操作,增加方法成员 setVolume()、getVolume()以完成对体积的操作,重写方法成员 toString(),并编写一个主类,在其中生成一个正方体的对象实例,然后通过这个对象实例完成对上述方法成员的调用操作。

3.24 在程序清单 3.1 中的程序代码中增加一个判定三角形是否为直角三角形的方法,并将其命名为 isRightAngled();增加一个判定三角形是否为等腰三角形的方法,并将其命名为 isEquilateral();增加一个判定三角形是否为等边三角形的方法,并将其命名为 isIsosceles()。

3.25 定义一个"圆"类,其中含有一个浮点类型的变量作为其半径,并定义获取直径、获取周长、获取面积等方法。在"圆"类的基础上定义"圆锥""圆柱"两个子类,增加一个浮点类型的变量作为其高度,并定义各自的获取体积的方法。

3.26 将 3.25 题中的程序用一个主类来实现对象实例,并输出有关的计算结果。

实验 3

S3.1 编写一个有关车主信息管理的程序。首先定义一个"汽车"类,包含以下信息:汽车品牌、汽车类型(轿车、多用途汽车、载重车、客车等)、汽车型号。这几项都要求是字符串对象实例。然后在"汽车"类的基础上,定义一个"车主"类,包含以下信息:姓名、性别、出生日期、汽车、车辆颜色、底盘号码、购买日期、购买价格、联系电话。其中,姓名、性别、车辆颜色、底盘号码、联系电话等要求是字符串对象实例;汽车要求是上述定义的"汽车"类的对象实例;购买价格要求是浮点型数据;出生日期、购买日期要求是日期和时间类型,使用 GregorianCalendar 类的对象实例。最后编写一个主类,用于测试这两个类的性能。

S3.2 根据图 3.7 所定义的类的继承关系编写 Java 语言程序以实现 3 个类并测试运行,要求为每个类的每个成员都定义 setter 和 getter 方法。其中,"合同"类是父类,"采购合同"类和"销售合同"类是"合同"类派生的子类。

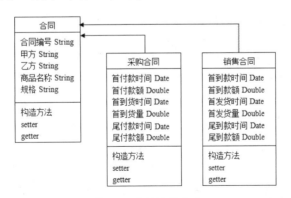

图 3.7 类的继承关系

第4章 异 常 处 理

本章主要内容： Java 语言的异常处理机制是一种在系统中为程序提供错误处理功能的机制。本章介绍 Java 语言中的异常概念和 Java API 类库中的异常类及其层次结构，以及 Java 语言中的异常处理的两种方式——捕获和处理异常、抛出异常，并介绍在 Java API 类库中现有异常类的基础上定义用户自己的异常类的方法。

4.1 异常与异常类

4.1.1 Java 语言中的异常概念

下面先来看两个例子。

【例 4.1】数组下标越界的例子。

具体的程序如程序清单 4.1 所示。程序的调试信息如图 4.1 所示。

程序清单 4.1

```java
//Example 1 of Chapter 4

import javax.swing.JOptionPane;

public class ExcepDemo1
{
    public static void main(String[] args)
    {
        String string[] = {"Easter Sunday","Thanksgiving","Christmas"};
        String output = "";

        for(int i=0;i<5;i++)
        {
            output += string[i];
            output += "\n";
        }

        JOptionPane.showMessageDialog( null, output );
        System.exit( 0 );
    }
}
```

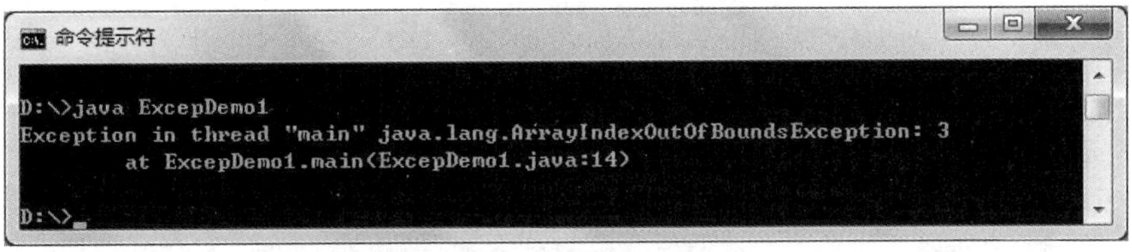

图 4.1 程序清单 4.1 的程序的调试信息

【例 4.2】算术表达式中分母为 0 的例子。

具体的程序如程序清单 4.2 所示。程序的调试信息如图 4.2 所示。

程序清单 4.2

```java
//Example 2 of Chapter 4

import javax.swing.JOptionPane;

public class ExcepDemo2
{
    public static void main(String[] args)
    {
        String output = "";

        for(int i=5;i>=0;i--)
        {
            output += "120 是"+i+"的"+120/i+"倍";
            output += "\n";
        }

        JOptionPane.showMessageDialog( null, output );
        System.exit( 0 );
    }
}
```

图 4.2 程序清单 4.2 的程序的调试信息

在上面的两个例子中，分别存在着一个影响程序正常编译的隐患，使得程序在编译时无法通过。程序清单 4.1 的程序明知数组的成员数量只有 3 个，却依然使用了能够循环 5 次的循环语句，当第四次执行循环体时，在数组成员表达式中就发生了 Java 语言中不允许出现的"数组下标越界"的问题。程序清单 4.2 的程序在循环控制变量 i 可能出现值为 0 的情况下依然将 i 作为分母，从而导致整数被 0 除的问题。

在程序设计中，类似的情况还有很多。避免发生这些问题的一个办法是在设计程序时周密考虑、严密设计，针对各种可能发生的意外情况都采取预防措施，并在程序中加上相应的处理。但是这将导致程序的代码量很大，会加大理解难度。一个更好的办法是将编译系统设计成能够发现和处理影响程序执行的各种问题的系统。这样一来，程序员就可以不用在程序中编写处理错误的代码，既可以提高程序员的工作效率，又可以使程序简洁、清晰。Java 语言的异常处理机制就是这样一种能够发现和处理错误的功能，使得 Java 语言程序在一定程度上具备了容错的功能，体现了 Java 语言具有健壮性的特点。

4.1.2　Java 类库中的异常类及其层次结构

在 Java 语言中，将影响程序执行的各种情况统称为可抛出异常，Java 语言中的可抛出异常分为两种：Exception 和 Error。Exception 异常是指在程序中发生的但经过处理可能恢复程序正常执行的非正常事件，称为异常；Error 异常是指在程序中发生的、非常严重且无法恢复程序正常执行的非正常事件，称为错误。前者在经过处理之后可以不中断程序的执行，后者则将中断程序的执行而退出系统。在 Java 语言中，异常和错误是以类的形式定义的。在 Java 类库中定义了 Object 类的一个子类 Throwable 为可抛出异常类，并由 Throwable 类派生出了两个子类 Exception 和 Error。由 Exception 类和 Error 类又分别派生出了很多子类，并且随着 Java 语言版本和类库的更新，异常类的数量也在不断增加。Throwable 类、Exception 类和 Error 类定义在 java.lang 包中，Exception 类和 Error 类的数百个子类则分布在各个包中。Java 类库中部分主要异常类和错误类的继承层次结构如图 4.3 所示。

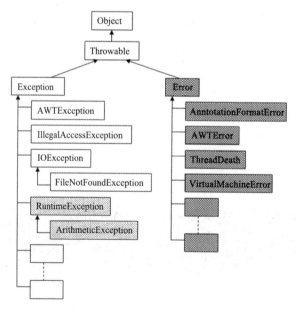

图 4.3　Java 类库中部分主要异常类和错误类的继承层次结构

Exception 类和 Error 类的每一个子类都以类的形式描述了程序在运行过程中可能发生的一种异常事件，常见的异常包括算术异常 ArithmeticException、输入/输出异常 IOException、负数组长度异常 NegativeArraySizeException、安全性异常 SecurityException、数组下标越界异常 ArrayIndexOutOfBoundsException 等。Java 语言几乎将任何事情都当作对象来看待，异常也不例外。当 Java 语言程序执行时，如果出现了异常事件，就会产生相应异常类的一个对象，其中包含一些信息，描述了异常的类型及在异常发生时程序的运行状态等。

Java 语言将 Exception 类异常分为两类：受检异常（Checked Exception）和不受检异常（Unchecked Exception）。这种划分具有很重要的意义。Java 编译器认为所有 Error 类的子类都是不受检的，所以将它们划分为不受检异常。不受检异常还包括 RuntimeException 类及其子类，其余的 Exception 类的子类均为受检异常。

针对受检异常，有两种应付和处理异常的方法：一种是使用捕获和处理的方式，在程序内部完成处理工作；另一种是把异常对象通过方法调用序列，层层向上抛出，直至转交给 Java 运行时系统处理。Java 语言将产生异常和转交异常的过程称为抛出异常。而不受检异常通常不要求在程序中进行处理。

4.2　异常处理的两种方式

4.2.1　捕获和处理异常

捕获和处理异常是通过 try-catch-finally 语句块结构实现的。

try-catch-finally 语句块结构并不是新的语句，确切地说，只是一种新的结构。程序员把他认为可能出现异常的语句放入其中，即可在语句序列中划定捕获异常的范围，其格式如下：

```
try{
    statements
}
```

紧跟在 try 语句块后面的是 catch 语句块。catch 语句块也被称为 catch 子句，是带有一个异常参数的语句块，其中包含对参数指定的异常类型进行处理的语句，同时参数的类型必须是受检异常类的对象实例，并且必须在 catch 语句块中进行类型说明。可以放置一个或多个 catch 语句块，每个 catch 语句块负责处理一种类型的异常。不同的 catch 语句块可以捕获不同的异常类型，如果出现了两个 catch 语句块中的参数类型相同的现象，则被当作一个语法错误。catch 语句块的格式如下：

```
catch(ExceptionClassName obj)
{
    statements
}
```

finally 语句块中的语句负责清除在处理异常过程中的不正常状态，使程序恢复到正常运行状态。finally 语句块是可选的，可以不出现。finally 语句块跟在所有的 catch 语句块后面，finally 语句块的格式如下：

```
finally{
    statements
}
```

try-catch-finally 语句块结构的执行流程为：当 try 语句块中的语句序列出现异常时，系统将生成一个该异常类的对象实例，并中断 try 语句块中的语句序列的执行，转而将异常类的对象实例与 try 语句块后面的若干个 catch 语句块中的参数按代码出现的顺序逐一进行类型比对，如果与某个 catch 语句块中的参数的类型相匹配，则转向该 catch 语句块，待其中的语句序列逐条执行完成之后，再转向 finally 语句块，执行其中的语句序列。当 try 语句块中的语句序列自始至终都没有出现异常时，程序将正常执行完 try 语句块中的语句序列，然后转向 finally 语句块，也就是说，无论在 try 语句块中是否发生异常，都要执行 finally 语句块。当 finally 语句块中的语句序列被执行完成后，系统不是转向 try 语句块中出现异常的语句的下一条语句，而是转向 try-catch-finally 语句块结构后面的第一条语句，使控制流在这里恢复执行，这一点要特别注意。

利用 try-catch-finally 语句块结构，我们可以为前面的两个例子加上适当的异常处理结构，使得程序能够正常运行。

例 4.3 对程序清单 4.1 中的程序进行了简单的处理，具体的程序如程序清单 4.3 所示，程序的执行结果如图 4.4 所示。

【例 4.3】带有异常处理功能的数组下标越界的例子。

程序清单 4.3

```java
//Example 3 of Chapter 4

import javax.swing.JOptionPane;

public class ExcepDemo3
{
    public static void main(String[] args)
    {
        String string[] = {"Easter Sunday","Thanksgiving","Christmas"};
        String output = "";

        int k = 0, m = 0;
        try{
            for(int i=0;i<5;i++)
            {
                k = i + 1;
                output += string[i];
                output += "\n";
                m = i + 1;
            }
        }
        catch(Exception e)
        {
            output += e.toString();
        }
        finally{
```

```
        output += "\nround " + k + " started";
        output += "\nIt is terminated at round " + m;
    }

    JOptionPane.showMessageDialog( null, output );
    System.exit( 0 );
    }
}
```

图 4.4　程序清单 4.3 的程序的执行结果

　　利用同样的办法，我们也可以将程序清单 4.2 的程序进行简单修改，使其能够正常运行，有兴趣的读者可以自己尝试完成这项工作。

　　从程序清单 4.3 的程序的执行结果中可以看到 try-catch-finally 语句块结构的执行流程，数组下标越界异常是在进行到第四循环，访问 string 数组时发生的，循环体中的整型值 k 已经达到了 4，而 m 依然是 3，程序在此时跳出了 try 语句块，依次执行了 catch 语句块和 finally 语句块，然后输出信息、结束程序，并没有继续执行第四循环。

　　try-catch-finally 语句块结构还具有控制流程的作用，但是这里要提醒读者，最好不要使用 try-catch-finally 语句块结构来控制流程，还是使用常规的控制结构来控制流程更好一些。

4.2.2　Java SE 7 版本对于捕获异常的改进

　　Java SE 7 版本改进了捕获和处理异常方式中的 catch 语句块的定义方式，允许在一个 catch 语句块中编写多个异常类型，相互之间用"|"分隔，当进行异常类型比对时，若与其中的一个异常类型匹配，就进入这个 catch 语句块，执行其中的语句序列。很明显，这样定义的 catch 语句块可以捕获多种类型的异常。

　　按照 Java SE 7 版本的改进语法，可以把如下代码

```
try {
......
} catch(Exception_1 ex){
ex.printStackTrace();
} catch(Exception_2 ex){
ex.printStackTrace();
}
```

修改为

```
try {
......
} catch(Exception_1|Exception_2 ex){
ex.printStackTrace();
}
```

关于捕获和处理异常，提醒读者注意以下几点。

（1）在 try 语句块、catch 语句块和 finally 语句块之间放置语句和代码是一种语法错误。在编写程序时，必须使第一个 catch 语句块紧跟在 try 语句块后面，如果有多个 catch 语句块，则必须一个紧跟一个，待最后一个 catch 语句块写完之后，就必须紧跟上 finally 语句块。

（2）catch 语句块的参数只能是异常类型，不能是其他类型的参数。

（3）当程序中存在多个 catch 语句块，并且 catch 语句块的参数之间存在继承关系时，应该尽量把包含子类型异常的 catch 语句块放在前面，而把包含父类型异常的 catch 语句块放在后面。这是因为程序是将已抛出的异常按顺序地与各个 catch 语句块的参数进行类型匹配的，如果把顺序放反了，则在与父类型异常进行比较时获得的匹配结果会被以父类型异常的对象实例捕获，转而执行父类型异常所在的 catch 语句块，导致得到不符合程序设计的结果。回顾第 3 章中的继承层次结构中对象间的关系：子类对象可以被视为父类的对象，这个规则对于编写异常处理程序代码同样是有作用的。例如，打开文件失败异常类 FileNotFoundException 是输入/输出异常类 IOException 的子类，如果在程序代码中将处理 IOException 异常的 catch 语句块放在处理 FileNotFoundException 异常的 catch 语句块的前面，则当发生 FileNotFoundException 异常时，系统会先把 FileNotFoundException 异常对象实例与 IOException 参数进行比对，根据上面的规则，FileNotFoundException 类的对象实例可以被看作 IOException 类的对象实例，比对的结果将会是"真"，即该异常对象实例与 IOException 类的类型相匹配，控制流将进入带有 IOException 类型参数的 catch 语句块中，但显然这不是设计的初衷。

（4）在编写异常处理的代码之前，应尽量先阅读 Java API 文档，对所要处理的异常类型有一个清楚的了解。再一次重复：对于 Java 程序员来说，经常查阅 Java API 文档是一个有效的学习方式。

在异常处理的帮助下，对于在执行过程中可能发生问题的程序代码来说，可以在处理完问题之后继续运行，这对于提高系统的健壮性，增强程序代码的容错性是很有作用的，这正是 Java 语言异常处理机制的价值。

4.2.3　抛出异常

除了捕获和处理程序代码中出现的异常，Java 语言还允许在方法中声明不在当前方法内处理出现的异常，而是将其抛出，抛出的异常会被移交到调用它的方法中处理。如果调用抛出异常的方法的方法依然不能处理异常，则系统将会在以 Java 运行时系统为终点的方法调用序列中逐级向上传递，直至找到一个运行层次可以处理它为止。抛出异常声明是在方法声明中使用 throws 子句给出的，其语法格式如下：

```
[public|protected|private][static][abstract|final][native][synchronized]
```

```
returnType methodName([paramList]) throws ExceptionList
{
    methodbody
}
```

该方法不对异常列表中的这些异常种类进行处理，而是抛出它们。在 throws 子句的异常列表中给出的异常可以有多个，并使用逗号分隔。

还可以在程序的方法中使用 throw 语句进行抛出操作，语法格式如下：

```
throw exceptionReference;
```

其中，exceptionReference 代表一个异常对象实例，不是异常类。

强调一下关键字 throws 和 throw 的差别：throws 关键字是在方法声明时被放在方法头中的，作用是声明一个方法可能抛出的所有异常，在代码中是一个子句；throw 关键字则被使用在方法体的内部，是一个具体的执行动作，作用是抛出一个具体的异常对象，是一条语句。

4.2.4 创建自己的异常类

在现有的 Java 类库中，已经定义了很多种异常类，并且对 Java 语言程序运行中可能出现的很多种意外情况都进行了描述。如果用户认为类库中的异常类仍然不能满足自己的需要，则可以自己定义新的异常类。新的异常类必须在 Java 类库中现有异常类的基础上定义。可以用 extends 子句把新的异常类声明为 Throwable 类的某个子类的子类，通常是 Exception 类的子类。定义异常类的代码会作为类定义程序段被写在程序中，与其他类定义相似。在使用该异常类时，其使用方法与类库中已有的异常类的使用方法基本相同，只是需要显式地调用 new 关键字来明确地创建异常实例。

最后给出一个综合运用异常抛出和异常处理的例子，具体的程序如程序清单 4.4 所示，程序的执行结果如图 4.5 所示。

【例 4.4】带有异常抛出、异常捕获及方法调用序列的例子。

程序清单 4.4

```
//Example 4 of Chapter 4

import java.io.*;
public class ExcepDemo4
{
    public static void main( String args[] )
    {
        try{
            throw1();
        }
        catch ( EOFException eofe )
        {
            System.err.println( eofe.getMessage() + "\n" );
```

```java
        }
        catch ( IOException ioe )
        {
            System.err.println( ioe.getMessage() + "\n" );
        }
        catch ( Exception e )
        {
            System.err.println( e.getMessage() + "\n" );
            e.printStackTrace();
        }
    }

    public static void throw1() throws Exception
    {
        throw2();
    }

    public static void throw2() throws Exception
    {
        try{
            System.out.println( "方法二" );
            throw new Exception( "在方法二中抛出" );
        }
        catch(RuntimeException re)
        {
            System.err.println( "在方法二的捕获中抛出" );
        }
        finally{
            System.err.println( "finally总是执行的" );
        }
    }
}
```

图 4.5   程序清单 4.4 的程序的执行结果

简单说明一下程序清单 4.4 的程序的执行过程：首先，主方法中调用了 throw1()方法，throw1()方法又调用了 throw2()方法，在 throw2()方法中的 try 语句块中先执行了一次标准输出，并输出了字符串"方法二"，接着抛出了异常。然后，由于 try 语句块后面没有一个参数类型可以与该异常类型匹配的 catch 语句块，因此根据 throw2()方法头的声明，这个异常被向上抛出，之后无条件地执行 finally 语句块，输出了字符串"finally 总是执行的"。在 throw2()方法中抛出异常之后，根据调用顺序，该异常被抛给了 throw1()方法，由于 throw1()方法头也是声明过抛出异常的，因此这里直接将该异常抛给了主方法。在主方法中，有一个参数类型与该异常类型匹配的 catch 语句块，所以这个 catch 语句块被执行，其中有两个动作：一个是调用 Throwable 类的 getMessage()方法输出该异常的错误信息，这个信息是在该异常对象生成时，即在 throw2()方法中使用 new 关键字实例化时定义的，也就是字符串"在方法二中抛出"；另一个是调用 Throwable 类的 printStackTrace()方法，该方法的作用是将此 throwable 及其追踪输出到标准错误输出流，其结果就是输出异常信息和被抛出顺序，这些信息被清楚地显示在输出结果中。

4.2.5 Throwable 类中的异常信息获取方法

例 4.4 使用了 Throwable 类的 printStackTrace()方法，这个方法是比较常用的处理异常的方法。除了这个方法，在 Throwable 类中还有几个比较常用的方法，汇总如下：

```
String getMessage()                      //返回此 throwable 的详细消息字符串
StackTraceElement[] getStackTrace()      //提供编程访问由 printStackTrace()输出
                                         //的堆栈跟踪信息
void printStackTrace()             //将此 throwable 及其追踪输出到标准错误输出流
void printStackTrace(PrintStream s) //将此 throwable 及其追踪输出到指定输出流
void printStackTrace(PrintWriter s) //将此 throwable 及其追踪输出到指定的
                                    //PrintWriter
```

在阅读 Java 语言方面的文献时，我们会经常看到在程序中使用这几个方法的实例。

本章知识点

★ Java 语言中将程序执行过程中可能出现的问题定义为可抛出的 Throwable 异常。Throwable 异常又分为可以捕获的 Exception 异常和不可以捕获的 Error 异常。

★ Exception 异常和 Error 异常在 Java 语言中都是以类的形式定义的。它们在 Java 语言类库中都有很多自己的子类，每一个子类都描述了一种在程序运行中可能发生的问题。

★ 程序在运行过程中发生一次问题被认为是产生了一个异常对象，或者产生了一个描述这种问题的异常类的对象实例。

★ 通常 Exception 类及其子类都表示可以被捕获和处理的异常，一般不会影响程序的继续执行；而 Error 类及其子类都表示不可以被捕获和处理的异常，会使程序被迫停止执行。

★ 在 Java 语言中，进行异常处理的方法有两种：捕获和处理异常、抛出异常。

★ 捕获和处理异常用 try-catch-finally 语句块结构实现。

★ 可以将可能产生异常的代码放在 try 语句块中。

★ try 语句块后面可以跟一个或多个 catch 语句块。每个 catch 语句块负责处理一种或几种异常类型。

★ finally 语句块是可选的，也是必须执行的，负责处理捕获和处理异常之后的工作。

★ 抛出异常是指在方法声明时在方法头中使用 throws 子句声明方法将要抛出的异常类型，并且需要在方法体中使用 throw 语句具体实施异常抛出操作。

★ 用户在程序中可以根据自己的需要在已有异常类的基础上创建自己的异常类。

习题 4

4.1 什么是异常？什么是异常类？在 Java 类库中，异常类的层次结构是什么样的？

4.2 请画图说明 try-catch-finally 语句块结构的执行流程。

4.3 当方法中抛出异常时，系统将如何处理被抛出的异常？

4.4 如何创建用户自己的异常类？

第5章　图形用户界面

本章主要内容：图形用户界面技术是 Java 语言的重要内容，本章主要介绍 Java 语言的平台无关性图形用户界面技术，Java 语言布局管理器，Java 语言的事件概念和事件监听机制，一些比较常用的 Java 语言的组件及其功能，以及这些内容所涉及的 Java 类库中的相应类，同时介绍类的继承层次结构，并给出具有完整功能的 Java 语言图形用户界面程序实例。

在前面的章节中已经看到，部分例题在进行结果输出时分别采用了两种输出方式：一种是采用 println()方法将结果以字符形式向标准控制台输出；另一种是采用一个名称为 JOptionPane 的 Swing 组件，将结果输出到一个单独的类似对话框的小窗口中。前一种方式称为命令行方式，后一种方式则是图形化的输出方式。当今流行的操作系统大多具有图形化的用户操作界面，Java 语言为了适应这种发展趋势，也具有开发图形化的用户界面的功能。其实前面用到的 JOptionPane 只是众多 Java 组件中的一个，在 JFC 类库中还有很多图形化的 Java 组件。使用这些组件可以构建出布局复杂、功能完善的图形化的程序用户界面。本章将向读者介绍 Java 图形用户界面的有关概念和程序设计方法。

5.1　Java 语言图形用户界面概述

5.1.1　平台无关性图形用户界面组件的实现

图形用户界面（Graphics User Interface，GUI）是在图形化的操作系统下的可视化软件操作界面，是近年来流行的一种操作界面。由于其具有图形化的外观，可以直观地呈现程序的操作和功能，因此能够让用户更好地使用程序软件，与程序进行信息交互。由于在图形用户界面中可以为不同的软件提供一致的界面组件，因此对于有一定使用经验的用户来说，即使遇到没有使用过的软件，只要通过观察，就可以掌握其操作，从而使用户更容易学习，更容易掌握软件。

在 Java 语言中，用来创建图形用户界面的组件经历了以下两个阶段的发展。

第一个阶段：Java 1.0 版本和 Java 1.1 版本。组件标准被称为抽象窗口工具（Abstract Window Toolkit，AWT）组件，最大的缺陷是平台相关性。AWT 编程简单、易于理解，采用了一种称为对等体（Peer）的机制实现。对等体通常是用具体的操作系统平台的开发工具开发的，负责在 AWT 组件与本地平台之间进行交互，这样一来，为了实现 Java 语言的平台无关性，就需要在多个平台上开发出相应的对等体，使得同一个 AWT 组件在不同的平台上显示出不同的外观。另外，由于需要兼顾各种操作系统，因此在 AWT 中定义的组件必须是各种操作系统都具备的，这使得 AWT 组件的种类不可能太多，大大限制了 Java 语言图形用户界面的发展。

第二个阶段：Java 1.2 版本及其之后的版本。Java 1.2 版本对图形用户界面的功能进行了大幅度的改进，推出了 Swing 图形界面组件。Swing 组件是使用纯 Java 代码实现的，没有本地代码，不依赖于具体的操作系统，并且有能力提供本地系统不支持的其他特性，这是它与 AWT 组件的最大区别。Swing 组件实现了 Java 语言图形用户界面的平台无关性，并且保留至今。Java 1.2 版本的图形用户界面主要包括以下 5 部分内容。

（1）抽象窗口工具。

（2）Swing 图形界面类库。

（3）支持二维图形的类库（Java 2D）。

（4）支持拖放的类库（Drag and Drop）。

（5）支持易用性的类库（Accessibility）。

Swing 组件是 AWT 组件的扩展，提供了许多新的图形用户界面组件。Swing 组件重写了 AWT 定义的组件，增加了丰富的高层次组件，如表格（JTable）、树（JTree）等。Swing 组件使用 MVC 架构，不仅支持可存取性，支持使用图标（Icon）和边框，支持键盘操作，还可以让用户通过程序代码来设置不同的外观和感觉（Look and Feel）。为了与 AWT 组件有明确的区分，Swing 组件的类名大多以字母 J 开头。因为大部分 AWT 组件都已经过时，所以本章在介绍组件时将不再提及 AWT 组件，而是以介绍 Swing 组件为主。

与平台相关的、绑定在本地平台的组件称为重量级组件；与平台无关的、完全用 Java 代码编写的组件称为轻量级组件。重量级组件与平台相关，在不同的平台上可能呈现不同的外观；轻量级组件与平台无关，在不同的平台上呈现相同的外观。重量级组件包括所有的 AWT 组件和 Swing 组件中的 JFrame、JApplet、JDialog、JWindow 四个顶层容器；轻量级组件包括除上述 4 个顶层容器之外的所有 Swing 组件。

5.1.2 GUI 组件的类层次结构

在 Java 语言中，大部分语言成分都是以类的形式定义的，所有的组件也都是以类的形式定义的。AWT 组件的类存放在 java.awt 包中，Swing 组件的类存放在 javax.swing 包中。AWT 组件的类的继承层次结构如图 5.1 所示。

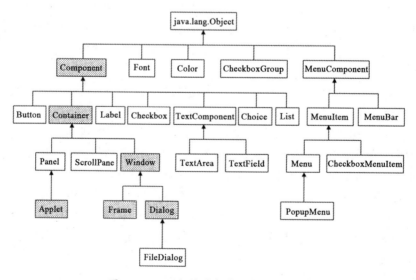

图 5.1　AWT 组件的类的继承层次结构

在 GUI 组件的类中，有一个非常重要的类是 Component 类，绝大部分 GUI 组件的类都派生自这个类。该类定义了各种窗口工具对象中最基本、最重要的方法和性质，定义了数百个方法成员，其中很多方法成员经常被其子类的对象调用。Swing 组件中的 4 个顶层容器为 JFrame、JApplet、JDialog 和 JWindow，分别派生自 AWT 组件中的 Frame、Applet、Dialog 和 Window，其余的轻量级组件均派生自 AWT 组件中的 Container 类的一个子类 JComponent。JComponent 也是一个非常重要的类，更是一个非常关键的类。在认识和使用组件时，必须先了解相关的类，详细信息请查阅 Java API 文档资料。部分轻量级组件的类的继承层次结构如图 5.2 所示。

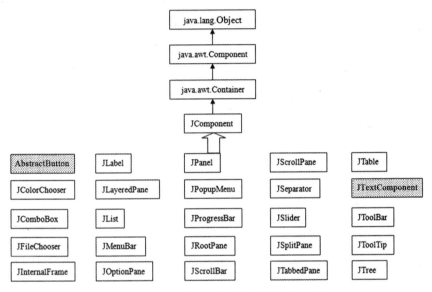

图 5.2 部分轻量级组件的类的继承层次结构

虽然在图形用户界面中允许同时使用 AWT 组件和 Swing 组件，但是仍然建议避免将两种组件混合使用，因为 AWT 组件总是画在轻量级组件上面，并且将两种组件混合使用会导致一些不可预测的情况发生。

5.1.3 图形用户界面的功能和构建

图形用户界面的功能是实现程序使用者与程序的信息交互，图形用户界面并不参与程序的核心计算过程。在 Java 语言中，对计算逻辑和计算过程的描述是依靠类的封装实现的，图形用户界面的角色则是辅助性的。程序把执行的过程、结果等信息通过图形用户界面呈现给用户，用户通过图形用户界面完成向程序输入信息和控制程序执行的操作。

下面通过两个例子介绍如何构建 Java 语言程序的图形用户界面。

【例 5.1】带有按钮和文本框的图形界面的例子。

具体的程序如程序清单 5.1 所示。程序的执行结果如图 5.3 所示。

程序清单 5.1

```
//Example 1 of Chapter 5
```

```java
package guidemo1;
import java.awt.*;
import javax.swing.*;

public class GUIDemo1
{
    public static void main(String[] args)
    {
        JFrame f = new JFrame("候选人输入");

        JPanel p1 = new JPanel();
        JPanel p2 = new JPanel();
        JPanel p3 = new JPanel();

        JLabel l1 = new JLabel("第一候选人");
        JLabel l2 = new JLabel("第二候选人");
        JLabel l3 = new JLabel("第三候选人");

        JTextField t1 = new JTextField(20);
        JTextField t2 = new JTextField(20);
        JTextField t3 = new JTextField(20);

        JButton b1 = new JButton("输入");
        JButton b2 = new JButton("输入");
        JButton b3 = new JButton("输入");

        f.getContentPane().setLayout(new GridLayout(3,1));
        p1.setLayout(new FlowLayout());
        p2.setLayout(new FlowLayout());
        p3.setLayout(new FlowLayout());

        p1.add(l1);
        p1.add(t1);
        p1.add(b1);
        p1.setBackground(Color.cyan);

        p2.add(l2);
        p2.add(t2);
        p2.add(b2);
        p2.setBackground(Color.yellow);

        p3.add(l3);
        p3.add(t3);
        p3.add(b3);
```

```
            p3.setBackground(Color.pink);

            f.getContentPane().add(p1);
            f.getContentPane().add(p2);
            f.getContentPane().add(p3);

            f.setSize(400,160);
            f.setVisible(true);
            f.setDefaultCloseOperation(JFrame.EXIT_ON_CLOSE);
        }
    }
```

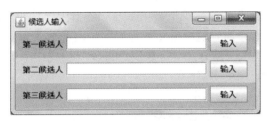

图 5.3　程序清单 5.1 的程序的执行结果

在这个程序中，使用了 JFrame、JPanel、JLabel、JTextField、JButton 等 5 种组件，分别生成了它们的对象实例，并使用 setLayout()方法分别为 1 个 JFrame 对象实例和 3 个 JPanel 对象实例设定了 GridLayout 布局管理器和 FlowLayout 布局管理器，然后使用 add()方法分别向 3 个 JPanel 对象实例中加入了 1 个 JLabel 对象实例、1 个 JTextField 对象实例和 1 个 JButton 对象实例，并使用 setBackground()方法分别为 3 个 JPanel 对象实例设定了不同的背景色，最后使用 add()方法将 3 个 JPanel 对象实例加入 JFrame 对象实例中。setSize()方法用于为 JFrame 对象实例设定尺寸大小；setVisible()方法用于为 JFrame 对象实例设定可见性为"真"，setDefaultCloseOperation()方法用于为 JFrame 对象实例设定单击"关闭"按钮时的操作为"退出"。在对 JFrame 对象实例进行操作时，通过 getContentPane()方法获取 JFrame 对象实例的内容面板，再向内容面板设定布局管理器和加入 JPanel 对象实例。

JFrame 是一种顶层容器，JPanel 是一种中间容器，JLabel、JTextField、JButton 等是几种组件。正如这个程序所演示的，Java 语言采用向顶层容器中添加组件的方式构建图形用户界面，可以向其中添加包括中间容器在内的各种组件，并通过布局管理器合理地安排组件的布局，从而构建出用户所需的图形用户界面。组件在容器中的位置和大小可以用两种方式确定：一种是布局管理器方式；另一种是无布局管理器的手工方式。

图形用户界面技术包含 3 部分：组件的种类，组件在顶层容器中的布局，组件与程序代码功能的关联。组件都是在 JFC 类库中定义的，构造整齐、美观的用户界面外观和在组件上设定适当的操作处理措施是留给程序员来做的。本章将讲解 3 个问题：第一，界面上放置的都是什么组件？第二，这些组件是如何构造出图形用户界面的？第三，这些组件是如何执行程序的功能的？

5.2　Java 语言布局管理器

JFC 类库提供了许多布局管理器，常用的有 FlowLayout、BorderLayout、GridLayout、CardLayout、GridBagLayout 等。使用布局管理器构造用户界面外观是 Java 开发者向 Java 用户推荐的方法，有很多优越性。也可以采用 Java 语言提供的 setLocation()方法、setSize()方法、setBounds()方法，由程序员手工布局，但会影响程序的设备相关性。布局管理器布局方法的优先级高于手工布局方法的优先级，所以当用户手工设置组件的布局时，应调用 setLayout(null)方法将布局管理器设为空，否则系统将使用布局管理器设置组件的布局。

布局管理器只允许在每个位置放一个组件，当这样无法满足用户放置多个组件的要求时，可以采用容器嵌套的方式，将一个中间容器放到相应位置，再在中间容器中放置组件。中间容器也是组件，所以这种嵌套方式是被允许的。

布局管理器是在 Java 类库中定义的，用来控制容器中组件布局的工具，可以实现组件布局的平台独立性。使用布局管理器进行组件布局使得布局管理更加规范，更加方便。每一个布局管理器都是以类的形式定义的，都是 Object 类的直接子类。在使用布局管理器时，必须生成布局管理器类的对象实例。

5.2.1　FlowLayout 布局管理器

FlowLayout 布局管理器是最简单的布局管理器，其布局方式是将放入其中的组件按自左向右的顺序依次放置，一排放完再放下一排，放入容器中的组件采用最佳尺寸（Preferred Size）来确定自身的尺寸。如果容器大小发生变化，则组件的位置会发生变化。在布局管理器中，可将行对齐方式设为左对齐、居中对齐或右对齐，默认为居中对齐。

FlowLayout 类位于 java.awt 包中，有 3 个构造方法：

```
public FlowLayout()
public FlowLayout(int align)
public FlowLayout(int align,int hgap,int vgap)
```

其中，align 代表对齐方式，其值取 FlowLayout 类中的 3 个常量值 FlowLayout.LEFT、FlowLayout.CENTER、FlowLayout.RIGHT 之一，hgap 和 vgap 分别用于指定组件间水平和垂直间隔，单位为素数，默认值为 5。在程序清单 5.1 中使用了 FlowLayout 布局管理器。

下面给出一个简单的说明 FlowLayout 布局管理器使用效果的实例。为了更确切地说明该布局管理器的布局特点，图 5.4 特意给出了对齐方式分别设为左对齐、居中对齐、右对齐的运行结果，以及在改动顶层容器尺寸时的布局效果。

【例 5.2】FlowLayout 布局管理器使用效果的例子。

具体的程序如程序清单 5.2 所示。程序的执行结果及几种布局效果如图 5.4 所示。

程序清单 5.2

```
//Example 2 of Chapter 5

package guidemo2;
import java.awt.*;
```

```java
import javax.swing.*;

public class GUIDemo2
{
    public static void main(String[] args)
    {
        JFrame f = new JFrame("FlowLayout 布局管理器演示");

        JPanel contentpane = new JPanel();

        JButton bred = new JButton("red");
        JButton bgreen = new JButton("green");
        JButton bblue = new JButton("blue");
        JButton bcyan = new JButton("cyan");
        JButton bmagenta = new JButton("magenta");
        JButton byellow = new JButton("yellow");

        bred.setBackground(Color.red);
        bgreen.setBackground(Color.green);
        bblue.setBackground(Color.blue);
        bcyan.setBackground(Color.cyan);
        bmagenta.setBackground(Color.magenta);
        byellow.setBackground(Color.yellow);

        contentpane.setLayout(new FlowLayout(FlowLayout.LEFT));
        f.setContentPane(contentpane);

        contentpane.add(bred);
        contentpane.add(bgreen);
        contentpane.add(bblue);
        contentpane.add(bcyan);
        contentpane.add(bmagenta);
        contentpane.add(byellow);

        f.setDefaultCloseOperation(JFrame.EXIT_ON_CLOSE);
        f.setSize(600,100);
        f.setVisible(true);
    }
}
```

图 5.4　程序清单 5.2 的程序的执行结果及几种布局效果

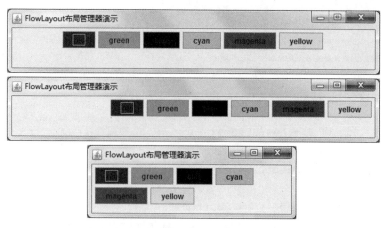

图 5.4　程序清单 5.2 的程序的执行结果及几种布局效果（续）

与程序清单 5.1 有所不同，程序清单 5.2 使用了一个 JPanel 的对象实例 contentpane 作为 JFrame 的内容面板，这将在 5.4 节中讲解，程序清单 5.2 也使用了 setDefaultCloseOperation() 方法来定义当用户单击"关闭"按钮时 JFrame 对象实例的反应方式。程序清单 5.2 的程序直接调用构造方法，将布局管理器定义为一个没有标识符的对象实例。与有标识符的对象实例相比，将没有声明标识符的对象实例称为无名对象实例，其作用与有名对象实例无差异，这在 Java 语言中是被允许的。

5.2.2　BorderLayout 布局管理器

BorderLayout 布局管理器将容器的区域划分为 5 个部分，即上部、下部、左部、右部和中部，并分别以 North、South、East、West 和 Center 命名，当向其中添加组件时，需要指明添加位置，否则无法显示。如果容器大小发生变化，那么各个组件的相对位置保持不变，左右组件的宽度和上下组件的高度保持不变，而左右组件的高度、上下组件的宽度和中心组件的大小发生变化。BorderLayout 布局管理器的容器的 5 个位置不一定都放组件，允许出现空缺。在安排组件时，North 和 South 优先，其次是 East 和 West，最后是 Center。如果在添加组件时没有说明添加位置，则被认为是向默认位置 Center 添加的。在使用 BorderLayout 布局管理器时必须注意：每个位置只允许放一个组件，组件的尺寸是该区域的尺寸。所以在必要时，需要在此布局管理器下使用嵌套容器的方法获取满意的布局效果。

BorderLayout 类位于 java.awt 包中，有两个构造方法：

```
public BorderLayout()
public BorderLayout(int hgap,int vgap)
```

其中，hgap 和 vgap 的意义与 FlowLayout 布局管理器中的相同，其默认值为 0。

下面给出一个简单的说明 BorderLayout 布局管理器使用效果的实例。为了更生动地说明该布局管理器的布局特点，图 5.5 给出了以不同数量和不同位置向容器中加入组件的布局效果。

【例 5.3】BorderLayout 布局管理器使用效果的例子。

具体的程序如程序清单 5.3 所示。程序的执行结果及几种布局效果如图 5.5 所示。

程序清单 5.3

```java
//Example 3 of Chapter 5

package guidemo3;
import java.awt.*;
import javax.swing.*;

public class GUIDemo3 extends JFrame
{
    private JButton b[];
    String names[] = {"北侧","南侧","东侧","西侧","中间"};
    private BorderLayout layout;

    public GUIDemo3(String s)
    {
        super(s);

        layout = new BorderLayout(5,5);            //设定间距为5
        Container container = getContentPane();    //获取中间容器
        container.setLayout(layout);                //对中间容器设定布局管理器

        b = new JButton[ names.length ];

        for(int i = 0; i<names.length; i++)b[i] = new JButton(names[i]);

        container.add(b[0], BorderLayout.NORTH);
        container.add(b[1], BorderLayout.SOUTH);
        container.add(b[2], BorderLayout.EAST);
        container.add(b[3], BorderLayout.WEST);
        container.add(b[4], BorderLayout.CENTER);

        setSize(300,200);
        setVisible(true);
    }

    public static void main(String[] args)
    {
        GUIDemo3 demo = new GUIDemo3("BorderLayout 布局管理器演示");
        demo.setDefaultCloseOperation(JFrame.EXIT_ON_CLOSE);
    }
}
```

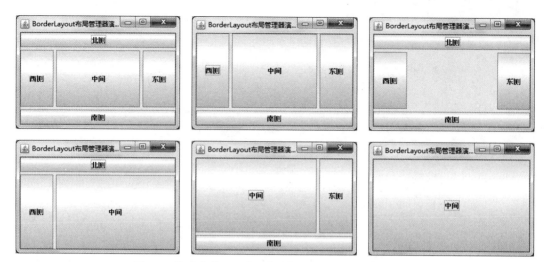

图 5.5 程序清单 5.3 的程序的执行结果及几种布局效果

程序清单 5.3 使用了一种前面没有使用过的格式，把程序的主类定义为 JFrame 类的子类，然后将程序中的大部分内容在主类的构造方法中实现，而在主方法中，仅仅生成了主类的一个对象实例，此时主类是一个容器对象实例。这种编写格式也是非常常用的。另外，与程序清单 5.2 不同的是，程序清单 5.3 的程序将布局管理器显式地定义为一个有标识符的对象实例。

5.2.3 GridLayout 布局管理器

GridLayout 布局管理器将容器的区域网格阵列均匀分隔，使每个组件占据一个单元位置，所有组件的大小保持一致。当容器大小发生变化时，各个组件的大小都将发生变化，但是其在容器中的相对位置保持不变，并且依然保持大小相同。组件会根据进入容器的顺序从左到右、从上到下排列。

GridLayout 类位于 java.awt 包中，有两个构造方法：

```
public GridLayout(int rows,int cols)
public GridLayout(int rows,int cols,int hgap,int vgap)
```

其中，rows 和 cols 分别用于指定阵列的行数、列数，并且在使用时至少有一个非 0；hgap 和 vgap 的意义与 FlowLayout 布局管理器中的相同，默认值为 0。当放入的组件数量少于单元数量时，程序可能会自动调整分隔。

下面给出一个简单的说明 GridLayout 布局管理器使用效果的实例。具体的程序如程序清单 5.4 所示。程序的执行结果及几种布局效果如图 5.6 所示。

【例 5.4】GridLayout 布局管理器使用效果的例子。

程序清单 5.4

```
//Example 4 of Chapter 5

package guidemo4;
import java.awt.*;
```

130

```java
import javax.swing.*;
import java.awt.event.*;

public class GUIDemo4
{
    public static void main(String args[])
    {
        JFrame f = new JFrame("颜色盘");
        JPanel contentpane = new JPanel();
        contentpane.setLayout( new GridLayout( 4 , 3 ));
        f.setContentPane(contentpane);
        JButton bblue = new JButton("blue");
        JButton bcyan = new JButton("cyan");
        JButton bgray = new JButton("gray");
        JButton bgreen = new JButton("green");
        JButton bmagenta = new JButton("magenta");
        JButton borange = new JButton("orange");
        JButton bpink = new JButton("pink");
        JButton bred = new JButton("red");
        JButton bwhite = new JButton("white");
        JButton byellow = new JButton("yellow");
        JButton bdarkGray = new JButton("darkGray");
        JButton blightGray = new JButton("lightGray");

        bblue.addActionListener(new ActionHandler(bblue));
        bcyan.addActionListener(new ActionHandler(bcyan));
        bgray.addActionListener(new ActionHandler(bgray));
        bgreen.addActionListener(new ActionHandler(bgreen));
        bmagenta.addActionListener(new ActionHandler(bmagenta));
        borange.addActionListener(new ActionHandler(borange));
        bpink.addActionListener(new ActionHandler(bpink));
        bred.addActionListener(new ActionHandler(bred));
        bwhite.addActionListener(new ActionHandler(bwhite));
        byellow.addActionListener(new ActionHandler(byellow));
        bdarkGray.addActionListener(new ActionHandler(bdarkGray));
        blightGray.addActionListener(new ActionHandler(blightGray));

        contentpane.add(bblue);
        contentpane.add(bcyan);
        contentpane.add(bgray);
        contentpane.add(bgreen);
        contentpane.add(bmagenta);
        contentpane.add(borange);
        contentpane.add(bpink);
```

```java
        contentpane.add(bred);
        contentpane.add(bwhite);
        contentpane.add(byellow);
        contentpane.add(bdarkGray);
        contentpane.add(blightGray);

        f.setSize(360 , 160);
        f.setVisible(true);
        f.setDefaultCloseOperation(JFrame.EXIT_ON_CLOSE);
    }
}

class ActionHandler implements ActionListener
{
    JButton bb;
    public ActionHandler(JButton b)
    {
        bb=b;
    }

    public void actionPerformed(ActionEvent e)
    {
        if(e.getActionCommand().equals("blue"))
            bb.setBackground(Color.blue);
        if(e.getActionCommand().equals("cyan"))
            bb.setBackground(Color.cyan);
        if(e.getActionCommand().equals("gray"))
            bb.setBackground(Color.gray);
        if(e.getActionCommand().equals("green"))
            bb.setBackground(Color.green);
        if(e.getActionCommand().equals("magenta"))
            bb.setBackground(Color.magenta);
        if(e.getActionCommand().equals("orange"))
            bb.setBackground(Color.orange);
        if(e.getActionCommand().equals("pink"))
            bb.setBackground(Color.pink);
        if(e.getActionCommand().equals("red"))
            bb.setBackground(Color.red);
        if(e.getActionCommand().equals("white"))
            bb.setBackground(Color.white);
        if(e.getActionCommand().equals("yellow"))
            bb.setBackground(Color.yellow);
        if(e.getActionCommand().equals("darkGray"))
            bb.setBackground(Color.darkGray);
```

```
        if(e.getActionCommand().equals("lightGray"))
            bb.setBackground(Color.lightGray);
    }
}
```

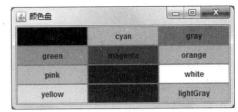

图 5.6　程序清单 5.4 的程序的执行结果及几种布局效果

在程序清单 5.4 的程序中，我们使用了一种被称为"事件监听器"的语言成分。程序中的第二个类 ActionHandler 就是用来定义事件监听器的，并且在主类中使用 addActionListener() 方法为每一个按钮添加了事件监听器。关于事件监听器的详细内容，我们将在下一节介绍。

5.2.4　CardLayout 布局管理器

CardLayout 布局管理器可以实现多个组件共享同一容器空间，每个组件在显示时都将充满整个空间，组件的显示顺序由组件对象本身在容器内部的顺序决定。它将容器中的每个组件看作一张卡片，使用户一次只能看到一张卡片。当容器第一次显示时，第一个被添加到 CardLayout 对象的组件为可见组件。在 CardLayout 类中定义了一组方法，这些方法允许应用程序按顺序浏览这些卡片，或者显示指定的卡片。

CardLayout 类同样位于 java.awt 包中，有两个构造方法：

```
public CardLayout()
public CardLayout(int hgap,int vgap)
```

其中，hgap 和 vgap 分别用于指定卡片之间的水平和垂直距离，默认值为 0。

CardLayout 类中的 next() 方法用于显示后一个组件；previous() 方法用于显示前一个组件；first() 方法和 last() 方法分别用于显示第一个组件和最后一个组件；而 show() 方法则可以显示具有指定标识符的组件。

【例 5.5】CardLayout 布局管理器使用效果的例子。

具体的程序如程序清单 5.5 所示。程序的执行结果及几种布局效果如图 5.7 所示。

程序清单 5.5

```
//Example 5 of Chapter 5

package guidemo5;
import java.awt.*;
import java.awt.event.*;
import javax.swing.*;
```

```java
public class GUIDemo5 implements MouseListener
{
    JFrame jf = new JFrame("CardLayout 布局管理器演示");
    JPanel container = new JPanel();

    CardLayout layout = new CardLayout(10,10);

    JPanel north = new JPanel();
    JPanel center = new JPanel();

    private JButton b[];

    String names[] = { "first","second","third"};
    String data[] = {"one", "two", "three", "four", "five"};

    JButton b1;
    JLabel l2;
    JTextArea t3;
    JComboBox c4;
    JList list5;

    public static void main(String[] args)
    {
        GUIDemo5 demo = new GUIDemo5();
        demo.process();
    }

    public void process()
    {
        jf.setContentPane(container);
        container.setLayout(new BorderLayout());

        north.setLayout(new GridLayout(1,2));
        center.setLayout(layout);

        b = new JButton[2];
        b[0] = new JButton("向前");
        b[1] = new JButton("向后");

        b[0].addMouseListener(this);
        b[1].addMouseListener(this);

        b1 = new JButton("第一页");
        b1.setBackground(Color.green);
```

```java
        l2 = new JLabel("第二页");
        t3 = new JTextArea("第三页");
        c4 = new JComboBox(names);
        list5 = new JList(data);

        north.add(b[0]);
        north.add(b[1]);

        center.add(b1,"no1");
        center.add(l2,"no2");
        center.add(t3,"no3");
        center.add(c4,"no4");
        center.add(list5,"no5");

        container.add(north, BorderLayout.NORTH);
        container.add(center, BorderLayout.CENTER);

        jf.setSize(300,180);
        jf.setVisible(true);
        jf.setDefaultCloseOperation(JFrame.EXIT_ON_CLOSE);
    }

    public void mouseClicked(MouseEvent e)
    {
        if(e.getComponent().equals(b[0]))layout.previous(center);
        if(e.getComponent().equals(b[1]))layout.next(center);
    }

    public void mouseEntered(MouseEvent e){ }

    public void mouseExited(MouseEvent e){ }

    public void mousePressed(MouseEvent e){ }

    public void mouseReleased(MouseEvent e){ }
}
```

图 5.7　程序清单 5.5 的程序的执行结果及几种布局效果

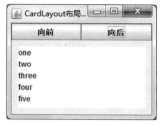

图 5.7　程序清单 5.5 的程序的执行结果及几种布局效果（续）

程序清单 5.5 将主窗口分为上下两部分，将上部设置为容纳两个按钮，将下部使用 CardLayout 布局管理器设置为卡片式布局，并在其中放置了 5 个组件。为了更确切地了解 CardLayout 布局管理器的布局效果，程序中使用了鼠标事件来驱动卡片的翻转，具体的实现在鼠标监听器的实现代码中，我们将在 5.3 节中详细介绍事件监听器的有关知识。在使用 CardLayout 布局管理器时需要注意，在向一个指定了 CardLayout 布局管理器的容器中添加组件时，需要像程序清单 5.5 中那样使用带有约束的 add()方法，其原型如下：

```
add(Component comp,Object constraints)
```

在添加组件的同时，还要指明组件的约束，通常使用字符串作为约束。其中，第二个参数就是约束，程序清单 5.5 中的 no1、no2 等 5 个字符串就是约束。另外，需要说明的是，本实例使用了一个新的程序格式，将程序的主要功能在方法成员 process()中实现，而仅仅在主程序中生成了一个主类的对象实例，并使用该对象实例访问此方法成员。

5.2.5　GridBagLayout 布局管理器

GridBagLayout 布局管理器是一个灵活的布局管理器，以矩形单元格为单位对组件进行布局。它不要求组件的大小相同，可以将组件垂直和水平对齐。每个 GridBagLayout 布局管理器对象维持一个动态的矩形单元格，每个组件占用一个或多个这样的单元格，称为显示区域。在放置组件时，将依据每个组件的约束参数、最小尺寸及该组件容器的最佳尺寸摆放。

在 GridBagLayout 布局管理器中指定组件的位置和大小的方法，是为每一个组件生成一个 GridBagConstraints 类的对象实例作为约束参数。该对象实例可以指定组件在网格中的显示区域，以及组件在其显示区域中的放置方式。可以使用设定了 GridBagLayout 布局管理器的容器的 ComponentOrientation 属性来指定在容器中组件的排列方向，或者从左到右，或者从右到左。

对于水平的从左到右的方向，网格坐标(0,0)位于容器的左上角，X 表示向右递增，Y 表示向下递增，组件的参照点是其左上角。对于水平的从右到左的方向，网格坐标(0,0)位于容器的右上角，X 表示向左递增，Y 表示向下递增，组件的参照点是其右上角。可以使用 GridBagConstraints 类的对象实例的相关属性来确定组件的位置和大小。

GridBagLayout 类也位于 java.awt 包中，只有一个构造方法：

```
public GridBagLayout()
```

GridBagConstraints 类同样被定义在 java.awt 包中，其下列字段对设置组件有作用。

gridx 和 gridy：分别用于指定组件的参照点在网格中的位置。

gridwidth 和 gridheight：分别用于指定组件在水平方向和垂直方向所占的单元格数量，或者说组件所占的行数和列数。

weightx 和 weighty：是两个 0.0～1.0 的值，分别用于指定当容器的区域大小增大时如何分配额外的水平空间和垂直空间，这对尺寸调整是很重要的。

anchor：当组件比它所分到的显示区域小时，用于指定在区域的哪个位置放置组件。其可能的值有相对和绝对两种：相对位置的取值范围为 GridBagConstraints 类的 PAGE_START、PAGE_END、LINE_START、LINE_END、FIRST_LINE_START、FIRST_LINE_END、LAST_LINE_START 和 LAST_LINE_END 等几个字段；绝对位置的取值范围为 GridBagConstraints 类的 NORTH、SOUTH、WEST、EAST、NORTHWEST、NORTHEAST、SOUTHWEST、SOUTHEAST 和 CENTER 等几个字段。

fill：当组件的显示区域大于它所请求的显示区域时，使用此字段决定是否可以调整大小，以及如何调整大小。其可能的值为 GridBagConstraints 类的 NONE、HORIZONTAL、VERTICAL 和 BOTH 等几个字段。

insets：用于指定组件的外部填充，组件与其显示区域边缘之间的间距最小值。

ipadx 和 ipady：用于指定给组件的最小宽度和最小高度添加多大的空间。组件的宽度至少为其最小宽度加上 ipadx 像素。类似地，组件的高度至少为其最小高度加上 ipady 像素。

GridBagConstraints 类有一个无参数构造方法和一个包含上面 11 个参数的有参数构造方法，这些字段可以在调用有参数构造方法时设定，还可以在程序中直接设定。在实际使用时，请具体参照 GridBagConstraints 类的 API 文档。在使用 GridBagLayout 布局管理器时，或许会让人感觉有些烦琐，但其布局效果确实是使用前面几个布局管理器所无法实现的。

下面的例子详细地说明和演示了 GridBagLayout 布局管理器的使用效果，请读者仔细阅读。

【例 5.6】GridBagLayout 布局管理器使用效果的例子。

具体的程序如程序清单 5.6 所示。程序的执行结果如图 5.8 和图 5.9 所示。

程序清单 5.6

```
//Example 6 of Chapter 5

package guidemo6;
import java.awt.*;
import javax.swing.*;

public class GUIDemo6 extends JFrame
{
    public static void main(String args[])
    {
        JFrame jf = new JFrame("GridBagLayout 布局管理器演示");
        JPanel container = new JPanel();
        jf.setContentPane(container);
```

```
GridBagLayout gridbag = new GridBagLayout();
container.setLayout(gridbag);

GridBagConstraints c = new GridBagConstraints();

JButton jbutton[] = new JButton[14];

String s[] = {"第一","第二","第三","第四","第五","第六","第七",
    "第八","第九","第十","第十一","第十二","第十三","第十四"};

for(int i=0;i<jbutton.length;i++)jbutton[i] = new JButton(s[i]);

//在水平方向和垂直方向上同时调整组件大小
c.fill = GridBagConstraints.BOTH;

//令所有列的权重为1.0
c.weightx = 1.0;

//以默认值定义前3个按钮的位置和大小
gridbag.setConstraints(jbutton[0], c);
container.add(jbutton[0]);

gridbag.setConstraints(jbutton[1], c);
container.add(jbutton[1]);

gridbag.setConstraints(jbutton[2], c);
container.add(jbutton[2]);

//将"第四"按钮定义为该行中的最后一个组件
c.gridwidth = GridBagConstraints.REMAINDER;
gridbag.setConstraints(jbutton[3], c);
container.add(jbutton[3]);

//定义"第五"按钮的宽度为2，高度为2
c.gridwidth = 2;
c.gridheight = 2;
gridbag.setConstraints(jbutton[4], c);
container.add(jbutton[4]);

//定义"第六"按钮的宽度为4，高度为1
c.gridwidth = GridBagConstraints.REMAINDER;
c.gridheight = 1;
gridbag.setConstraints(jbutton[5], c);
```

```
container.add(jbutton[5]);

//定义"第七"按钮的宽度为3，位置由参数确定
c.gridwidth = 3;
c.gridx = 2;
c.gridy = 2;
gridbag.setConstraints(jbutton[6], c);
container.add(jbutton[6]);

//定义"第八"按钮的宽度为1，位置由参数确定
c.gridwidth = 1;
c.gridx = 5;
c.gridy = 2;
gridbag.setConstraints(jbutton[7], c);
container.add(jbutton[7]);

//定义"第九"按钮的宽度为3，高度为3，位置由参数确定
c.gridwidth = 3;
c.gridheight = 3;
c.gridx = 0;
c.gridy = 3;
gridbag.setConstraints(jbutton[8], c);
container.add(jbutton[8]);

//定义"第十"、"第十一"和"第十二"按钮的宽度为1，高度为1，位置由参数确定
c.gridwidth = 1;
c.gridheight = 1;
c.gridx = 3;
c.gridy = 3;
gridbag.setConstraints(jbutton[9], c);
container.add(jbutton[9]);

c.gridx = 4;
c.gridy = 3;
gridbag.setConstraints(jbutton[10], c);
container.add(jbutton[10]);

c.gridx = 5;
c.gridy = 3;
gridbag.setConstraints(jbutton[11], c);
container.add(jbutton[11]);

//定义"第十三"和"第十四"按钮的宽度为3，位置由参数确定
c.gridwidth = 3;
```

```
c.gridx = 3;
c.gridy = 4;
gridbag.setConstraints(jbutton[12], c);
container.add(jbutton[12]);

c.gridx = 3;
c.gridy = 5;
gridbag.setConstraints(jbutton[13], c);
container.add(jbutton[13]);

jf.pack();
jf.setVisible(true);
jf.setDefaultCloseOperation(JFrame.EXIT_ON_CLOSE);
        }
    }
```

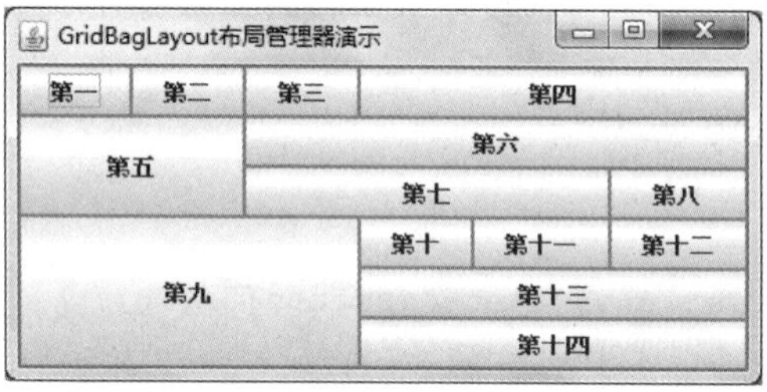

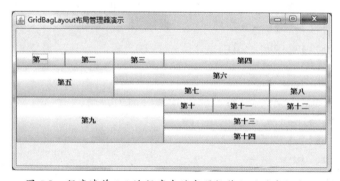

图 5.8   程序清单 5.6 的程序的执行结果

图 5.9   程序清单 5.6 的程序中的容器拉伸之后的空间分配

在程序清单 5.6 的程序中，我们使用了 JFrame 类的一个陌生的方法成员 pack()，其作用是设定 JFrame 容器的大小为紧缩尺寸，用来替代前面使用的 setSize()方法。另外，读者可以思考一下，在图 5.9 显示的结果中，为什么在窗体的上下出现了空隙而在窗体的左右却没有出现空隙。

5.2.6   javax.swing 包中定义的布局管理器

除了上面已经介绍的几个布局管理器，随着 Swing 组件的出现，在 javax.swing 包中新定义了几个布局管理器，包括 BoxLayout、OverlayLayout 和 SpringLayout，以及内嵌在 JScrollPane

容器中的布局管理器 ScrollPaneLayout 和 JViewport 的默认布局管理器 ViewportLayout。

BoxLayout 布局管理器允许纵向或横向布置多个组件，例如，在一个以 Y 轴为主轴的使用 BoxLayout 布局管理器的容器中，组件按照它们加入的顺序从上到下地排列。OverlayLayout 布局管理器重叠安排组件。SpringLayout 布局管理器则根据一组约束布置其相关容器的子组件。ScrollPaneLayout 布局管理器将 JScrollPane 容器分为 9 个不同的区域。ViewportLayout 布局管理器不能被直接使用，它是自动连接到 JViewport 对象上的，并自动按照 JViewport 对象的特性安排内部组件。关于这些布局管理器的详细内容，请读者参照 Java API 文档。

5.2.7　无布局管理器

使用 setLayout(null) 方法可将布局管理器设置为空，即无布局管理器，然后使用 setLocation()、setSize()、setBounds() 等方法可人工设置每个组件的大小和位置。由于在设置中需要以屏幕像素坐标为参照系，因此程序的显示结果将是设备相关的，也就是说，当把这样的程序放到硬件配置不同的机器上运行时，其界面显示效果可能会发生变化。

编程技巧提示 5.1　学会使用几种编程格式

Java 语言面向对象程序设计为程序设计提供了很多灵活性，可以采用不同的编程格式编写程序。第一种格式是把程序的主要内容写在主方法中；第二种格式是把程序的主要内容写在一个类中并封装，然后在主类的主方法中生成封装类的对象实例，调用业务方法；第三种格式是把程序的主要内容写在主类的构造方法中，然后在主方法中通过生成对象实例调用构造方法执行，如程序清单 5.3；第四种格式是把程序的主要内容写在主类的一个一般方法中，然后在主方法中生成对象实例，调用这个一般方法，如程序清单 5.5。

5.3　Java 语言事件处理机制

5.3.1　Java 语言事件处理机制概述

建立图形用户界面的目的是更好地实现人机交互。有了合乎设计要求的图形用户界面，仅仅是界面设计的第一步，还需要在程序中实现界面的交互功能，使得用户可以通过界面操作程序，而程序可以通过界面向用户输出信息。

Java 语言图形用户界面通过事件处理机制实现人机交互。Java 语言事件处理机制由 3 部分组成：事件源、事件对象和事件监听器。发生事件的 GUI 组件就是事件源。Java 语言定义了很多事件类，每个操作界面上发生的事件都被看作事件类的对象实例。早期的 Java 1.0 版本采用事件传播机制处理事件，从 Java 1.1 版本开始采用事件监听器机制处理事件，即对各种事件定义事件监听器。事件监听器是一些接口声明，可以在接口中声明事件的处理方法。

事件源上的物理动作—事件对象实例—处理事件监听器方法中的程序，这个过程就是 Java 语言的事件处理机制。

5.3.2　事件与事件类

事件是一种人机交互方式。设备在操作界面上发生的物理动作将导致事件的发生。事件是硬件对软件的驱动，例如，在界面上移动、单击或双击鼠标，单击按钮组件，调整窗口内的滚动条，在文本组件内输入文本，选择菜单项等，都会导致事件的发生。

在 Java API 类库中，事件是以类的形式定义的，在程序运行过程中发生的事件都被看作相应事件类的对象实例。在 java.awt.event 包中定义了一些事件类及其对应的事件监听器接口，这些事件类及事件监听器接口既适用于 AWT 组件又适用于 Swing 组件，具有通用性。随着 Swing 组件的出现，JFC 类库中又专门为 Swing 组件定义了事件类及其对应的事件监听器接口，并存放在了 javax.swing.event 包中。这些事件类一般具有专用性，使用方式与本节所讲的事件和监听器基本相同，此处不再赘述。java.awt.event 包中的主要事件类的继承层次结构如图 5.10 所示。

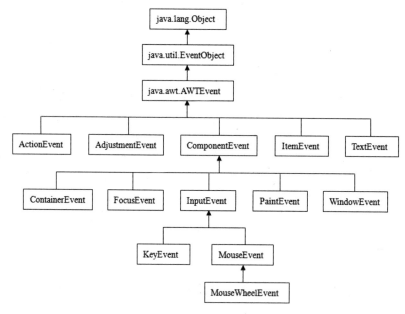

图 5.10　java.awt.event 包中的主要事件类的继承层次结构

java.util.EventObject 类是所有事件类的父类；java.awt.AWTEvent 是所有 AWT 事件的根事件类；InputEvent 类是所有组件级别输入事件的根事件类；PaintEvent 类无须使用监听器。图 5.10 中的其余事件类都有对应的监听器接口。

当 Java 语言程序在运行过程中发生事件时，需要判断事件源组件。在 EventObject 类中定义了 getSource()方法，用于返回一个组件对象实例，可以供程序找到事件源组件，后面会看到其使用实例。在 ActionEvent 类中定义了 getActionCommand()方法，用于返回发生 ActionEvent 事件的组件的命令字符串，在例 5.4 中使用过。在 ComponentEvent 类中定义了 getComponent()方法，用于返回发生事件的组件，在例 5.5 中使用过。这些方法都可以帮助程序找到事件源。其他的事件类中还定义了特定的方法，用于获取特定的事件源。

5.3.3 事件监听器接口及适配器类

如果程序员想要在程序中处理图形用户界面的事件，就必须做两件事：一件是为可能发生事件的 GUI 组件注册一个事件监听器；另一件是在类中实现相应的监听器接口，即实现监听器接口中声明的与程序设计意图有关的方法成员。在做第一件事时，程序员可以根据设计要求对界面上的某些组件设置某个或某些事件的监听器，并且在前面和后面的例题中可以看到，这个过程是比较简单的。在做第二件事时，程序员必须按照 Java 语言实现接口的语法要求，在实现事件监听器接口的类中，把事件监听器接口中声明的事件处理方法逐一实现，也就是把所有方法成员的方法体都给出来，实际上就是在监听器接口的实现过程中，将应对该事件的措施用语句写在方法体中，这样就实现了程序的功能。当事件发生时，系统将调用注册的事件监听器的相应事件处理方法，把事件交付给事件处理方法去处理，从而完成对事件的处理过程。

java.awt.event 包中的主要事件监听器接口的继承层次结构如图 5.11 所示。附录 C 描述了 java.awt.event 包中定义的事件类、事件监听器接口、事件监听器接口声明的方法成员、配套的事件适配器类之间的对应关系。在 javax.swing.event 包中定义的事件类、事件监听器接口、事件监听器接口声明的方法成员的对应关系请有兴趣的读者自己列出。

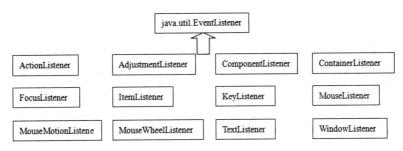

图 5.11　java.awt.event 包中的主要事件监听器接口的继承层次结构

在 java.awt.Component 类中定义了以下方法，供组件注册相应的事件监听器：

```
addComponentListener(ComponentListener l)
addFocusListener(FocusListener l)
addKeyListener(KeyListener l)
addMouseListener(MouseListener l)
addMouseMotionListener(MouseMotionListener l)
addMouseWheelListener(MouseWheelListener l)
```

在 java.awt.Container 类中定义了以下方法，供组件注册 ContainerListener 监听器：

```
addContainerListener(ContainerListener l)
```

由于这两个类是所有 Swing 组件的父类，这就意味着所有的 Swing 组件都可以注册这几种监听器，也意味着所有的 Swing 组件都具备发生和监听这几种事件的可能。

在 javax.swing.AbstractButton 类中定义了以下方法，供组件注册 ActionListener 监听器：

```
addActionListener(ActionListener l)
```

ActionEvent 事件是 AbstractButton 类及其子类上能够发生的事件，可以在这些类的对象实例上注册 ActionListener 监听器进行监听和处理。

在 javax.swing.JScrollBar 类中定义了以下方法,供组件注册 AdjustmentListener 监听器:

```
addAdjustmentListener(AdjustmentListener l)
```

JScrollBar 组件是窗体上的卷滚条,而 AdjustmentEvent 事件是一种调节组件、改变调节值的动作,只在 JScrollBar 组件上发生。

在 javax.swing.AbstractButton 类和 javax.swing.JComboBox 类中定义了以下方法,供组件注册 ItemListener 监听器:

```
addItemListener(ItemListener l)
```

在 java.awt.TextComponent 类中定义了以下方法,供组件注册 TextListener 监听器:

```
addTextListener(TextListener l)
```

在 java.awt.Window 类中定义了以下方法,供组件注册 WindowListener 监听器:

```
addWindowListener(WindowListener l)
```

TextEvent 和 WindowEvent 事件不在 Swing 组件上发生,所以在 Swing 组件的继承层次中,都没有定义注册 TextListener 监听器和 WindowListener 监听器的方法。

程序清单 5.7 为了实现监听器接口,按照 Java 语法的要求,将所有的方法都给出了方法体,即使那些不打算使用的方法,也给出了由一对大括号标示的空方法体,这样就会多写很多语句,给程序员带来一些烦琐工作。为了解决这一问题,Java 语言为含有 1 个以上方法的 7 个监听器接口定义了适配器类 Adapter。这些适配器类实际上是 7 个接口的实现类,并将接口的方法成员实现为空方法体。当用户在程序中使用事件机制时,可以选择使用适配器类,只需继承适配器类,并重写那些需要的方法即可。但需要注意的是,由于 Java 语言的单一继承机制,当需要实现多个监听器或者程序中的类已有父类时,适配器就不适用了,此时应该采用接口实现形式。值得一提的是,javax.swing.event 包中的事件和监听器一一对应,每个事件都有一个监听器负责监听,但是在 javax.swing.event 包中没有与事件监听器对应的适配器,所以如果在程序中使用这些监听器,则必须实现所有的方法。这两点差异表明 Swing 组件在使用上比 AWT 组件严格。

下面通过几个例子示范监听器的使用。

【例 5.7】在一个程序中使用和实现多个监听器接口的例子。

具体的程序如程序清单 5.7 所示。程序的执行结果如图 5.12 所示。

程序清单 5.7

```java
//Example 7 of Chapter 5

package guidemo7;
import java.awt.*;
import javax.swing.*;
import java.awt.event.*;

public class GUIDemo7 implements MouseMotionListener,MouseListener,
WindowListener
{
    private JFrame f;
```

```java
    JTextField tf;

    public static void main(String args[])
    {
        GUIDemo7 demo = new GUIDemo7();
        demo.go();
    }

    public void go()
    {
        f = new JFrame("3 个监听器的实例");
        JPanel container = new JPanel();
        f.setContentPane(container);
        container.setLayout(new BorderLayout());

        tf = new JTextField(30);

        container.add(new JLabel("鼠标测试",SwingConstants.CENTER),
BorderLayout.CENTER);
        container.add(tf , BorderLayout.SOUTH);
        f.addMouseListener(this);
        f.addMouseMotionListener(this);
        f.addWindowListener(this);
        f.setSize(400,200);
        f.setVisible(true);
    }

    public void mouseClicked(MouseEvent e){ }
    public void mouseEntered(MouseEvent e)
    {
        String s = "鼠标进来了";
        tf.setText(s);
    }
    public void mouseExited(MouseEvent e)
    {
        String s = "鼠标退出了";
        tf.setText(s);
    }
    public void mousePressed(MouseEvent e){ }
    public void mouseReleased(MouseEvent e){ }

    public void mouseMoved(MouseEvent e){ }
    public void mouseDragged(MouseEvent e)
    {
```

```
    String s = "鼠标拖动 :X="+e.getX()+"Y="+e.getY();
    tf.setText(s);
}


public void windowActivated(WindowEvent e){ }
public void windowClosing(WindowEvent e)
{
    System.exit(1);
}
public void windowClosed(WindowEvent e){ }
public void windowDeactivated(WindowEvent e){ }
public void windowDeiconified(WindowEvent e){ }
public void windowIconified(WindowEvent e){ }
public void windowOpened(WindowEvent e){ }
}
```

图 5.12　程序清单 5.7 的程序的执行结果

　　可以尝试将程序清单 5.7 的程序进行一下改动，使用适配器实现监听器的功能。具体的程序如程序清单 5.8 所示。

程序清单 5.8

```
//Example 8 of Chapter 5

package guidemo8;
import java.awt.*;
import javax.swing.*;
import java.awt.event.*;

public class GUIDemo8
{
    private JFrame f;
    static JTextField tf;

    public static void main(String args[])
    {
        GUIDemo8 demo = new GUIDemo8();
```

```java
            demo.go();
        }

    public void go()
    {
        f = new JFrame("3 个监听器的实例");
        JPanel container = new JPanel();
        f.setContentPane(container);
        container.setLayout(new BorderLayout());

        tf = new JTextField(30);

        container.add(new JLabel("鼠标测试",SwingConstants.CENTER),
BorderLayout.CENTER);
        container.add(tf , BorderLayout.SOUTH);
        f.addMouseListener(new RunMouseAdapter());
        f.addMouseMotionListener(new RunMouseMotionAdapter());
        f.addWindowListener(new RunWindowAdapter());
        f.setSize(400 , 200);
        f.setVisible(true);
    }
}

class RunMouseAdapter extends MouseAdapter
{
    public void mouseEntered(MouseEvent e)
    {
        String s = "鼠标进来了";
        GUIDemo8.tf.setText(s);
    }

    public void mouseExited(MouseEvent e)
    {
        String s = "鼠标退出了";
        GUIDemo8.tf.setText(s);
    }
}

class RunMouseMotionAdapter extends MouseMotionAdapter
{
    public void mouseDragged(MouseEvent e)
    {
        String s = "鼠标拖动 :X="+e.getX()+",Y="+e.getY();
        GUIDemo8.tf.setText(s);
```

```
        }
    }

    class RunWindowAdapter extends WindowAdapter
    {
        public void windowClosing(WindowEvent e)
        {
            System.exit(1);
        }
    }
```

在第 3 章中介绍内部类时提到过，内部类的主要用途是事件处理，下面给出两个使用内部类实现监听器接口的例子。

【例 5.8】使用内部类实现监听器接口的例子。

具体的程序如程序清单 5.9 所示。程序的执行结果如图 5.13 所示。

程序清单 5.9

```
//Example 9 of Chapter 5

package guidemo9;
import java.awt.*;
import java.awt.event.*;
import javax.swing.*;

public class GUIDemo9
{
    public static void main(String args[])
    {
        TextFieldTest application = new TextFieldTest();
    }
}

class TextFieldTest extends JFrame
{
    private JTextField textfield;
    private JTextArea textarea;
    private JPanel panel;
    private JButton button1,button2,button3;

    public TextFieldTest()
    {
        super("输入显示测试");
```

```java
        Container container = getContentPane();
        container.setLayout(new BorderLayout());

        textfield = new JTextField();
        container.add(textfield,BorderLayout.NORTH);

        textarea = new JTextArea(6, 30);
        textarea.setEditable(false);
        textarea.setLineWrap(true);
        textarea.setFont(new Font("Dialog",2,20));
        container.add(textarea,BorderLayout.CENTER);

        panel = new JPanel();
        panel.setLayout(new GridLayout(1,3));
        button1 = new JButton("清除");
        button2 = new JButton("显示");
        button3 = new JButton("关闭");
        panel.add(button1);
        panel.add(button2);
        panel.add(button3);
        container.add(panel,BorderLayout.SOUTH);

        TextFieldHandler handler = new TextFieldHandler();
        button1.addActionListener(handler);
        button2.addActionListener(handler);
        button3.addActionListener(handler);

        setSize(400,200);
        setVisible(true);
        setDefaultCloseOperation(JFrame.EXIT_ON_CLOSE);
    }
    // 内部类实现监听器接口 ActionListener
    private class TextFieldHandler implements ActionListener
    {
        public void actionPerformed(ActionEvent event)
        {
            String string = "";
            // 用户单击 "清除" 按钮
            if(event.getSource() == button1)
            {
                textfield.setText("");
            }

            // 用户单击 "显示" 按钮
```

```
        else if(event.getSource() == button2)
        {
            string = textfield.getText();
            textarea.setText(string);
        }

        // 用户单击"关闭"按钮
        else if(event.getSource() == button3)
        {
            System.exit(1);
        }
    }
  }
}
```

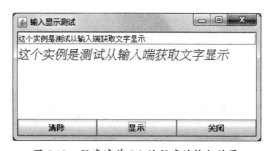

图 5.13 程序清单 5.9 的程序的执行结果

　　或许读者已经发现了，与程序清单 5.3 和程序清单 5.5 不同，程序清单 5.9 使用了一种新的程序书写格式，该程序的主要功能是在一个非主类的构造方法中实现的，主类中只是调用了这个非主类的构造方法。这也是一种常用的程序书写格式。

　　程序清单 5.9 所使用的内部类 TextFieldHandler 是一个有名称标识符的内部类，它的结构比较完整，与独立的普通类相比，它被放在了 TextFieldTest 类的类体中。有时在实现监听器时，为了方便而直接在方法中使用了一个没有名称标识符的内部类，称为匿名内部类。下面的例子就是在程序清单 5.9 的基础上进行了一些修改，示范了这种使用方法。

　　【例 5.9】使用匿名内部类实现监听器接口的例子。

　　具体的程序如程序清单 5.10 所示。本程序的执行结果与图 5.13 中的画面相同。

程序清单 5.10

```
//Example 10 of Chapter 5

package guidemo10;
import java.awt.*;
import java.awt.event.*;
import javax.swing.*;

public class GUIDemo10
```

```java
{
    public static void main(String args[])
    {
        TextFieldTestB application = new TextFieldTestB ();
    }
}

class TextFieldTestB extends JFrame
{
    private JTextField textfield;
    private JTextArea textarea;
    private JPanel panel;
    private JButton button1,button2,button3;

    public TextFieldTestB ()
    {
        super("输入显示测试");

        Container container = getContentPane();
        container.setLayout(new BorderLayout());

        textfield = new JTextField();
        container.add(textfield,BorderLayout.NORTH);

        textarea = new JTextArea(6, 30);
        textarea.setEditable(false);
        textarea.setLineWrap(true);
        textarea.setFont(new Font("Dialog", 2 ,20));
        container.add(textarea,BorderLayout.CENTER);

        panel = new JPanel();
        panel.setLayout(new GridLayout(1,3));
        button1 = new JButton("清除");
        button2 = new JButton("显示");
        button3 = new JButton("关闭");
        panel.add(button1);
        panel.add(button2);
        panel.add(button3);
        container.add(panel,BorderLayout.SOUTH);

        //内部类实现一
        button1.addActionListener
        (
            new ActionListener()
```

```
                {
                    public void actionPerformed(ActionEvent event)
                    {
                        textfield.setText("");
                    }
                }
            );

            //内部类实现二
            button2.addActionListener
            (
                new ActionListener()
                {
                    public void actionPerformed(ActionEvent event)
                    {
                        textarea.setText(textfield.getText());
                    }
                }
            );

            //内部类实现三
            button3.addActionListener
            (
                new ActionListener()
                {
                    public void actionPerformed(ActionEvent event)
                    {
                        System.exit(1);
                    }
                }
            );

            setSize(400,200);
            setVisible(true);
            setDefaultCloseOperation(JFrame.EXIT_ON_CLOSE);
        }
    }
```

在方法内部使用匿名内部类时需要注意，不要忘记使用 new 关键字和监听器接口名后面的小括号，这种用法实际上相当于调用了一次构造方法；也不要忘记使用小括号后面的分号。读者可以仔细对比一下程序清单 5.9 和程序清单 5.10，看看它们有什么差别。

下面的例子使用图形用户界面实现了信息的输入和输出：用户在界面上输入数据；程序经过计算之后，把结果显示在界面上。程序中使用了 3.9.5 节中介绍的基本数据类型的解析方法，将界面组件中的字符串解析为相应的数据类型。

【例 5.10】使用图形用户界面实现信息交互的例子。

具体的程序如程序清单 5.11 所示。程序的执行结果如图 5.14 所示。

程序清单 5.11

```java
//Example 11 of Chapter 5

package guidemo11;
import java.awt.*;
import java.awt.event.*;
import javax.swing.*;
import java.util.GregorianCalendar;
import java.text.DecimalFormat;

public class GUIDemo11
{
    public static void main(String args[])
    {
        ConsumptionTest application = new ConsumptionTest();
    }
}

class ConsumptionTest extends JFrame
{
    private JTextField year,month,day,price[],mount[];
    private JLabel consumedate,year1,munth1,day1,price1[],mount1[];
    private JTextArea textarea;
    private JPanel panel[];
    private JButton button1,button2;

    public ConsumptionTest()
    {
        super("消费金额汇总");

        //为主窗体设定 GridBagLayout 布局管理器
        Container container = getContentPane();
        GridBagLayout gbl = new GridBagLayout();
        container.setLayout(gbl);
        GridBagConstraints c = new GridBagConstraints();

        //初始化所有的组件
        year = new JTextField(5);
        year.setHorizontalAlignment(JTextField.RIGHT);
        month = new JTextField(2);
```

```java
month.setHorizontalAlignment(JTextField.RIGHT);
day = new JTextField(2);
day.setHorizontalAlignment(JTextField.RIGHT);
price = new JTextField[5];
mount = new JTextField[5];
for(int i=0;i<5;i++)
{
    price[i] = new JTextField(10);
    price[i].setHorizontalAlignment(JTextField.RIGHT);
    mount[i] = new JTextField(8);
    mount[i].setHorizontalAlignment(JTextField.RIGHT);
}

consumedate = new JLabel("消费日期（不能为空）: ");
yearl = new JLabel("年");
munthl = new JLabel("月");
dayl = new JLabel("日");
pricel = new JLabel[5];
mountl = new JLabel[5];
for(int i=0;i<5;i++)
{
    pricel[i] = new JLabel("商品单价: ");
    mountl[i] = new JLabel("数量: ");
}

textarea = new JTextArea(2,20);
textarea.setBackground(Color.GREEN);
textarea.setEditable(false);
textarea.setLineWrap(true);
textarea.setFont(new Font("Dialog",1,20));

panel = new JPanel[7];
for(int i=0;i<7;i++)panel[i] = new JPanel();

button1 = new JButton("清空");
button2 = new JButton("汇总");

//为 7 个 Panel 中间容器设置布局管理器
for(int i=0;i<6;i++)
{
    panel[i].setLayout(new FlowLayout(FlowLayout.LEFT));
}
panel[6].setLayout(new FlowLayout(FlowLayout.CENTER));
```

```java
//向 7 个 Panel 中间容器添加组件
panel[0].add(consumedate);
panel[0].add(year);
panel[0].add(yearl);
panel[0].add(month);
panel[0].add(munthl);
panel[0].add(day);
panel[0].add(dayl);
for(int i=0;i<5;i++)
{
    panel[i+1].add(pricel[i]);
    panel[i+1].add(price[i]);
    panel[i+1].add(mountl[i]);
    panel[i+1].add(mount[i]);
}
panel[6].add(button1);
panel[6].add(button2);

//在主窗体水平方向和垂直方向上同时调整组件大小
c.fill = GridBagConstraints.BOTH;

//设置所有的行和列的权重为 1.0
c.weightx = 1.0;
c.weighty = 1.0;

//向主窗体中添加组件
for(int i=0;i<6;i++)
{
    c.gridx = 0;
    c.gridy = i;
    gbl.setConstraints(panel[i], c);
    container.add(panel[i]);
}
c.gridx = 0;
c.gridy = 6;
c.gridheight = 2;
gbl.setConstraints(textarea, c);
container.add(textarea);
c.gridx = 0;
c.gridy = 8;
gbl.setConstraints(panel[6], c);
container.add(panel[6]);

ButtonHandler handler = new ButtonHandler();
```

```java
        button1.addActionListener(handler);
        button2.addActionListener(handler);

        pack();
        setVisible(true);
        setDefaultCloseOperation(JFrame.EXIT_ON_CLOSE);
    }

    // 内部类实现监听器接口 ActionListener
    private class ButtonHandler implements ActionListener
    {
        public void actionPerformed(ActionEvent event)
        {
            String string = "";
            // 用户单击"清空"按钮
            if(event.getSource() == button1)
            {
                year.setText("");
                month.setText("");
                day.setText("");
                for(int i=0;i<5;i++)
                {
                    price[i].setText("");
                    mount[i].setText("");
                }
                textarea.setText("");
            }

            // 用户单击"汇总"按钮
            if(event.getSource() == button2)
            {
                int yv = Integer.parseInt(year.getText());
                int mv = Integer.parseInt(month.getText());
                int dv = Integer.parseInt(day.getText());
                GregorianCalendar gc = new GregorianCalendar(yv, mv, dv);
                string += "您于"+ gc.get(GregorianCalendar.YEAR) + "年"
                        + gc.get(GregorianCalendar.MONTH) + "月"
                        + gc.get(GregorianCalendar.DAY_OF_MONTH) + "日消费";
                double[] tprice = new double[5];
                int[] tmount = new int[5];
                double sum = 0.0;
                for(int i=0;i<5;i++)
                {
                    tprice[i] = ((price[i].getText().equals(""))?
```

```
                    0.0:Double.parseDouble(price[i].getText()));
            tmount[i] = ((mount[i].getText().equals(""))?
                    0:Integer.parseInt(mount[i].getText()));
            sum += tprice[i]*tmount[i];
        }
        DecimalFormat twoDigits = new DecimalFormat("0.00");
        string += twoDigits.format(sum) + "元";
        textarea.setText(string);
        }
    }
}
}
```

图 5.14　程序清单 5.11 的程序的执行结果

程序清单 5.11 的处理方法中使用了三元运算符，使得当商品单价和数量两类输入组件为空时，可以自动获得数值 0.0 和 0，此时程序能够正确运行。我们还可以在输入组件上进一步设置数值范围验证和非法字符报错的功能，读者可以自行尝试。

编程技巧提示 5.2　监听器接口的几种实现方式

监听器接口必须在程序中实现后才能被使用，实现监听器接口的格式包括：在主类中实现，如程序清单 5.5；在单独的类中实现，如程序清单 5.3；在内部类中实现，如程序清单 5.9；在匿名内部类中实现，如程序清单 5.10。

编程技巧提示 5.3　主类继承顶层容器类而作为 GUI 设计的顶层容器

将 GUI 程序的主类定义为顶层容器 JFrame 类的子类，是一种比较常见的 GUI 程序设计方式，可以为用户带来一些方便。

编程常见错误提示 5.1　GUI 程序中出现了多个顶层容器

每个 Java 语言程序的图形用户界面只允许使用一个顶层容器，如果程序员在程序中使用了多个顶层容器，虽然在编译程序时不会显示错误信息，但是当程序运行时，会影响界面的显示和操作效果。所以，要在编写程序时注意避免类似的错误。

编程常见错误提示 5.2　实现监听器接口时要考虑访问权限

在哪个位置实现监听器接口，要考虑监听器对实际中要操作的对象的访问权限。如果监听器接口没有位于合适的访问权限范围内，则在编译程序时会出现错误。这也是使用内部类和匿名内部类实现监听器接口的原因。

5.4　Swing 组件的使用

5.4.1　Swing 组件的分类

Swing 组件从功能上大致可以分为以下几类。

（1）顶层容器：JFrame、JApplet、JDialog、JWindow。顶层容器是轻量级组件存在的框架，为轻量级组件提供了绘制和显示自身的区域，也提供了菜单栏放置、布局管理器、事件处理、绘画和可存取性支持等 Swing 特性。

（2）中间容器：JPanel、JScrollPane、JViewport、JScrollBar、JSplitPane、JTabbedPane、Box、JInternalFrame、JLayeredPane、JRootPane、JToolBar、JOptionPane。

（3）显示提示组件：JLabel、JComboBox、JList、JTable、JTree、JProgressBar、JSlider、和 JToolTip。

（4）选择交互组件：JColorChooser 和 JFileChooser。

（5）按钮类组件：AbstractButton 类的子类。

（6）文本编辑类组件：JTextComponent 类及其子类。

（7）菜单相关组件：JMenuBar、JPopupMenu、JSeparator 及按钮类中的 JMenuItem 及其子类。

5.4.2　顶层容器

JFrame、JApplet、JDialog、JWindow 类分别派生自 AWT 组件的 Frame、Applet、Dialog、Window 类。JFrame、JApplet、JDialog、JWindow 是 Swing 组件中仅有的重量级组件。

JFrame 是一个特别常用的界面组件，本章的例题几乎都用到了这个顶层框架组件。在使用 JFrame 时，需要先取得一个内容面板 ContentPane，然后在内容面板上添加布局管理器和组件。内容面板与 Swing 顶层容器相关联，是顶层容器包含的一个普通容器，是一个轻量级组件。可以通过 JFrame 类的成员方法 getContentPane()获取内容面板，也可以先使用一个普通容器替代，并在初始化之后使用 setContentPane()方法将其设置为内容面板，这两种使用方式在前面的例题中都使用过。

可以调用如下构造方法创建一个具有指定标题的 JFrame 对象实例作为程序界面的主窗体：

```
JFrame(String title)
```

新的 JFrame 对象是一个外部尺寸为 0 的不可见组件，所以在程序中需要使用 setSize()方法或 pack()方法设定显示尺寸，并使用 setVisible()方法将可见性设置为真，或者使用 show()方法将其显示出来。在 JFrame 对象实例中可能发生窗口事件。

JApplet 容器用于 Java Applet 程序设计，这在第 9 章中将会介绍。

JDialog 和 JWindow 两个容器很少使用。

5.4.3　中间容器

在中间容器中，除 JPanel 之外，JScrollPane、JViewport、JScrollBar、JSplitPane、JTabbedPane、Box、JInternalFrame、JLayeredPane、JRootPane、JToolBar 都不是特别常见，但是，JOptionPane 在前面的例题中被多次使用，在实际程序设计中也比较常用。JInternalFrame、JLayeredPane、JRootPane 等容器与其他的容器有所不同，对它们的使用往往带有特定的界面设计目的。

5.4.3.1　JPanel

在 Swing 组件中定义了许多中间容器，JPanel 是其中最有代表性、最为常用的普通容器。JPanel 只是在界面上圈定一个矩形范围而无明显标记，主要是为了更好地实现布局效果而作为中间容器，有时也作为内容面板。在 JPanel 上可以设置布局管理器，但是一般不使用它处理事件。在前面的例题中，已经不止一次地使用了 JPanel。

5.4.3.2　JScrollPane、JViewport 和 JScrollBar

滚动窗口 JScrollPane 有专门的布局管理器 ScrollPaneLayout，其外部尺寸根据推荐尺寸来确定，可以通过构造方法给出垂直和水平滚动条的大小，可以查看大面积区域。被滚动窗口浏览的组件也可以通过构造方法加入，例如：

```
JTextArea textarea = new JTextArea(5,30);
JScrollPane scrollpane = new JScrollPane(textarea,240,220);
```

在滚动窗口内部有一个可视点 JViewport 的对象，可作为放置组件的底板。可视点 JViewport 提供了一个可见视窗，既可以被放在 JScrollPane 中，也可以作为独立组件使用。可视点 JViewport 有专门的布局管理器 ViewportLayout。

为了在滚动窗口中获得视窗，JScrollPane 类提供了 getViewport()方法，在使用该方法时，可以使用 JViewport 类的 add()方法添加组件，例如：

```
JViewport jvport = new scrollpane.getViewport();
jvport.add(textarea);
```

卷滚条 JScrollBar 用于在容器中调节水平和垂直位置。

5.4.3.3　JSplitPane

分隔板 JSplitPane 将窗体分为两部分，包含一个分隔器和两个被分隔的组件。拖动分隔器可以改变两个组件对分隔板的分隔比例。可以定义水平或垂直分隔方向，还可以指定左右两个组件。

5.4.3.4　JTabbedPane

选项板 JTabbedPane 是一个选项组件，由一组标签构成。其中，每个标签代表一个组件，各个标签重叠在一起，每个标签有一个标题露出来供用户选择显示。

可以通过下面的 3 个方法向界面中添加选项标签：

```
addTab(String title,Component component)
addTab(String title,Icon icon,Component component)
addTab(String title,Icon icon,Component component,String tip)
```

下面的例子简单示范了选项板 JTabbedPane 的使用。

【例 5.11】使用 JTabbedPane 组件的例子。

具体的程序如程序清单 5.12 所示。程序的执行结果如图 5.15 所示。

程序清单 5.12

```java
//Example 12 of Chapter 5

package guidemo12;
import java.awt.*;
import javax.swing.*;

public class GUIDemo12
{
    public static void main(String[] args)
    {
        JFrame demo = new JFrame("JtabbedPane测试");
        JPanel panel = new JPanel();
        demo.setContentPane(panel);
        panel.setLayout(new BorderLayout());

        JTabbedPane TabbedPane = new JTabbedPane();
        String tabs[] = {"第一","第二","第三","第四","第五"};
        for(int i=0;i<tabs.length;i++)TabbedPane.addTab(tabs[i],null,new
JPanel());

        panel.add(TabbedPane,BorderLayout.CENTER);
        demo.setSize(300,140);
        demo.setVisible(true);
        demo.setDefaultCloseOperation(JFrame.EXIT_ON_CLOSE);
    }
}
```

图 5.15　程序清单 5.12 的程序的执行结果

5.4.3.5 Box

Box 容器有专门的布局管理器 BoxLayout，可以将组件堆叠在一起，也可以将它们排成一列，类似于加强版的 FlowLayout。实际上，BoxLayout 的实现过程更复杂。

5.4.3.6 JInternalFrame

JInternalFrame 是一种外形类似于 JFrame 的中间容器，可以被放到顶层窗口中构成嵌套的结构，可以在使用过程中进行最大化、最小化，但是在使用时必须定义其尺寸，不必调用显示方法。该容器不能监听 WindowEvent，但可以通过监听内部框架事件 InternalFrameEvent 来处理内部框架窗口的操作，这与 JFrame 不同。

5.4.3.7 JLayeredPane

分层面板 JLayeredPane 是支持分层布局的中间容器，其中的组件可以根据设计需要重叠放置。JLayeredPane 没有默认的布局管理器，在向 JLayeredPane 对象中添加组件时，既要说明添加到哪一层，又要说明组件在该层中的位置。

5.4.3.8 JRootPane

根面板 JRootPane 是 4 种顶层容器 JFrame、JApplet、JDialog、JWindow 和内部框架 JInternalFrame 的中间容器。通常不必特意建立一个 JRootPane 对象，因为在建立一个顶层窗口或内部框架时，就会得到一个 JRootPane 对象。一个根面板 JRootPane 由一个玻璃面板 GlassPane、一个内容面板 ContentPane 和一个可选择的菜单栏 JMenuBar 组成。内容面板和可选择的菜单栏应放在一个分层面板 JLayeredPane 中，任何可视化的组件都必须放在内容面板中，布局管理等操作也都是在内容面板中进行的。

5.4.3.9 JToolBar

工具栏 JToolBar 是一个在一行或一列上聚合多个组件的中间容器，通常包含一些工具按钮。在一个容器中，用户可以将工具栏拖动到不同的容器框边缘，甚至拖出容器。为了方便，工具栏一般被放在一个使用 BorderLayout 布局的容器中。

5.4.3.10 JOptionPane

JOptionPane 是一个使用非常灵活的对话框，可以在程序运行中方便地弹出要求用户提供值或向用户发出通知的标准对话框，即这个组件既可以作为程序向用户输出信息的消息框，又可以作为程序要求用户确认或输入某些信息的对话框。在前面的程序例子中不止一次地使用了这个组件作为消息框。在使用 JOptionPane 时，不必生成其对象实例，只需根据需要采用下面的几个静态方法之一即可实现相应功能：

```
showConfirmDialog()        //询问用户一个确认问题，如 yes/no/cancel
showInputDialog()          //要求用户输入某些信息
showMessageDialog()        //告知用户某事已发生
showOptionDialog()         //上述三项的大统一
```

5.4.4 显示提示组件

JLabel、JComboBox、JList、JTable、JTree、JProgressBar、JSlider、JToolTip 等组件都

是经常使用的组件，都是用于在界面上显示一些提示性信息的组件。

5.4.4.1　JLabel

标签 JLabel 与 AWT 组件中的 Label 比较类似，都是为了在界面上设置一个提示性的文本，所不同的是，JLabel 组件除了可以显示文本，还可以将图标设为其内容。JLabel 组件不对输入产生反应，不发生事件。

5.4.4.2　JComboBox

组合框 JComboBox 可以被看作按钮或可编辑字段与下拉列表组合的组件。用户可以从下拉列表中选择值。下拉列表在用户请求时显示，其中含有一个可编辑选项。当用户选择可编辑选项时，可以在输入框中输入相应内容。

5.4.4.3　JList

列表 JList 可以提供多个选项给用户选择。JList 组件使用一个分离的 ListModel 模型代表当前列表内容。当构造一个 JList 实例时，系统会自动创建一个 ListModel 实例。在单击 JList 组件进行选择时会发生 ListSelectionEvent 事件，这是 JList 组件独有的，需要使用 ListSelectionListener 监听。在初始化一个 JList 组件的内容时，可以使用一个数组、一个向量或者一个 ListModel 实例。可以设定如下 3 种选择方式：

```
SINGLE_SELECTION
SINGLE_INTERVAL_SELECTION
MULTIPLE_INTERVAL_SELECTION
```

5.4.4.4　JTable

JTable 组件提供了一个以表格形式显示数据的用户视图，并允许用户编辑其中的数据，通过在其上注册 TableModelListener 监听器实现监听，构造方法如下：

```
JTable(int numRows,int numColumns)
JTable(Object[][] rowData,Object[] columnNames)
JTable(TableModel dm,TableColumnModel cm)
```

5.4.4.5　JTree

JTree 组件提供了一个以树形结构方式分层显示数据的视图，其中含有一个根节点，以及两类节点：可以带子节点的分支节点和不能带任何节点的叶节点。JTree 对象在建立之后必须被放入滚动窗口。单击节点可以展开树的多层结构，这需要通过注册 TreeSelectionListener 监听器来实现。

5.4.4.6　JProgressBar

进程条 JProgressBar 可以反映某个操作的进行程度，并通过图像来动态反映完成比例，以检测其进展。在使用 JProgressBar 组件时，需要在程序中使用 setValue()方法动态地设置其当前值由最小值逐步变为最大值。

5.4.4.7　JSlider

滑块 JSlider 是一个带有尺寸刻度标记的组件，可以使用户在界面上通过滑动它来选择需要的数值。在操作 JSlider 组件时，会产生 ChangeEvent 事件。可以使用 ChangeListener

来监听其上发生的变化。

5.4.4.8 JToolTip

JToolTip 类是组件提示信息类。在使用 JToolTip 类时，不必生成该类的对象实例。任何 Swing 组件都可以使用 JComponent 类的 setToolTipText()方法定义和设置提示信息文本。JToolTip 类的内容组成是一段文本。当鼠标停留在 JToolTip 组件上面时，所设定的提示信息会自动弹出。

5.4.5 选择交互组件

5.4.5.1 JColorChooser

颜色选择器 JColorChooser 提供给用户一个可以选择颜色的界面，并通常以对话框的形式出现，用于显示一个颜色盘，允许用户在上面选择一种颜色。下面的两个方法是比较常用的：

```
showDialog(Component component,String title,Color initialColor)
                         //显示有模式的颜色选取器，在隐藏对话框之前一直阻塞
getColor()               //获取颜色选取器的当前颜色值
```

5.4.5.2 JFileChooser

文件选择器 JFileChooser 提供给用户一个可以选择文件的界面，并通常以对话框的形式出现，便于用户在存取文件时使用。JFileChooser 组件分为打开文件和保存文件两种模式，可以使用下面的两个方法分别弹出：

```
showOpenDialog(Component parent) //弹出一个 Open File 文件选择器对话框
showSaveDialog(Component parent) //弹出一个 Save File 文件选择器对话框
```

5.4.6 按钮类组件

按钮类组件包括 AbstractButton 类的子类。

5.4.6.1 AbstractButton

AbstractButton 类是抽象类，可实用的是其多个子类。按钮类组件的各个类都具有很强的交互性能，使用非常广泛，在操作时能够产生 ActionEvent 和 ChangeEvent 事件。在按钮类组件上，可以加载文字标签，也可以加载图像标签，并设定二者的相对位置，还可以设置按钮的键盘操作方式或称键盘助记符。下面的几个方法就是用来完成这些任务的：

```
setIcon(Icon defaultIcon)                     //设置按钮的默认图标
setHorizontalTextPosition(int textPosition)   //设置文本相对于图标的横向位置
setVerticalTextPosition(int textPosition)     //设置文本相对于图标的纵向位置
setMnemonic(int mnemonic)                     //设置当前模型上的键盘助记符
```

AbstractButton 类及其子类如图 5.16 所示。

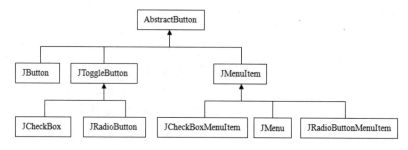

图 5.16　AbstractButton 类及其子类

5.4.6.2　JButton

按钮 JButton 是常用的组件之一，也是我们在例题中常见的组件。按钮 JButton 与 AWT 组件中的按钮 Button 基本类似。

5.4.6.3　JToggleButton

切换按钮 JToggleButton 是一种具有两个状态的按钮：当它打开时，就像一个保持在按下状态的按钮；当它关闭时，看上去就和一般的按钮一样。

5.4.6.4　JRadioButton 和 JCheckBox

单选按钮 JRadioButton 和复选框 JCheckBox 是属于同一种功能类型的组件，分别用来完成单项选择和多项选择功能。在使用单选按钮时，多个对象在一个 ButtonGroup 中，构成互斥关系，每次只能选择其中的一个选项。

在下面的例子中，使用标签组件的图片加载功能实现了图片的显示，使用 JRadioButton、JComboBox 和 JList 组件对图片的选择进行了控制，并通过在监听器中获取选定项的索引值来进行交叉设置，可以保持在 3 种选择组件上的选择一致性，实现了联动。

【例 5.12】使用 JRadioButton、JComboBox 和 JList 组件实现图片的选择的例子。

具体的程序如程序清单 5.13 所示。程序的执行结果如图 5.17 所示。

程序清单 5.13

```
//Example 13 of Chapter 5

package guidemo13;
import java.awt.*;
import java.awt.event.*;
import javax.swing.*;
import javax.swing.event.*;

public class GUIDemo13
{
    JFrame f;
    JLabel picture;
    JPanel left, right;
    String name[] = {"数学","化学","计算机","地质","外语","文史"};
    JRadioButton jrb[];
```

```java
JComboBox box;
JList list;

public void Demo()
{
    JFrame f = new JFrame("校园建筑展示");
    picture = new JLabel(new ImageIcon("数学"+".jpg"));
    picture.setVerticalTextPosition(JLabel.TOP);  //设置文字的垂直位置
    picture.setHorizontalTextPosition(JLabel.CENTER);//设置文字的水平位置
    picture.setText("校园建筑展示："+"数学");        //定义要显示的单行文本
    picture.setPreferredSize(new Dimension(256,222));

    left = new JPanel();
    left.setLayout(new GridLayout(6,1));
    right = new JPanel();
    right.setLayout(new BorderLayout());

    ButtonGroup group = new ButtonGroup();

    jrb = new JRadioButton[name.length];
    RadioListener myListener = new RadioListener();

    for (int i=0; i<name.length; i++)
    {
        jrb[i] = new JRadioButton(name[i]);
        jrb[i].setActionCommand(name[i]);  //设置按钮的动作命令
        group.add(jrb[i]);                 //将按钮加入单选组
        jrb[i].addActionListener(myListener); //为按钮设置监听器
        left.add(jrb[i]);                  //将按钮放入左侧的 Panel
    }
    jrb[0].setMnemonic(KeyEvent.VK_1);     //设置按钮的操作键为 ALT+1
    jrb[1].setMnemonic(KeyEvent.VK_2);     //设置按钮的操作键为 ALT+2
    jrb[2].setMnemonic(KeyEvent.VK_3);     //设置按钮的操作键为 ALT+3
    jrb[3].setMnemonic(KeyEvent.VK_4);     //设置按钮的操作键为 ALT+4
    jrb[4].setMnemonic(KeyEvent.VK_5);     //设置按钮的操作键为 ALT+5
    jrb[5].setMnemonic(KeyEvent.VK_6);     //设置按钮的操作键为 ALT+6

    jrb[0].setSelected(true);              //设置第一个按钮为选定状态

    box = new JComboBox(name);
    box.setEditable(false);                //设置组合框为不可编辑
    box.addActionListener(new ComboBoxListener()); //为组合框设置监听器

    list = new JList(name);
```

```java
        //设置为单选
        list.setSelectionMode(ListSelectionModel.SINGLE_SELECTION);
        list.addListSelectionListener(new ListListener());   //设置监听器

        right.add(box,BorderLayout.NORTH);
        right.add(list,BorderLayout.CENTER);

        f.getContentPane().setLayout(new BorderLayout());
        f.getContentPane().add(left,BorderLayout.WEST);
        f.getContentPane().add(picture,BorderLayout.CENTER);
        f.getContentPane().add(right,BorderLayout.EAST);

        f.setSize(400,260);
        f.setVisible(true);
        f.setDefaultCloseOperation(JFrame.EXIT_ON_CLOSE);
    }

    public static void main(String[] args)
    {
        GUIDemo13 gui = new GUIDemo13();
        gui.Demo();
    }

    //使用 3 个内部类实现监听器
    private class RadioListener implements ActionListener
    {
        public void actionPerformed(ActionEvent e)
        {
            //获取选定项的索引值
            int k = -1;
            for(int i=0; i<name.length; i++)
            {
                if (name[i]==e.getActionCommand())k = i;
            }

            picture.setIcon(new ImageIcon(e.getActionCommand()+".jpg"));
            picture.setText("校园建筑展示: "+e.getActionCommand());
            box.setSelectedIndex(k);
            list.setSelectedIndex(k);
        }
    }

    private class ComboBoxListener implements ActionListener
    {
```

```
public void actionPerformed(ActionEvent e)
{
    int k = -1;
    for(int i=0; i<name.length; i++)
    {
        if (name[i]==box.getSelectedItem())k = i;
    }

    picture.setIcon(new ImageIcon(box.getSelectedItem()+".jpg"));
    picture.setText("校园建筑展示："+box.getSelectedItem());
    jrb[k].setSelected(true);
    list.setSelectedIndex(k);
}
}

private class ListListener implements ListSelectionListener
{
    public void valueChanged(ListSelectionEvent e)
    {
        int k = -1;
        for(int i=0;i<name.length;i++)
        {
            if (name[i]==list.getSelectedValue())k = i;
        }

        picture.setIcon(new ImageIcon(list.getSelectedValue()+".jpg"));
        picture.setText("校园建筑展示："+list.getSelectedValue());
        jrb[k].setSelected(true);
        box.setSelectedIndex(k);
    }
}
}
```

图 5.17 程序清单 5.13 的程序的执行结果

关于程序清单5.13还需要进行一些说明：JList组件上面发生的选择事件需要使用专门的ListSelectionListener监听器监听；程序中为每个单选按钮设置了键盘助记符，可以在程序运行时使用键盘助记符操作程序，其使用效果与使用鼠标单击按钮是一样的，如"计算机"的键盘助记符为ALT+3。

5.4.7 文本编辑类组件

文本编辑类组件包括JTextComponent类及其子类，包括单行文本JTextField类、密码文本JPasswordField类、普通文本JTextArea类、格式化文本JFormattedTextField类、编辑盘JEditorPane类和文本盘JTextPane类。

文本组件JTextComponent类及其子类如图5.18所示。

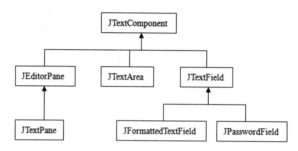

图5.18　文本组件JTextComponent类及其子类

5.4.7.1　JTextField和JTextArea

单行文本JTextField类和普通文本JTextArea类是最普通的文本编辑框，可以被设定为可编辑的和不可编辑的，在前面程序中已经使用过。

5.4.7.2　JPasswordField

密码文本JPasswordField类不显示输入的具体内容，而是使用星号"*"代替输入的内容在框中显示，通常用于界面的密码输入。

5.4.7.3　JFormattedTextField

格式化文本JFormattedTextField类可以识别普通文本、HTML文本、RTF文本，这种功能主要是通过EditorKit类完成的。

5.4.7.4　JEditorPane和JTextPane

编辑盘JEditorPane类可以编辑各种内容的文本组件。文本盘JTextPane类可以使用图形方式表示的属性来标记文本组件。

5.4.8 菜单相关组件

菜单是一种重要的人机交互工具，不仅可以执行大量的交互任务，而且只需要很少的图形用户界面面积。与其他很多程序设计开发工具一样，Java语言支持菜单功能，可以在程序中构建普通菜单与弹出菜单。普通菜单可以被添加到提供了setJMenuBar()方法的容器中，包括顶层容器JFrame、JApplet和JDialog，内部框架JInternalFrame和根面板JRootPane。

弹出菜单可以被添加到任何 Swing 组件上。

与设计菜单有关的类包括 JMenuBar、JPopupMenu、JSeparator，以及抽象按钮的子类 JMenu、JMenuItem、JCheckBoxMenuItem、JRadioButtonMenuItem。

5.4.8.1 菜单容器

菜单栏类 JMenuBar 是菜单的容器，可以使用 setJMenuBar()方法将其添加到容器中，再向其中添加 JMenu 以构造一级菜单。该类中的方法成员大多是用于管理菜单的。弹出菜单类 JPopupMenu 用来实现一个弹出菜单。与 JMenuBar 略有不同的是，除了可以向 JPopupMenu 中添加 JMenu，也可以直接向其中添加 JMenuItem、JCheckBoxMenuItem 和 JRadioButtonMenuItem，并使用该类的 show()方法显示。JSeparator 类是菜单中的分割线，仅仅有显示功能，没有操作功能。

5.4.8.2 菜单项

JMenu 类的对象实例是菜单的中间容器，可以把 JMenu 和 JMenuItem 加入其中，构造次级菜单。JMenu 类的对象实例在被单击时将自动展开以显示其中的次级菜单和菜单项。菜单项类 JMenuItem 是菜单结构的最后一层，描述了菜单中的具体功能，在单击其对象实例时将产生一个动作事件 ActionEvent，并由此启动一系列菜单功能动作。多选按钮菜单项 JCheckBoxMenuItem 和单选按钮菜单项 JRadioButtonMenuItem 是菜单上的 JCheckBox 和 JRadioButton。单击 JCheckBoxMenuItem 将发生 ItemEvent 事件，单击 JRadioButtonMenuItem 将发生 ActionEvent 事件。与 JRadioButton 一样，单选按钮菜单项 JRadioButtonMenuItem 同样需要加入一个 ButtonGroup 以实现相互关联。

由于 JMenuItem、JMenu、JCheckBoxMenuItem、JRadioButtonMenuItem 都是抽象按钮类的子类，因此可以将图标作为与文本具有相同作用和地位的提示信息设置到它们的外观上，还可以设置键盘操作方式。另外，菜单没有布局管理器，会根据添加的顺序依次显示各个菜单项。

5.4.9 显示效果修饰类

除 javax.swing 包中的类之外，在 java.awt 包中定义的几个类也可以起到对图形用户界面进行修饰和渲染的作用，可以丰富界面的显示效果，包括颜色类 Color、字体类 Font、图标接口 Icon。

5.4.9.1 Color

在 Component 类中，有以下方法成员用到了 Color 类：

```
public void setForeground(Color c)        //设置前景色
public void setBackground(Color c)        //设置背景色
```

由于大部分 GUI 组件都是 Component 类的子类，因此 AWT 组件和 Swing 组件都可以使用上面的方法设置前景色和背景色，并且都需要用到 Color 类，这在前面的例题中已经使用过。前景色指的是组件上面的文字的颜色，背景色指的是组件表面的空白区域的颜色。

Color 类提供了颜色，可供用户在设计界面时使用，有以下 3 种重载的构造方法：

```
public Color(float r,float g,float b)    //rgb 取 0.0~1.0
public Color(int rgb)                    //rgb 自低位每种颜色取 8 位
public Color(int r,int g,int b)          //rgb 取 0~255 的整数
```

无论选用哪种构造方法，在生成的颜色显示输出时，系统都将自动寻求一个最佳颜色匹配。Color 类还定义了 13 个静态常量成员 black、blue、white、red、magenta、orange、cyan、darkGray、gray、green、lightGray、pink、yellow，分别对应 13 种常用的颜色，还有大写体与之等效，可供用户直接调用。

5.4.9.2 Font

在 Component 类中，有以下方法成员用到了 Font 类：

```
public void setFont(Font f)              //设置字体
```

Font 类提供了字体，可供用户在设计界面时使用，构造方法如下：

```
public Font(String name,int style,int size)
```

其中，name 取值包括 Dialog、DialogInput、Monospaced、Serif 或 SansSerif，代表 4 种字体；style 取值包括 PLAIN（普）、BOLD（粗）、ITALIC（斜），代表 3 种显示风格；size 取值为整数，决定了字体的大小，单位为像素值。

5.4.9.3 Icon

在 AbstractButton 类和 JLabel 类中，都有一个 setIcon()方法用到了 Icon 接口：

```
setIcon(Icon defaultIcon)                //设置图标
```

AbstractButton 类的子类和 JLabel 类都可以使用这个方法加载图标。

在实际编程时使用 ImageIcon 类，这是一个实现了 Icon 接口的类，可以用下面的构造方法获取图标：

```
ImageIcon(Image image)                   //根据图像创建图标
ImageIcon(String filename)               //根据文件创建图标
ImageIcon(URL location)                  //根据链接创建图标
```

至此，本书介绍了大部分 GUI 组件和与 GUI 设计有关的 Java 类，大致描述了在 Java 语言中进行图形用户界面设计的基本手段和基本技巧。由于教材的篇幅和教学环节的课时数所限，在介绍上述内容时，只能选择其中的重点内容，而无法给出关于各种组件的详细信息；在设计例题时，也只能尽量示范比较常用的组件。

将 Java 语言图形用户界面设计的基本模式进行简要的总结：Java 语言的 GUI 程序设计技术极大地提升了 Java 语言程序的灵活性和交互功能，使得 Java 语言程序具备了目前流行的图形用户界面，也推动了 Java 语言与各种不同类型的操作系统的结合。本章内容实际上可以分为几个有机的组成部分：组件的外观及其布局所构成的 Java 语言程序的外观部分，事件及事件监听器所构成的程序驱动部分，组件及其他一些类中所定义的功能部分。JFC 类库中已经完成了上述几个部分的大部分内容。在编写程序时，程序员的任务就是设计一个符合自己使用要求的图形界面，对可能在某个或某些组件上发生的事件进行监测，并设置好在事件发生时所要采取的应对措施。具体来说，就是声明和初始化组件，并将这些组件按照某种布局规则排布，在适当的组件上注册适当的事件监听器，并实现事件监听器接口。这样就实现了程序使用者对程序的驱动过程，即"硬件动作—事件—事件监听器—程

序代码"。另外，也可以利用各种组件自身的功能，设计程序与用户之间的信息传递过程。将这两个过程组合到一起，就是 Java 语言的人机交互功能的实现。

下面给出一个利用普通菜单和弹出菜单实现交互功能的例子，不仅展示了设置提示信息、设置图像标签和设置键盘操作方式等功能，还示范了设置前景色、设置背景色、设置字体等功能，以及一些在前面的例题中所没有见过的功能。

【例 5.13】利用普通菜单和弹出菜单实现交互功能的例子。

具体的程序如程序清单 5.14 所示。程序的执行结果如图 5.19 所示。

程序清单 5.14

```java
//Example 14 of Chapter 5

package guidemo14;
import java.awt.*;
import java.awt.event.*;
import javax.swing.*;

public class GUIDemo14 extends JFrame
{
    //普通菜单的成员
    public JMenuBar bar;
    public JMenu mainMenu[];                    //主菜单
    public JMenuItem item1[],item2[];           //第一、二个次级菜单的菜单项
    public JMenu menu3,menu4[],menu5;           //第三、四、五个次级菜单的菜单项
    String mainMenuName[] = {"文件(F)","编辑(E)","标签(L)","字体(O)","颜
色(C)"};
    String item1Name[] = {"新建(N)","打开(O)","关闭(C)","保存(S)","另存为
(A)","退出(X)"};
    String item2Name[] = {"剪切(T)","复制(C)","粘贴(P)","删除(L)","查找
(F)","替换(R)","全选(A)"};
    String menu4Name[] = {"Name","Style","Size"};

    public JRadioButtonMenuItem text[],name[],size[],color[];
    public JCheckBoxMenuItem style[];
    public ButtonGroup textGroup,nameGroup,sizeGroup,colorGroup;
    String textName[] = {"菜单设计的简单例子","包括文件操作功能","还有颜色字体
设定"};
    String nameName[] = {"Dialog","DialogInput","Monospaced","Serif",
"SansSerif"};
    String sizeName[] = {"16","24","32","40"};
    String colorName[] = {"red","green","blue","cyan"};
    public Color colorValue[] = {Color.RED,Color.GREEN,Color.BLUE,Color.
CYAN};
    String styleName[] = {"BOLD","ITALIC"};
```

```java
public Font font;
public JLabel label;

//弹出菜单的成员
public JPopupMenu popupMenu;
public JRadioButtonMenuItem framesize[];
String framesizeName[] = {"大尺寸","小尺寸"};
public ButtonGroup framesizeGroup;

public GUIDemo14()
{
    super("菜单构建演示");

    //从上到下建立菜单的各个成员并从下到上构建菜单
    bar = new JMenuBar();

    mainMenu = new JMenu[mainMenuName.length];
    for(int i=0; i<mainMenuName.length; i++)
    {
        mainMenu[i] = new JMenu(mainMenuName[i]);
    }
    mainMenu[0].setToolTipText("文件操作");
    mainMenu[0].setMnemonic(KeyEvent.VK_F);
    mainMenu[1].setToolTipText("文件编辑");
    mainMenu[1].setMnemonic(KeyEvent.VK_E);
    mainMenu[2].setToolTipText("标签操作");
    mainMenu[2].setMnemonic(KeyEvent.VK_L);
    mainMenu[3].setToolTipText("字体操作");
    mainMenu[3].setMnemonic(KeyEvent.VK_O);
    mainMenu[4].setToolTipText("为标签设定颜色");
    mainMenu[4].setMnemonic(KeyEvent.VK_C);

    item1 = new JMenuItem[item1Name.length];
    for(int i=0;i<item1Name.length;i++)
    {
        item1[i] = new JMenuItem(item1Name[i]);
    }
    item1[0].setMnemonic(KeyEvent.VK_N);
    item1[0].setIcon(new ImageIcon("new.gif"));
    item1[1].setMnemonic(KeyEvent.VK_O);
    item1[1].setIcon(new ImageIcon("open.gif"));
    item1[2].setMnemonic(KeyEvent.VK_C);
    item1[3].setMnemonic(KeyEvent.VK_S);
    item1[3].setIcon(new ImageIcon("save.gif"));
```

```java
item1[4].setMnemonic(KeyEvent.VK_A);
item1[5].setMnemonic(KeyEvent.VK_X);
//为退出菜单项加载监听器
item1[5].addActionListener
(
        new ActionListener()
        {
            public void actionPerformed(ActionEvent event)
            {
                System.exit(0);
            }
        }
);

item2 = new JMenuItem[item2Name.length];
for(int i=0;i<item2Name.length;i++)
{
    item2[i] = new JMenuItem(item2Name[i]);
}
item2[0].setMnemonic(KeyEvent.VK_T);
item2[1].setMnemonic(KeyEvent.VK_C);
item2[2].setMnemonic(KeyEvent.VK_P);
item2[3].setMnemonic(KeyEvent.VK_L);
item2[4].setMnemonic(KeyEvent.VK_F);
item2[5].setMnemonic(KeyEvent.VK_R);
item2[6].setMnemonic(KeyEvent.VK_A);

menu3 = new JMenu("标签设定");
menu4 = new JMenu[menu4Name.length];
for(int i=0;i<menu4Name.length;i++)
{
    menu4[i] = new JMenu(menu4Name[i]);
}
menu5 = new JMenu("颜色设定");

//开始加载监听器到单选按钮数组和多选按钮数组中
ActionProcessor aprocessor = new ActionProcessor();
ItemProcessor iprocessor = new ItemProcessor();

textGroup = new ButtonGroup();
text = new JRadioButtonMenuItem[textName.length];
for(int i=0;i<textName.length;i++)
{
    text[i] = new JRadioButtonMenuItem(textName[i]);
```

```java
        textGroup.add(text[i]);
        menu3.add(text[i]);
        text[i].addActionListener(aprocessor);
    }

    nameGroup = new ButtonGroup();
    name = new JRadioButtonMenuItem[nameName.length];
    for(int i=0;i<nameName.length;i++)
    {
        name[i] = new JRadioButtonMenuItem(nameName[i]);
        nameGroup.add(name[i]);
        menu4[0].add(name[i]);
        name[i].addActionListener(aprocessor);
    }

    style = new JCheckBoxMenuItem[styleName.length];
    for(int i=0;i<styleName.length;i++)
    {
        style[i] = new JCheckBoxMenuItem(styleName[i]);
        menu4[1].add(style[i]);
        style[i].addItemListener(iprocessor);
    }

    sizeGroup = new ButtonGroup();
    size = new JRadioButtonMenuItem[sizeName.length];
    for(int i=0;i<sizeName.length;i++)
    {
        size[i] = new JRadioButtonMenuItem(sizeName[i]);
        sizeGroup.add(size[i]);
        menu4[2].add(size[i]);
        size[i].addActionListener(aprocessor);
    }

    colorGroup = new ButtonGroup();
    color = new JRadioButtonMenuItem[colorName.length];
    for(int i=0;i<colorName.length;i++)
    {
        color[i] = new JRadioButtonMenuItem(colorName[i]);
        colorGroup.add(color[i]);
        menu5.add(color[i]);
        color[i].addActionListener(aprocessor);
    }

    mainMenu[0].add(item1[0]);
```

```
mainMenu[0].add(item1[1]);
mainMenu[0].add(item1[2]);
mainMenu[0].addSeparator();
mainMenu[0].add(item1[3]);
mainMenu[0].add(item1[4]);
mainMenu[0].addSeparator();
mainMenu[0].add(item1[5]);

mainMenu[1].add(item2[0]);
mainMenu[1].add(item2[1]);
mainMenu[1].add(item2[2]);
mainMenu[1].add(item2[3]);
mainMenu[1].addSeparator();
mainMenu[1].add(item2[4]);
mainMenu[1].add(item2[5]);
mainMenu[1].addSeparator();
mainMenu[1].add(item2[6]);
mainMenu[2].add(menu3);
mainMenu[3].add(menu4[0]);
mainMenu[3].add(menu4[1]);
mainMenu[3].add(menu4[2]);
mainMenu[4].add(menu5);

for(int i=0;i<mainMenu.length;i++)
{
    bar.add(mainMenu[i]);
}

setJMenuBar(bar);
//至此主菜单构建完毕

//构建弹出菜单
popupMenu = new JPopupMenu();

framesizeGroup = new ButtonGroup();
framesize = new JRadioButtonMenuItem[framesizeName.length];
for(int i=0;i<framesizeName.length;i++)
{
    framesize[i] = new JRadioButtonMenuItem(framesizeName[i]);
    framesizeGroup.add(framesize[i]);
    popupMenu.add(framesize[i]);
    framesize[i].addActionListener(aprocessor);
}
```

```java
        label = new JLabel("标签的初始状态是空的",SwingConstants.CENTER);
        font = new Font("Monospaced",Font.PLAIN,30);
        label.setFont(font);
        label.setForeground(Color.BLACK);

        getContentPane().setBackground(Color.CYAN);
        getContentPane().add(label, BorderLayout.CENTER);

        //为主窗体加载鼠标监听器
        addMouseListener
        (
                new MouseAdapter()
                {
                    public void mousePressed(MouseEvent event)
                    {
                        if(event.isPopupTrigger())
                            popupMenu.show(event.getComponent(),event.
getX(),event.getY());
                    }

                    public void mouseReleased(MouseEvent event)
                    {
                        if(event.isPopupTrigger())
                            popupMenu.show(event.getComponent(), event.
getX(), event.getY());
                    }
                }
        );

        setSize(600,200);
        setVisible(true);
    }

    public static void main(String args[])
    {
        GUIDemo14 app = new GUIDemo14();
        app.setDefaultCloseOperation(JFrame.EXIT_ON_CLOSE);
    }

    private class ActionProcessor implements ActionListener
    {
        public void actionPerformed(ActionEvent event)
        {
            //逐个检验 JRadioButtonMenuItem 组
```

```
            for(int i = 0;i<text.length;i++)
               if(text[i].isSelected())
               {
                   label.setText(text[i].getText());
                   break;
               }
            for(int i = 0;i<name.length;i++)
               if(event.getSource() == name[i])
               {
                   font = new Font(name[i].getText(),font.getStyle(),font.
getSize());
                   label.setFont(font);
                   break;
               }

            for (int i = 0;i< size.length;i++)
               if(event.getActionCommand() == size[i].getText())
               {
                   font = new Font(font.getName(),font.getStyle(),Integer.
parseInt(size[i].getText()));
                   label.setFont(font);
                   break;
               }

            for (int i = 0;i<color.length;i++)
               if(color[i].isSelected())
               {
                   label.setForeground(colorValue[i]);
                   break;
               }

            if(framesize[0].isSelected())
            {
               setSize(800, 200);
               //show();
            }
            if(framesize[1].isSelected())
            {
               setSize(600, 200);
               //show();
            }
            repaint();
        }
    }
```

```
private class ItemProcessor implements ItemListener
{
    public void itemStateChanged(ItemEvent e)
    {
        int tempStyle = 0;
        if(style[0].isSelected())tempStyle += Font.BOLD;
        if(style[1].isSelected())tempStyle += Font.ITALIC;
        font = new Font(font.getName(),tempStyle,font.getSize());
        label.setFont(font);

        repaint();
    }
}
```

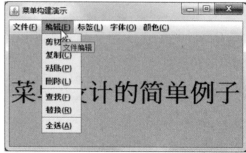
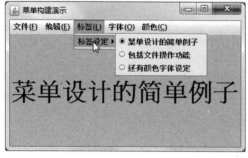
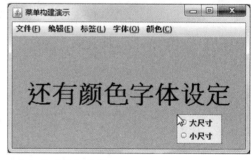

图 5.19　程序清单 5.14 的程序的执行结果

本章知识点

★　图形用户界面是目前普遍流行的软件操作界面。对于用户而言，外观和操作保持一致的软件更易于学习和掌握。

★　Java 语言中用来创建图形用户界面 GUI 的组件包括 AWT 组件和 Swing 组件。Swing 组件是使用纯 Java 代码实现的，是目前 GUI 设计的主要工具。

★　AWT 组件和 Swing 组件中的 JFrame、JApplet、JDialog 和 JWindow 这 4 个组件称为重量级组件，其余的 Swing 组件称为轻量级组件。重量级组件是平台相关的，轻量级组件是平台无关的。

★ GUI 组件的类都是 Component 类的子类，Component 类是一个非常重要的类，其中定义的方法和属性被广泛继承。

★ Java 语言采用向顶层容器中添加组件的方式构建图形用户界面。

★ 组件的布局指的是组件在容器中的位置与大小，可以使用两种方法确定：一种是使用布局管理器布局的方法，一种是手工布局的方法。

★ 布局管理器是在 Java 类库中定义的、用来控制容器中组件的布局的工具。在 JFC 类库中，提供了多种布局管理器。

★ FlowLayout 布局管理器是一种最简单的布局管理器，组件按照放入容器的顺序依次排列。当容器的大小发生变化时，组件的位置会有所调整。

★ BorderLayout 布局管理器将容器的区域划分为上部、中部、下部、左部和右部 5 个部分，每个部分放一个组件。当容器的大小发生变化时，组件的相对位置保持不变。

★ GridLayout 布局管理器将容器划分为阵列式的格局，每个部分放一个组件。当容器的大小发生变化时，组件的相对位置保持不变。

★ CardLayout 布局管理器可以实现多个组件共享同一界面空间，并且任意一个时刻只有一个组件能够被显示。

★ GridBagLayout 布局管理器也是将容器划分为阵列式的格局，但是每个组件可以占用多个单元格。该布局管理器的使用由多个参数管理和控制。

★ 在 javax.swing 包中还有一些专门的布局管理器。

★ 如果不使用现有的布局管理器，则程序员可以采用手工布局。

★ Java 语言中采用事件监听机制实现人机交互。

★ 事件是一种人机交互方式，在操作界面上发生的物理动作都将导致事件的发生。事件是硬件对软件的驱动。Java 语言中的事件以类的形式定义。

★ 事件监听器是一些接口声明，可以在接口中声明事件的处理方法。

★ Java 语言事件处理机制分为 3 个组成部分：事件源、事件对象和事件监听器。

★ 如果程序员想要在自己的程序中处理图形用户界面的事件，就必须做两件事：为组件注册一个事件监听器；在类中实现相应的监听器接口。

★ 在实现事件监听器接口的过程中，有时为了程序结构的简洁和书写及阅读的便利，往往采用内部类的程序设计方法。

★ JFrame、JApplet、JDialog、JWindow 组件称为顶层容器，是搭建 GUI 界面的基本框架。

★ 可以根据需要向顶层容器中放入各种各样的组件，还可以向顶层容器中放入菜单。

★ 菜单是一种重要的人机交互工具，包括普通菜单和弹出菜单。

★ 颜色、字体和图形等是丰富界面设计的几种有效手段。

习题 5

5.1　什么是组件？什么是重量级组件？什么是轻量级组件？

5.2　构建 Java 语言图形用户界面的基本方法是什么？

5.3 如何在容器中实现组件的布局？

5.4 简要叙述一下本章中所介绍的几个布局管理器的布局效果。

5.5 什么是事件？什么是事件处理？Java 语言事件处理机制包含哪些内容？

5.6 请简要叙述如何实现事件监听器。

5.7 仔细阅读程序清单 5.14 的程序，回答以下问题。

（1）在内部类 ActionProcessor 中，出现了 3 种逻辑判别表达式，即 text[i].isSelected()、event.getSource() == name[i] 和 event.getActionCommand() == size[i].getText()，分别用来判断"文本内容"、"字体名称"和"字体大小"等几组单选按钮是否被选中。实际上，对于这 3 组单选按钮的选择将引发同样的事件，对这些事件的处理是一样的。请解释为什么具有同样功能的程序内容使用这 3 种形式都可以实现，其道理是什么。或者换句话说，当相应的单选按钮被选中时，这几种表达式分别是怎样得到逻辑"真"的？

（2）为了将从菜单中选择的"字体大小"正确地传递给新构造出来的字体类，程序中使用了一个 Integer.parseInt(size[i].getText()) 方法，这个方法的工作原理是什么？

5.8 编写程序，用于实现这样的界面布局效果：在容器中使用 BorderLayout 布局管理器进行布局管理，在其四边各放一个组件，中心部分使用一个中间容器，其中依然使用 BorderLayout 布局管理器，并在这部分放入 5 个组件。

5.9 布局效果测试：在容器中使用 FlowLayout 布局管理器进行布局管理，建立 20 个按钮，分别使用 a~t 这 20 个字母标记，然后将这 20 个按钮依次放入容器中，并在程序运行之后，尝试改变框架的大小，看看将发生哪些变化。

5.10 布局效果测试：在容器中使用 GridLayout 布局管理器进行布局管理，并将布局设为 5 行 6 列，同样建立 20 个按钮，分别使用 a~t 这 20 个字母标记，然后将这 20 个按钮依次放入容器中，并在程序运行之后，尝试改变框架的大小，看看将发生哪些变化。

5.11 JSlider 是一个比较常用的组件，可以通过调节其滑块来实现数值设定。请阅读该类的 API 文档，并尝试编写一个使用滑块实现数值输入的程序。

5.12 颜色设定除了可以通过建立 Color 类的对象实例来完成，还可以通过使用颜色选择盘类 JColorChooser 的对象实例来实现。请阅读 JColorChooser 类的 API 文档，并尝试编写一个使用该类实现颜色设定的程序。

5.13 设计并实现一个如图 5.20 所示的简单计算器的外观。

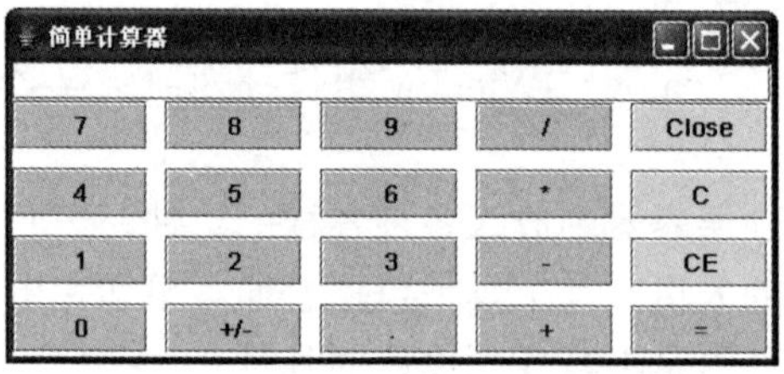

图 5.20 简单计算器的外观

5.14 在题目 5.13 的基础上，在程序中增加相应的功能语句，使得简单计算器能够完成对所输入的两个数进行加减乘除运算的功能，要求当依次输入第一运算数、运算符、第二运算数之后，只要单击等号按钮，就可以将运算的结果显示在上面的文本框中。

5.15 将题目 5.14 的程序进行进一步改进，使得简单计算器能够完成对多个数字的连续运算功能。

实验 5

S5.1 尝试使用 JSplitPane、JInternalFrame、JLayeredPane、JRootPane、JProgressBar、JSlider 等组件，看看在程序中能获得什么样的效果。

S5.2 利用 JScrollPane 和 JScrollBar 两个类，尝试编写一个带有卷滚条的、具备 Windows 系统中的笔记本功能的文本编辑器。

S5.3 构建一个既有菜单栏又有工具栏的窗体。

第6章 流和文件

本章主要内容：Java 语言进行输入/输出的方法是定义输入/输出流，利用输入/输出流来完成程序之间、程序与外部存储器之间的数据交换。文件是在外部设备上长期保存数据的方式。本章介绍 Java 语言中定义的输入/输出流类及其继承层次结构，常用的输入/输出方式，输入/输出流的常用方法，标准输入/输出流，基于字节的输入/输出流，基于字符的输入/输出流，基本数据类型的输入/输出，对象的输入/输出，字节数组的输入/输出，以及顺序访问文件的输入/输出和随机访问文件的输入/输出等。

6.1 流和输入/输出相关类

6.1.1 流的概念

在高级语言程序中，经常会出现把程序中的数据存储到计算机的外部存储设备上，或者从外部存储设备上的文件中读取数据，或者在网络环境中与其他的计算机进行数据交换的情形。这一般需要通过高级程序设计语言的输入/输出功能来实现。早期的高级程序设计语言大多定义了输入/输出语句。Java 语言没有自己的输入/输出语句，所有的输入/输出功能都是通过 Java 语言类库中定义的相关类来实现的。在实现输入/输出功能时，流是一个重要的概念。

所谓流，是一个想象中的无限长的数据序列，可以对其进行各种各样的访问，从其中读取数据，向其中写入数据。可以说流是 Java 语言进行输入/输出的方式，Java 语言程序通过流来完成输入/输出工作。

流有两种类型：输入流和输出流。前者的作用是从一个可输出数据序列的数据源向程序中读取数据，后者的作用是从程序向某个可接收数据序列的数据目标中写入数据。当然，无论是读取数据还是写入数据，都要求在系统中存在一个与读/写任务相关联的进程或设备，比较常见的情形是文件、网络连接或计算机的内存储器。Java 语言在流的概念基础上定义了多种实用的输入/输出类，所有这些类都存储在 java.io 包中，分别以不同方式完成不同的输入/输出工作。

6.1.2 输入流和输出流类

在 Java 语言中，输入流和输出流是通过 4 个抽象类来定义的。字节是计算机数据最基本的单位，是所有计算机共同使用的标准。抽象类 InputStream 和 OutputStream 分别作为输入字节流和输出字节流的所有类的父类，声明了字节输入和输出的基本方法，能够完成字节数据的输入/输出操作。Java 语言使用 2 字节存储长度的 Unicode 码作为编程字符集。抽象类 Reader 和 Writer 分别作为读取字符流的抽象类和写入字符流的抽象类，派生了多个字符输入流和输出流的类，声明了基于字符输入和输出的基本方法，能够完成 Unicode 字符的输入/输出操作。此外，File 类是 Java 语言中用来抽象表示文件和路径名的类，RandomAccessFile 类支持对随机存取文件的读取和写入。File 类和 RandomAccessFile 类用来支持程序与外部设备上的文件的数据传递。

在 JFC 类库中，与输入/输出有关的类都被存储在 java.io 包中。这个包中的类都是 Object 类的子类，并且上述 4 个抽象类、File 类和 RandomAccessFile 类都是由 Object 类直接生成的子类，其他的输入/输出类都是从这 4 个抽象类派生出来的，在实际使用时，都是使用这 4 个抽象类的子类。

上述 java.io 包中的输入/输出类的继承层次结构如图 6.1 所示。

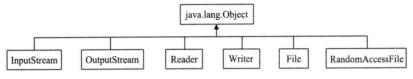

图 6.1　java.io 包中的输入/输出类的继承层次结构

6.2　数据流

6.2.1　标准输入流和输出流

在前面的章节中，我们已经见过标准输入/输出流的使用，这里再详细介绍一下。在 System 类中定义了 3 个与设备关联的对象：InputStream 类的对象实例 in 作为标准输入流对象，对应于键盘输入，允许用户通过键盘向程序输入数据；PrintStream 类的对象实例 out 作为标准输出流对象，对应于显示器输出，允许用户通过程序向显示器输出数据；PrintStream 类的对象实例 err 作为标准错误输出流对象，对应于显示器输出，允许用户向显示器输出错误信息。另外，还可以通过下面的 3 个方法实现标准输入/输出流的重定向，使得程序能够从某个数据源读取数据，或者向某个位置传递数据，比如，磁盘上的某个文件：

```
setErr(PrintStream err)          //重新分配标准错误输出流
setIn(InputStream in)            //重新分配标准输入流
setOut(PrintStream out)          //重新分配标准输出流
```

标准输入/输出流的使用非常简单。由于这 3 个对象实例都是以静态方式定义在 System 类中的，因此可以使用类名直接访问，并通过对象实例名访问输入流或输出流的方法成员，完成标准输入/输出。在程序代码中，只要使用一条类似于下面的语句就可以达到输入或输出的目的：

```
System.out.println()
```

6.2.2　基于字节的输入流和输出流

基于字节的输入流和输出流是 Java 语言输入/输出流的基本形式，也是计算机数据存储和传输的常用形式。两个抽象类 InputStream 和 OutputStream 及其子类定义了 Java 语言中基于字节的输入流和输出流。基于字节的输入和输出是程序中最为简便的输入/输出方式，但也是最不能保留数据原有格式的输入/输出方式。基于字节的输入流和输出流的类继承层次结构如图 6.2 所示。

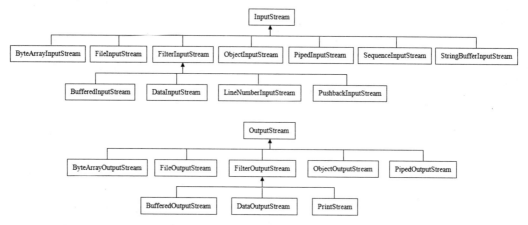

图 6.2　基于字节的输入流和输出流的类继承层次结构

在 InputStream 类中声明了如下 9 个方法成员，是基于字节的输入流的常用方法。由于该类是所有基于字节的输入流类的父类，因此这些方法都被继承到各个基于字节的输入流类中。在子类中还对这些方法进行了重写，给出了其新的功能实现。

```
int read()                          //读下一字节，返回 0~255 的一个整数
int read(byte[] b)                  //读取最多 b.length 字节写入字节数组
int read(byte[] b,int off,int len)  //读取最多 len 字节写入字节数组
                                    //off 为起始偏移量
close()                             //关闭输入流
int available()                     //检测无阻塞情况下可以从输入流中读取的字节数
long skip(long n)                   //跳过输入流中的 n 字节数据并返回 n
boolean markSupported()             //测定是否支持标记
mark(int readlimit)                 //标记输入流的当前位置，随后用 reset() 方法
                                    //把流重置于标记处
reset()                             //将当前位置重置于 mark() 方法标记处
```

在 OutputStream 类中声明了如下 5 个方法成员，是基于字节的输出流的常用方法。由于该类是所有基于字节的输出流类的父类，因此这些方法都被继承到各个基于字节的输出流类中。在子类中还对这些方法进行了重写，给出了其新的功能实现。

```
write(int b)                         //写指定字节到输出流，内容为 b 的低 8 位
write(byte[] b)                      //从数组 b 写 b.length 字节到输出流
write(byte[] b,int off,int len)      //从数组 b 起始偏移量 off 处写 len 字节
                                     //到输出流
close()                              //关闭输出流
flush()                              //清空输出流
```

在 Java 语言的输入/输出流中，所有的输入/输出过程总是尽可能完成更多的数据传递。

管道（Pipe）是建立在两个线程或进程之间的进行同步通信的通道。Java 类库提供了 PipedInputStream 类和 PipedOutputStream 类，用于定义管道输入流和管道输出流，从而实

现上述功能。发送数据的线程可以通过将数据写入 PipedOutputStream 类中来向另一个线程发送数据，接收数据的线程则可以通过从 PipedInputStream 类中读取数据的方式来接收数据。

FilterInputStream 类和 FilterOutputStream 类分别定义了过滤输入流和输出流，可以直接传输数据或提供一些额外的功能。在这两个类中，简单地重写了其父类的方法成员，通常这两个类的功能通过其若干子类来进一步实现。

PrintStream 类定义了打印流，使得其他的输出能够方便地打印各类数值表示形式。在前面各个章节中经常使用的 System 类中的 out 实际上就是这个类的对象实例。

由于计算机进行内存读/写操作的速度比外部设备进行内存读/写操作的速度快很多，因此几乎所有的计算机操作系统都采用了数据缓冲存储技术来实现处理器与外部设备的并行计算，从而提高了整个计算机系统的资源利用率和运行效率。在 Java 类库中提供了 BufferedInputStream 类和 BufferedOutputStream 类来实现数据缓冲存储技术。在程序中创建一个 BufferedOutputStream 类的对象实例，并在内存中开辟一个区域作为该对象实例的缓冲区，用来容纳输出操作的输出结果，当缓冲区存满或者对象的 flush()方法被调用时，就进行一次外部设备的物理写操作，把缓冲区中的"一批"数据一次性写入外部设备；同样地，在程序中创建一个 BufferedInputStream 类的对象实例，可在程序进行一次物理读操作时从外部设备中读取"一批"数据，将缓冲区填满，之后程序在读取数据时，只需从缓冲区分批读取即可，直到将一次性读取的数据用完，而不必在每次发生读取数据请求时都启动外部设备。由于 BufferedInputStream 类和 BufferedOutputStream 类分别是 FilterInputStream 类和 FilterOutputStream 类的子类，因此这两个类自然都具有过滤流的功能。

SequenceInputStream 类可以将几个输入流连接起来，程序会将这组输入流看作一个连续输入，在读取到一个流的末尾并关闭这个流时，将自动打开下一个流继续输入。

6.2.3　基于字符的输入流和输出流

Java 语言的基本字符集是 Unicode 字符集，每个字符都由 2 字节构成。为了便于处理 Unicode 字符，在 Java 类库中相应地提供了以 2 字节为存取单位的数据流来处理字符数据，即两个抽象类 Reader 和 Writer 及其子类，分别用来读取字符和写入字符，完成专门的字符流处理功能。基于字符的输入流和输出流的类继承层次结构如图 6.3 所示。

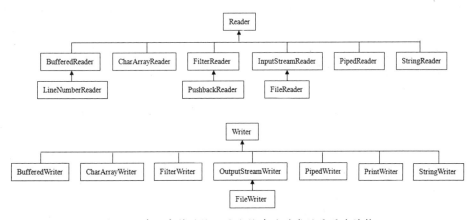

图 6.3　基于字符的输入流和输出流的类继承层次结构

在 Reader 类中声明了如下 10 个方法成员，是基于字符的输入流的常用方法。由于该类是所有基于字符的输入流类的父类，因此这些方法都被继承到各个基于字符的输入流类中。在子类中还对这些方法进行了重写，给出了其新的功能实现。

```
close()                                    //关闭该流
mark(int readAheadLimit)                   //标记流中的当前位置
markSupported()                            //判断此流是否支持 mark()操作
read()                                     //读取单个字符
read(char[] cbuf)                          //将字符读入数组
read(char[] cbuf,int off,int len)          //将 len 个字符读入数组的自 off 起的部分
read(CharBuffer target)                    //试图将字符读入指定的字符缓冲区
ready()                                    //判断是否准备读取此流
reset()                                    //重置该流
skip(long n)                               //跳过字符
```

在 Writer 类中声明了如下 10 个方法成员，是基于字符的输出流的常用方法。由于该类是所有基于字符的输出流类的父类，因此这些方法都被继承到各个基于字符的输出流类中。在子类中还对这些方法进行了重写，给出了其新的功能实现。

```
append(char c)                             //将指定字符追加到此 writer
append(CharSequence csq)                   //将指定字符序列追加到此 writer
append(CharSequence csq,int start,int end) //追加指定字符序列的子序列
close()                                    //关闭此流，但要先刷新它
flush()                                    //刷新此流
write(char[] cbuf)                         //写入字符数组
write(char[] cbuf,int off,int len)         //写入字符数组的某一部分
write(int c)                               //写入单个字符
write(String str)                          //写入字符串
write(String str,int off,int len)          //写入字符串的某一部分
```

Reader 类和 Writer 类的子类大多与基于字节的流对应，需要注意的是字符流与字节流的相互转换问题。InputStreamReader 类用于从输入流中读取字节数据，并转换为指定字符编码的字符；OutputStreamWriter 类用于转换指定字符编码的字符为字节数据，并写入输出流。FileReader 类和 FileWriter 类则假定文件的格式已经是字符编码的，用于实现文件的字符输入/输出功能。需要特别指出的是，这两个类可用于读/写、处理汉字文件。BufferedReader 类和 BufferedWriter 类是带缓冲区的读/写字符流，用于完成字符流输入和输出时的缓冲功能，可以指定缓冲区的容量，以便一次交换尽量多的数据。CharArrayReader 类和 CharArrayWriter 类分别从字符数组中读取或写入字符。PipedReader 类和 PipedWriter 类则实现了管道字符流，用于在线程间传递信息。StringReader 类和 StringWriter 类分别用于从字符串读取字符或向字符串写入字符。FilterReader 类和 FilterWriter 类分别用于读取或写入已过滤的字符流。PrintWriter 类实现了字符流的打印。

6.2.4 基本数据类型的输入和输出

在 java.io 包中定义了 DataInput 接口和 DataOutput 接口，其中描述了从输入流中读取

基本数据类型和向输出流中写入基本数据类型的方法。DataInputStream 类实现了 DataInput 接口，DataOutputStream 类实现了 DataOutput 接口，并分别实现了两个接口中声明的读取和写入基本数据类型的方法。因此，我们可以使用这两个类来实现对基本数据类型的输入和输出操作。由于这两个类分别派生自 FilterInputStream 类和 FilterOutputStream 类，因此它们具有过滤流的功能。另外，在 RandomAccessFile 类中也实现了 DataInput 接口和 DataOutput 接口，因此该类也具备读/写基本数据类型的功能。

基本数据类型都是可序列化的，因此都可以通过数据流进行输入/输出操作。

6.2.5　对象的输入和输出

在某些情况下，需要将类的对象实例完整地存储到磁盘文件中，这就需要在存储数据信息的同时，存储引用类型的信息，以便再次读取信息时，能够将对象正确再现。在 java.io 包中定义了 ObjectInput 接口和 ObjectOutput 接口，其中分别声明了 readObject()方法和 writeObject()方法，能够从输入流中读取 Object 和向输出流中写入 Object。ObjectInputStream 类实现了 ObjectInput 接口和 DataInput 接口，能够从输入流中读取对象型数据和基本数据类型数据。ObjectOutputStream 类实现了 ObjectOutput 接口和 DataOutput 接口，能够向输出流中写入对象型数据和基本数据类型数据。

使对象型数据通过数据流进行输入/输出操作还需要一个条件，就是对象类在定义时需要被定义为可序列化的，其类中需要实现 Serializable 接口。由于 Serializable 接口中没有声明方法，因此在实现 Serializable 接口的类中不需要增加代码。

6.2.6　字节数组的输入和输出

ByteArrayInputStream 类和 ByteArrayOutputStream 类中包含一个内部缓冲区，用来从流中读取或向流中写入字节数组，以及缓存读/写的字节形式的数据，并且缓冲区的大小可以根据字节数据的多少来调节。在这两个类中重写了 InputStream 类和 OutputStream 类中的方法成员。

ByteArrayInputStream 类和 ByteArrayOutputStream 类所操作的对象是 byte 型数组，其可序列化的属性由 byte 类型决定。

6.3　文件

在各种计算机操作系统中，都定义了文件的概念。所谓文件，是具有符号名且在逻辑上具有完整意义的信息。文件是操作系统对计算机外部存储设备上存储的数据进行有效管理的基本单位。Java 语言将每个文件都视为顺序字节流。按照文件的访问方式，可将文件分为顺序访问文件和随机访问文件。在操作系统中，文件通常是以目录的组织方式进行管理的。目录可以是多级的，在多级目录中，文件的位置称为路径。

文件的输入和输出是高级语言程序设计中经常需要使用的功能。在 Java 语言中可以实现顺序访问文件的输入/输出和随机访问文件的输入/输出，这两项功能是通过 File 类和 RandomAccessFile 类实现的。

File 类是 Java 语言进行文件输入/输出的一个十分重要的类。Java 语言将操作系统中的文件连同文件所在的路径一并用 File 类来描述。在这个类中既包含文件的路径，也包含文件的名称。java.io 包中的很多类都使用 File 类的对象实例作为参数。RandomAccessFile 类用来生成一个随机存取文件，以完成程序的随机存取。文件输入流 FileInputStream 和文件输出流 FileOutputStream 用于实现从系统的某个文件中获取输入字节和向系统的某个文件中输出字节的功能。

6.3.1　顺序访问文件

File 类的对象实例表示文件系统中的文件路径名和文件名。使用该类的方法成员可以获取文件的有关信息和检测文件的各种状态。该类包括如下 4 个构造方法：

```
File(File parent,String child)        //根据 parent 抽象路径名和 child 路径名
                                      //字符串创建一个新 File 实例
File(String pathname)                 //通过将给定路径名字符串转换成抽象路径名来
                                      //创建一个新 File 实例
File(String parent,String child)      //根据 parent 路径名字符串和 child 路径名
                                      //字符串创建一个新 File 实例
File(URI uri)        //通过将给定的 file:URI 转换成抽象路径名来创建一个新的 File 实例
```

主要的方法成员如下：

```
String getName()                      //获取文件名
String getPath()                      //获取文件路径
String getAbsolutePath()              //获取文件的绝对路径
String getParent()                    //获取由当前对象所表示的文件的父目录
boolean renameTo(File newName)        //更改文件名为参数所指定的文件名
boolean exists()                      //检测本文件是否存在
boolean canWrite()                    //检测文件是否可写
boolean canRead()                     //检测文件是否可读
boolean isFile()                      //检测对象是否代表一个文件
boolean isDirectory()                 //检测对象是否代表一个目录
boolean isAbsolute()                  //检测对象是否代表一个绝对路径
long lastModified()                   //检测文件最后一次被修改的时间
long length()                         //检测文件长度
boolean delete()                      //删除文件
boolean mkdir()                       //创建目录
String[] list()                       //列出当前目录中的文件
```

下面的例子使用了 File 类来创建顺序访问文件对象实例，并完成文件的输入/输出操作。其中，使用了在第 5 章中介绍过的 JFileChooser 组件。

【例 6.1】对简单的文本文件进行读/写操作的例子。

具体的程序如程序清单 6.1 所示。程序的执行结果如图 6.4、图 6.5 和图 6.6 所示。

程序清单 6.1

```
//Example 1 of Chapter 6
```

```java
package streamdemo1;
import java.awt.*;
import java.awt.event.*;
import java.io.*;
import javax.swing.*;

public class StreamDemo1 extends JFrame
{
    private ScrollPane scrollPane;
    private JTextArea area;
    private JButton openbutton, savebutton, writebutton;
    private JPanel panel;
    private BufferedReader input;
    private BufferedWriter output;
    private StringBuffer buffer;

    public StreamDemo1()
    {
        super("顺序访问文件输入/输出演示");
        getContentPane().setLayout(new BorderLayout());
        scrollPane = new ScrollPane();
        area = new JTextArea();
        area.setLineWrap(true);
        openbutton = new JButton("打开文件");
        savebutton = new JButton("保存文件");
        writebutton = new JButton("展示文件");
        openbutton.setEnabled(true);
        savebutton.setEnabled(false);
        writebutton.setEnabled(false);

        panel = new JPanel();
        panel.setLayout(new GridLayout(1,3,10,10));
        openbutton.addActionListener
        (
                new ActionListener()
                {
                    public void actionPerformed(ActionEvent event)
                    {
                        openFile();
                    }
                }
        );
        savebutton.addActionListener
        (
```

```java
            new ActionListener()
            {
                public void actionPerformed(ActionEvent event)
                {
                    saveFile();
                }
            }
        );
        writebutton.addActionListener
        (
            new ActionListener()
            {
                public void actionPerformed(ActionEvent event)
                {
                    displayFileContent();
                }
            }
        );
        scrollPane.add(area);
        panel.add(openbutton);
        panel.add(savebutton);
        panel.add(writebutton);
        getContentPane().add(scrollPane, BorderLayout.CENTER);
        getContentPane().add(panel, BorderLayout.NORTH);

        setSize(600,300);
        setVisible(true);
    }

    private void openFile()
    {
        JFileChooser open = new JFileChooser(new File("d://"));
        open.setFileSelectionMode(JFileChooser.FILES_ONLY);
        int result = open.showOpenDialog(this);
        if(result == JFileChooser.CANCEL_OPTION)
            return;
        File inputfilename = open.getSelectedFile();
        if(inputfilename == null||inputfilename.getName().equals(""))
        {
            JOptionPane.showMessageDialog(this,"没有正确选择文件","错误提示",
                    JOptionPane.ERROR_MESSAGE);
        }
        else
        {
```

```java
            try{
                if(input == null)input = new BufferedReader(new FileReader
(inputfilename));
            }
            catch(IOException ioe)
            {
                JOptionPane.showMessageDialog(this,"打开文件出错","错误提示",
                    JOptionPane.ERROR_MESSAGE);
            }
            openbutton.setEnabled(false);
            savebutton.setEnabled(true);
            writebutton.setEnabled(false);
        }
    }

    private void saveFile()
    {
        JFileChooser save = new JFileChooser(new File("d://"));
        save.setFileSelectionMode(JFileChooser.FILES_ONLY);
        int result = save.showSaveDialog(this);
        if(result == JFileChooser.CANCEL_OPTION)
            return;
        File outputfilename = save.getSelectedFile();
        if(outputfilename == null||outputfilename.getName().equals(""))
        {
            JOptionPane.showMessageDialog(this,"没有正确选择文件","错误提示",
                JOptionPane.ERROR_MESSAGE);
        }
        else
        {
            try{
                if(output == null)output = new BufferedWriter(new FileWriter
(outputfilename));
                buffer = new StringBuffer();
                String text;
                while((text = input.readLine())!=null)
                {
                    output.write(text);
                    output.newLine();
                    buffer.append(text+"\n");
                }
                output.flush();
                input.close();
                output.close();
```

```
                input = null;
                output = null;
            }
            catch(IOException ioe)
            {
                JOptionPane.showMessageDialog(this,"打开文件出错","错误提示",
                    JOptionPane.ERROR_MESSAGE);
            }
            openbutton.setEnabled(false);
            savebutton.setEnabled(false);
            writebutton.setEnabled(true);
        }
    }

    private void displayFileContent()
    {
        area.setText(buffer.toString());
        openbutton.setEnabled(true);
        savebutton.setEnabled(false);
        writebutton.setEnabled(false);
    }

    public static void main(String[] args)
    {
        StreamDemo1 demo = new StreamDemo1();
        demo.setDefaultCloseOperation(JFrame.EXIT_ON_CLOSE);
    }
}
```

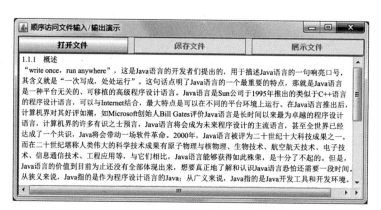

图 6.4　程序清单 6.1 的程序的执行结果

图 6.5　程序清单 6.1 的程序生成的文件选择器打开模式

图 6.6　程序清单 6.1 的程序生成的文件选择器保存模式

关于程序清单 6.1 的程序需要进行以下说明。

（1）在本程序中，使用了 BufferedReader 类和 BufferedWriter 类完成文件的读取和写入功能，使用了 StringBuffer 类进行字符串读入时的缓冲存储。

（2）在进行输入文件和输出文件选择时，使用了 JFileChooser 类作为文件选择的对话框，并在初始化该类时指定初始路径为 D 盘根目录。需要注意的是，在 Java 语言中使用 "/" 符号来表示根目录，而不是像 Windows 中那样使用 "\" 符号来表示根目录。此处使用了转义序列来声明 "/" 符号，即使用了两个 "/" 符号，前一个 "/" 符号表示转义序列方式，后一个 "/" 符号表示要说明的符号。在程序中，可以使用 setFileSelectionMode()方法指定文件对话框的选择模式，本程序使用 FILES_ONLY 字段确定了 "只选择文件" 方式。showOpenDialog()方法说明显示的是打开文件对话框；showSaveDialog()方法说明显示的是保存文件对话框。

（3）在本程序中，利用在文件对话框中选择的输入文件和输出文件分别创建了输入流 input 和输出流 output，请注意这里的创建层次：输入文件和输出文件分别作为创建 FileReader 类和 FileWriter 类的参数，而 FileReader 类和 FileWriter 类又分别作为输入流和输出流的参数。这是为了将一种流的服务添加到另一种流中，是 Java 语言输入流和输出流中比较常见的一种方式，称为包装流对象技术。

（4）在本程序所定义的 saveFile()方法中，调用了 BufferedReader 类的 readLine()方法，实现了按行读取文件内容的功能，并逐行放入输出流和字符缓存中。当完成文件读取操作后，使用 flush()方法将文件内容一次性写入输出流中，这个方法是必需的。

（5）在完成读取操作或写入操作之后，要记得将输入流或输出流关闭，这在很多时候是不可缺少的。将输入流和输出流对象实例置空是为了能够反复运行程序。

（6）在本程序运行时，当文件对话框弹出之后，用户必须回答文件对话框的对话选择，方可继续执行程序。这是因为文件对话框是一种模态对话框，屏蔽了程序的主窗口。在 Java 语言的 GUI 组件中还有一些独立对话框具有这种屏蔽功能，可以将这种对话框称为模态对话框，将不具有这种屏蔽功能的对话框称为非模态对话框。

（7）在本程序运行时，打开的是一个使用 UTF-8 格式存储的纯文本文件，所存储的文件也是 UTF-8 格式的。

6.3.2 随机访问文件

随机访问文件类 RandomAccessFile 代表一个可以随机访问的文件，可以避免在对一般文件进行操作时必须从文件开始处操作。我们可以针对已有文件建立随机访问文件。RandomAccessFile 对象实现了 Closeable 接口、DataInput 接口和 DataOutput 接口，具有 FileInputStream、FileOutputStream、DataInputStream 和 DataOutputStream 的所有功能，其中定义了文件指针，可以获取和设置文件指针的位置。从文件指针所处的当前位置开始操作，可以分别对各种基本数据类型的数据进行专门的读/写操作。构造方法如下：

```
public RandomAccessFile(File file,String mode)
public RandomAccessFile(String name,String mode)
```

其中，file 代表 File 对象；name 代表文件名；mode 可以取 r 或 rw，代表只读或读/写，意味着创建的随机访问文件可以是只读的，也可以是可读可写的。新创建的随机访问文件对象实例的文件指针是指向文件的开始位置的。当进行文件的读/写操作时，文件指针将隐式地按照所读/写的内容的字节数自动调节位置，例如，当读或写了一个长整型数据时，文件指针将移动 8 字节；当读或写了一个字符型数据时，文件指针将移动 2 字节。

主要方法成员如下：

```
public long getFilePointer()        //返回文件的当前偏移量
public long length()                //返回文件的长度
public void seek(long pos)          //设置相对于文件头的文件指针偏移量
```

除了这几个方法，RandomAccessFile 类中还实现了 DataInput 接口和 DataOutput 接口，所以该类也拥有用于操作基本数据类型的方法成员，能够完成基本数据类型的操作。

下面的例子简单地示范了对随机访问文件的输入和输出操作。

【例 6.2】对随机访问文件进行创建操作，随机读操作、写操作和顺序读操作、写操作的例子。

具体的程序如程序清单 6.2 所示。程序的执行结果如图 6.7 所示。

程序清单 6.2

```
//Example 2 of Chapter 6

package streamdemo2;
```

```java
import java.awt.*;
import java.awt.event.*;
import java.io.*;
import javax.swing.*;

public class StreamDemo2 extends JFrame
{
    private ScrollPane scrollPane;
    private JTextArea area;
    private JButton newbutton,ranreadbutton,ranwritebutton,showbutton;
    private JPanel panel;
    private RandomAccessFile input,output;
    private int a[] = {1,2,3,4,5,6,7,8},aa1 = 2,aa2 = 3;
    private String s[] = {"数学","物理","化学","语文","英语","政治","生物",
"体育"};
    private String ss1 = "地理",ss2 = "历史";
    private String n[] = {"必修","必修","必修","必修","必修","选修","选修",
"必修"};
    private String nn1 = "必修",nn2 = "必修";
    private static final int SIZE = 12;

    public StreamDemo2()
    {
        super("随机访问文件输入/输出演示");
        getContentPane().setLayout(new BorderLayout());
        scrollPane = new ScrollPane();
        area = new JTextArea();
        area.setLineWrap(true);
        newbutton = new JButton("创建新文件");
        ranreadbutton = new JButton("随机读文件");
        ranwritebutton = new JButton("随机写文件");
        showbutton = new JButton("展示文件内容");

        panel = new JPanel();
        panel.setLayout(new GridLayout(1,4,10,10));

        newbutton.addActionListener
        (
                new ActionListener()
                {
                    public void actionPerformed(ActionEvent event)
                    {
                        newFile();
                    }
```

```
            }
    );
    ranreadbutton.addActionListener
    (
        new ActionListener()
        {
            public void actionPerformed(ActionEvent event)
            {
                randomReadFile();
            }
        }
    );
    ranwritebutton.addActionListener
    (
        new ActionListener()
        {
            public void actionPerformed(ActionEvent event)
            {
                randomWriteFile();
            }
        }
    );
    showbutton.addActionListener
    (
        new ActionListener()
        {
            public void actionPerformed(ActionEvent event)
            {
                showFile();
            }
        }
    );
    scrollPane.add(area);
    panel.add(newbutton);
    panel.add(ranreadbutton);
    panel.add(ranwritebutton);
    panel.add(showbutton);
    getContentPane().add(scrollPane,BorderLayout.CENTER);
    getContentPane().add(panel,BorderLayout.NORTH);

    setSize(600,200);
    setVisible(true);
}
```

```java
private void newFile()
{
    JFileChooser open = new JFileChooser(new File("d://"));
    open.setFileSelectionMode(JFileChooser.FILES_ONLY);
    int result = open.showSaveDialog(this);
    if(result == JFileChooser.CANCEL_OPTION)
        return;
    File filename = open.getSelectedFile();
    if(filename == null||filename.getName().equals(""))
    {
        JOptionPane.showMessageDialog(this,"没有正确选择文件","错误提示",
                JOptionPane.ERROR_MESSAGE);
    }
    else
    {
        try{
            if(output == null)output = new RandomAccessFile(filename,
"rw");

            for(int i = 0;i<a.length;i++)write(output,a[i],s[i],n[i]);
            area.setText("");
            output.close();
            output = null;
        }
        catch(IOException ioe)
        {
            JOptionPane.showMessageDialog(this,"保存文件出错","错误提示",
                    JOptionPane.ERROR_MESSAGE);
        }
    }
}

private void randomReadFile()
{
    JFileChooser open = new JFileChooser(new File("d://"));
    open.setFileSelectionMode(JFileChooser.FILES_ONLY);
    int result = open.showOpenDialog(this);
    if(result == JFileChooser.CANCEL_OPTION)
        return;
    File filename = open.getSelectedFile();
    if(filename == null||filename.getName().equals(""))
    {
        JOptionPane.showMessageDialog(this,"没有正确选择文件","错误提示",
                JOptionPane.ERROR_MESSAGE);
    }
```

```
        else
        {
            try{
                if(input == null)input = new RandomAccessFile(filename,
"r");

                input.seek((5-1)*SIZE);
                area.setText(read(input));
                input.close();
                input = null;
            }
            catch(IOException ioe)
            {
                JOptionPane.showMessageDialog(this,"打开文件出错","错误提示",
                    JOptionPane.ERROR_MESSAGE);
            }
        }
    }


    private void randomWriteFile()
    {
        JFileChooser open = new JFileChooser(new File("d://"));
        open.setFileSelectionMode(JFileChooser.FILES_ONLY);
        int result = open.showSaveDialog(this);
        if(result == JFileChooser.CANCEL_OPTION)
            return;
        File filename = open.getSelectedFile();
        if(filename == null||filename.getName().equals(""))
        {
            JOptionPane.showMessageDialog(this,"没有正确选择文件","错误提示",
                JOptionPane.ERROR_MESSAGE);
        }
        else
        {
            try{
                if(output == null)output = new RandomAccessFile(filename,
"rw");

                output.seek((aa1-1)*SIZE);
                write(output,aa1,ss1,nn1);
                output.seek((aa2-1)*SIZE);
                write(output,aa2,ss2,nn2);
                area.setText("");
                output.close();
                output = null;
            }
```

```
            catch(IOException ioe)
            {
                JOptionPane.showMessageDialog(this,"保存文件出错","错误提示",
                        JOptionPane.ERROR_MESSAGE);
            }
        }
    }


    private void showFile()
    {
        JFileChooser open = new JFileChooser(new File("d://"));
        open.setFileSelectionMode(JFileChooser.FILES_ONLY);
        int result = open.showOpenDialog(this);
        if(result == JFileChooser.CANCEL_OPTION)
            return;
        File filename = open.getSelectedFile();
        if(filename == null||filename.getName().equals(""))
        {
            JOptionPane.showMessageDialog(this,"没有正确选择文件","错误提示",
                    JOptionPane.ERROR_MESSAGE);
        }
        else
        {
            try{
                if(input == null)input = new RandomAccessFile(filename,
"r");
                area.setText("");
                while(input.getFilePointer() < input.length())
                {
                    area.append(read(input)+"\n");
                }
                input.close();
                input = null;
            }
            catch(IOException ioe)
            {
                JOptionPane.showMessageDialog(this,"打开文件出错","错误提示",
                        JOptionPane.ERROR_MESSAGE);
            }
        }
    }


    private String read(RandomAccessFile file) throws IOException
    {
```

```
        return ""+file.readInt()+file.readChar()+file.readChar()
            +file.readChar()+file.readChar()+file.readChar();
    }

    private void write(RandomAccessFile file,int i,String s1,String s2)
        throws IOException
    {
        file.writeInt(i);
        file.writeChars(s1);
        file.writeChars(s2);
    }

    public static void main(String[] args)
    {
        StreamDemo2 demo = new StreamDemo2();
        demo.setDefaultCloseOperation(JFrame.EXIT_ON_CLOSE);
    }
}
```

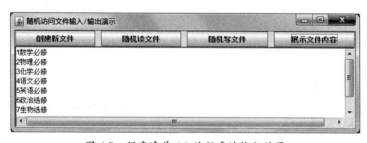

图 6.7　程序清单 6.2 的程序的执行结果

　　程序清单 6.2 的程序与程序清单 6.1 的程序的结构类似，其中按照一个固定的结构进行了随机访问文件的读/写操作。该程序使用 RandomAccessFile 类实现了输入流和输出流，对不同的数据类型采用了不同的读/写方法，这体现在程序的 read()方法和 write()方法中。在顺序读取文件时，需要注意不要超出文件的结尾，否则将导致一个 EOFException 异常。该程序使用如下表达式进行控制：

```
input.getFilePointer()<input.length()
```

　　随机访问文件操作的关键在于使用 seek()方法移动文件指针。另外，需要提醒读者的是，在对一个已经存在的随机访问文件进行写操作时，将会使用新内容覆盖文件中同一位置上已有的内容，而不是将新内容插入文件中。只有当文件指针指向文件末尾时，才会将新内容添加到文件末尾。

　　在程序清单 6.1 和程序清单 6.2 的程序中，都多次同时使用了 equals()方法和运算符"=="进行相等判断，二者之间的差别在于：equals()方法只能比较引用类型，而运算符"=="既可以比较引用类型，又可以比较基本数据类型。在使用 equals()方法比较引用类型时，比较的是引用的内容；在使用运算符"=="比较引用类型时，比较的是引用是否指向内存中的同一个对象。另外，运算符"=="要求左右两边的类型必须一致。

本章知识点

★ 流是 Java 语言进行输入/输出的基本概念，包括输入流和输出流。

★ Java 语言类库中定义了很多与输入/输出有关的流类,且大多数流类都存放在 java.io 包中。

★ 管道（Pipe）是建立在两个线程或进程之间的进行同步通信的通道。

★ 缓冲存储技术可以帮助程序大幅度提高读/写操作的速度。

★ 基于字节的输入/输出方法是计算机上的一种"公用"的基本数据传输方法。

★ java.lang.System 类中定义了非常好用的标准输入/输出方法。

★ 利用输入流和输出流，Java 语言能够完成字节数据的输入和输出。

★ 利用输入流和输出流，Java 语言可以构造出格式化的输入和输出方法，能够完成 Unicode 字符的输入和输出。

★ 利用输入流和输出流，Java 语言还可以完成各种基本数据类型的输入和输出，对象的输入和输出，字节数组的输入和输出。

★ File 类是描述文件系统中的文件路径名和文件名的类，可以利用这个类构造出文件对象实例，完成计算机外部存储设备上的文件的读/写操作。

★ 使用 File 类对象实例可以获得顺序访问文件。

★ 使用 RandomAccessFile 类对象实例可以获得随机访问文件,实现进行灵活读/写操作的随机访问文件。

习题 6

6.1 什么是流？流的作用是什么？

6.2 输入流和输出流有哪些？常用方法有哪些？

6.3 标准输入/输出的使用形式是什么样的？

6.4 可以采用机主姓名（字符串型）、电话号码（整型）、话费余额（浮点型）的数据结构描述电话的账号信息。试编写一个程序，创建一个包含上述 3 项的类，采用对象输出的方式将至少 3 条记录信息写到外部设备的文件中。

提示：完成本题目需要使用 ObjectOutputStream 类。

6.5 定义一个简单的图形软件，包括一个图形解读程序和文件记录格式：在一个文件中以整数的形式存储一条复合线 PolyLine 的若干节点的坐标对，然后将坐标对读入，并利用 JComponent 类中定义的 paintComponent() 方法在一个 Java Application 程序中绘制出这条复合线。程序运行窗口的初始尺寸需要完全覆盖复合线的坐标范围以使复合线能够不被遮挡地绘制出来，这需要事先约定好。可以先约定一下存储坐标对的文件的记录格式，比如，在坐标对数据的最后存储一个约定的结束符"-1"。

提示：完成本题目需要使用 DataInputStream 类。

6.6 在习题 6.4 的基础上，在程序中增加一个查阅话费余额的功能，即当在界面上输入"机主姓名"或"电话号码"时，可以从文件中查出其话费余额。此程序要求使用 GUI 组件实现交互功能。

提示：完成本题目需要使用 ObjectInputStream 类。

第7章 多 线 程

本章主要内容：Java 语言支持语言级并发，而线程和多线程是 Java 语言实现语言级并发的工具和手段。本章主要介绍线程与多线程的基本概念，线程的状态与生命周期，线程在不同状态之间的转化，Thread 类及其主要的方法成员与行为，获得线程体的两种方法，线程优先级的概念，线程同步的概念等。另外，还通过具体的实例介绍了线程运行过程中的一个特殊现象，即线程的不确定性。

7.1 并发性、线程与多线程

7.1.1 并发性的概念

目前的计算机操作系统大多支持并发性，系统中的进程可以是并发执行的，即多个进程是交叉执行的。一般将多进程称为系统级并发。Java 语言通过程序控制流来执行程序，相对独立的一段程序控制流称为线程。多线程指的是在单个程序内部可以同时运行多个相同或不同的线程来执行不同的任务。线程与操作系统中的进程有些类似，在同一时刻操作系统中可以运行多个进程，但是线程则更进一步，将并发推进到语言级，所以说 Java 语言支持语言级并发。在单个程序内部，也可以在同一时刻有多个线程在进行不同的运算。与并发进程需要系统进行调度一样，多线程也需要系统通过分配处理器的运行时间进行调度，以提高整个程序的运行效率。在大多数情况下，使用多线程程序设计会带来一些益处，比如，在多线程的情形下，当一个线程处于等待态时，其他的线程可以继续运行，或者当一个任务在等待外部设备的响应时，另一个任务可以使用处理器运行。

Java 语言的线程调度与操作系统平台有关，同一个多线程的 Java 语言程序在不同的操作系统上可能会有不同的行为。

7.1.2 线程的状态与生命周期

一个线程（Thread）在其生命生存时段内的任一时刻都处于某一种线程状态。线程在从其生命开始到结束的时间内，可能会经历从出生态到死亡态的多种状态，这构成了它的生命周期。

线程的状态包括以下 7 种。

（1）出生态。出生态（Born State）线程也称为新线程（New Thread），是当一个线程对象被创建之后，开始运行之前的线程。调用 start()方法可使其转化为就绪态。

（2）就绪态。就绪态（Ready State）线程也称为可运行线程（Runnable Thread），当获得计算机处理器的运行时间之后，该线程将转化为运行态。计算机处理器的运行时间由操作系统分配，这个分配功能称为线程调度。

（3）运行态。运行态（Running State）线程是正在使用计算机处理器运行的线程。当完成线程的运算任务，或者因某种原因而使得线程终止时，线程将转化为死亡态；当线程试图完成某个不能立即完成的任务，必须暂时等待该任务终止时，线程将转化为阻塞态；当线程被调用 sleep()方法时，线程将转化为休眠态，休眠时间由 sleep()方法的参数指定；当线程被调用 wait()方法时，线程将转化为等待态，等待时间由 wait()方法的参数指定；当线程被调用 yield()方法时，线程将暂停执行而转化为就绪态。

（4）休眠态。休眠态（Sleeping State）线程是处于运行态并被调用了 sleep()方法的线程。当休眠时间到，或者被调用了 interrupt()方法时，线程将转化为就绪态。

（5）等待态。等待态（Waiting State）线程是处于运行态并被调用了 wait()方法的线程。当等待时间到，或者被调用了 interrupt()方法时，线程将转化为就绪态；当另一个线程对该线程所等待的对象调用了 notify()方法时，线程也将转化为就绪态。如果调用了某个对象的notifyAll()方法，会使所有等待该对象的等待态线程转化为就绪态。

（6）阻塞态。阻塞态（Blocked State）线程是处于运行态并等待某个不能立即完成的任务终止的线程。即使处理器是可用的，阻塞态线程也不能使用处理器。当等待的任务完成，或者被调用了 interrupt()方法时，线程将转化为就绪态。

（7）死亡态。死亡态（Dead State）是线程生命周期中的最终状态，不能再转化为其他状态，其所占用的系统资源将由自动垃圾收集器回收。

某个线程只有在另一个线程终止时，才能继续执行，这种线程称为依赖线程。此时依赖线程可以调用另一个线程的 join()方法。当另一个线程转化为死亡态时，依赖线程会脱离等待态而转化为就绪态。在一个系统中，任何时刻最多都只能有一个运行态线程。

线程生命周期中的状态转化示意图如图 7.1 所示。

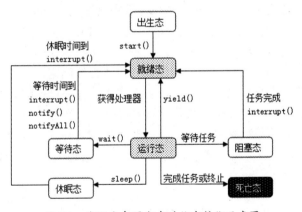

图 7.1　线程生命周期中的状态转化示意图

7.2　获得线程体的两种方法

7.2.1　Thread 类和 Runnable 接口

从根本上来讲，线程是一段程序代码序列，需要在程序中实现。在 Java 语言类库中，对于线程已经有了定义。在 java.lang 包中定义了 Thread 类，是 Java 语言多线程程序设计的基础和关键。Thread 类是 Object 类的直接子类，其中定义的一些方法成员可用于完成与线程有关的操作：

```
getId()                          //返回线程的标识符
getName()                        //返回线程的名称
getPriority()                    //返回线程的优先级
getState()                       //返回线程的状态
interrupt()                      //中断线程
join()                           //等待该线程终止
join(long millis)                //等待该线程终止，在指定的毫秒数内
join(long millis,int nanos)      //等待该线程终止，在指定的毫秒数加指定的纳秒数内
isAlive()                        //测试线程是否处于活动状态
isInterrupted()                  //测试线程是否已经中断
notify()                         //唤醒在此对象监视器上等待的单个线程
notifyAll()                      //唤醒在此对象监视器上等待的所有线程
run()                            //在创建一个线程时调用对象的该方法
setName(String name)             //更改线程名称，使之与参数 name 相同
setPriority(int newPriority)     //更改线程的优先级
sleep(long millis)               //在指定的毫秒数内休眠正在执行的线程
sleep(long millis,int nanos)     //在指定的毫秒数加指定的纳秒数内休眠正在执行的线程
start()                          //使该线程开始执行
wait()                           //导致当前的线程等待
wait(long timeout)               //导致当前的线程等待 timeout 毫秒
wait(long timeout,int nanos)     //导致当前的线程等待 timeout 毫秒加 nanos 纳秒
yield()                          //暂停当前正在执行的线程并执行其他线程
```

在 java.lang 包中还定义了 Runnable 接口，其中只有一个 run()方法，这个 run()方法的作用与 Thread 类中的 run()方法在定义线程体时是一样的。

Java 语言支持多线程，在 Java Application 程序和 Java Applet 程序中都可以使用线程，在 Java Applet 程序中使用得更普遍。线程的行为由线程体确定，而线程体是线程的主体，含有线程的具体内容。在 Java 语言程序中，实现线程的程序设计的关键是使主程序获得线程体，这个行为的标志是获得 run()方法并重写 run()方法，而重写了 run()方法，也就定义了线程体。根据获得 run()方法的两种途径，获得线程体有两种完全等价的方式。下面介绍获得线程体的两种方法，并通过两个例子说明在 Java Application 程序设计和 Java Applet 程序设计中的两种应用方式。

7.2.2　通过继承 Thread 类获得线程体

在 Thread 类中定义了 run()方法，可以在当前程序中通过继承 Thread 类获得 run()方法，并在程序中重写该方法以构造出线程体。下面的例子给出了在 Java Application 程序中通过继承 Thread 类来获得线程体。程序中把继承自 Thread 类以构造线程体的类作为内部类定义在主类中，并在主类中创建内部类的 3 个对象实例以实现 3 个线程，然后进行调度运行。

【例 7.1】线程应用的简单例子。

具体的程序如程序清单 7.1 所示。程序的执行结果如图 7.2 所示。

程序清单 7.1

```java
//Example 1 of Chapter 7

package multithreaddemo1;
import java.awt.*;
import javax.swing.*;

public class MultiThreadDemo1 extends JFrame
{
    private ScrollPane scrollPane;
    private JTextArea area;

    public MultiThreadDemo1()
    {
        super("多线程输出演示");
        getContentPane().setLayout(new BorderLayout());
        scrollPane = new ScrollPane();
        area = new JTextArea();
        area.setEditable(false);
        scrollPane.add(area);
        getContentPane().add(scrollPane,BorderLayout.CENTER);

        OutputThread no1 = new OutputThread("Number1");
        OutputThread no2 = new OutputThread("Number2");
        OutputThread no3 = new OutputThread("Number3");

        area.append("主程序启动\n");

        no1.start();
        no2.start();
        no3.start();

        area.append("主程序结束\n");

        setSize(260, 300);
        setVisible(true);
    }

    public static void main(String[] args)
    {
        MultiThreadDemo1 demo = new MultiThreadDemo1();
        demo.setDefaultCloseOperation(JFrame.EXIT_ON_CLOSE);
    }
```

```
private class OutputThread extends Thread
{
    private int sleepTime;
    public OutputThread(String name)
    {
        super(name);
    }

    public void run()
    {
        try{
            sleepTime = (int)(Math.random() * 2000);
            area.append(getName() + ":即将休眠" + sleepTime + "毫秒\n");
            Thread.sleep(sleepTime);
            sleepTime = (int)(Math.random() * 2000);
            area.append(getName() + ":即将再次休眠" + sleepTime + "毫秒\n");
            Thread.sleep(sleepTime);
        }
        catch (InterruptedException exception)
        {
            exception.printStackTrace();
        }
        area.append(getName() + ":结束运行\n");
    }
}
```

图 7.2　程序清单 7.1 的程序的 3 个可能的执行结果

　　程序清单 7.1 的程序的 3 个线程对象实例将各自输出 3 条信息。由于 3 个线程对象实例在实际执行过程中将由系统调度以轮流占有处理器，因此 3 个线程对象实例的输出信息将混合在一起，并且输出的顺序是无法预料的，不同的执行可能得到完全不同的输出顺序。

另外，线程体中使用的 sleep()方法可能会产生异常，需要设定捕获异常的结构。当使用 sleep()方法将一个运行态线程设定为休眠态时，线程调度系统会把其他处于就绪态的线程转化为运行态，并为其分配处理器。

下面的例子可以说明不确定性问题。

【例 7.2】线程应用的不确定性的例子。

具体的程序如程序清单 7.2 所示。程序的执行结果如图 7.3 所示。

程序清单 7.2

```java
//Example 2 of Chapter 7

package multithreaddemo2;
import java.awt.*;
import javax.swing.*;

public class MultiThreadDemo2 extends JFrame
{
    private ScrollPane scrollPane;
    private JTextArea area;

    public MultiThreadDemo2()
    {
        super("线程不确定性演示");
        getContentPane().setLayout(new BorderLayout());
        scrollPane = new ScrollPane();
        area = new JTextArea();
        area.setEditable(false);
        scrollPane.add(area);
        getContentPane().add(scrollPane, BorderLayout.CENTER);

        OutputThread no1 = new OutputThread("Number1");
        OutputThread no2 = new OutputThread("Number2");
        OutputThread no3 = new OutputThread("Number3");

        no1.start();
        no2.start();
        no3.start();

        setSize(260, 400);
        setVisible(true);
    }

    public static void main(String[] args)
    {
```

```
    MultiThreadDemo2 demo = new MultiThreadDemo2();
    demo.setDefaultCloseOperation(JFrame.EXIT_ON_CLOSE);
}

private class OutputThread extends Thread
{
    public OutputThread(String name)
    {
        super(name);
    }

    public void run()
    {
        for(int i=5;i>0;i--)
        {
            area.append("(" + i +")这是线程" + getName() + "\n");
        }
        area.append("退出线程" + getName() + "\n");
    }
}
}
```

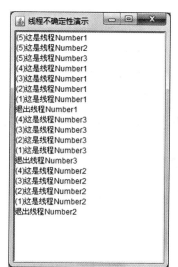  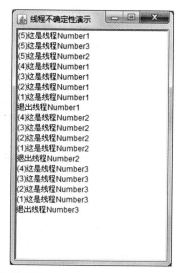

图 7.3 程序清单 7.2 的程序的几个可能的执行结果

通过程序清单 7.2 的程序的执行结果可以看到，由于 3 个线程同时在一个程序中执行，需要通过系统的线程调度获得处理器才能执行，因此完全可能出现一个线程还没有执行完就被迫停下来，而由另一个线程获得处理器并执行的情况。也就是说，同一个线程所输出的内容的顺序是固定的，而 3 个线程所输出的内容的顺序可能出现不同的组合，这种现象称为线程的不确定性。

7.2.3 通过实现 Runnable 接口获得线程体

在上面的程序中，使用了通过继承 Thread 类获得线程体的方法。由于 Java 语言不支持多重继承，因此如果用来获得线程体的类已经继承了其他的类，这个方法在使用中就会受限制。此时可以选择另一种获得线程体的方法，可以在当前程序中实现 Runnable 接口并重写 run()方法，从而构造出线程体。这种方法多见于编写 Java Applet 程序时，当一个 Java Applet 程序的线程体必须在主类中实现时，就必须使用通过实现 Runnable 接口获得线程体的方法。与使用通过继承 Thread 类获得线程体的方法相比，使用通过实现 Runnable 接口获得线程体的方法的效果是一样的。

下面的例子简单地示范了这种方法，把例 7.2 的程序由通过继承 Thread 类获得线程体的方法修改为通过实现 Runnable 接口获得线程体的方法。

【例 7.3】使用通过实现 Runnable 接口获得线程体的方法完成线程应用的不确定性的例子。

具体的程序如程序清单 7.3 所示。

程序清单 7.3

```
//Example 3 of Chapter 7

package multithreaddemo3;
import java.awt.*;
import javax.swing.*;

public class MultiThreadDemo3 extends JFrame
{
    private ScrollPane scrollPane;
    private JTextArea area;

    public MultiThreadDemo3()
    {
        super("线程不确定性演示");
        getContentPane().setLayout(new BorderLayout());
        scrollPane = new ScrollPane();
        area = new JTextArea();
        area.setEditable(false);
        scrollPane.add(area);
        getContentPane().add(scrollPane, BorderLayout.CENTER);

        OutputThread no1 = new OutputThread("Number1");
        OutputThread no2 = new OutputThread("Number2");
        OutputThread no3 = new OutputThread("Number3");

        no1.run();
        no2.run();
```

```java
        no3.run();

        setSize(260, 400);
        setVisible(true);
    }

    public static void main(String[] args)
    {
        MultiThreadDemo3 demo = new MultiThreadDemo3();
        demo.setDefaultCloseOperation(JFrame.EXIT_ON_CLOSE);
    }

    private class OutputThread implements Runnable
    {
        private String threadName;
        public OutputThread(String name)
        {
            setthreadName(name);
        }

        public String getthreadName()
        {
            return threadName;
        }

        public void setthreadName(String s)
        {
            threadName = s;
        }

        public void run()
        {
            for(int i=5;i>0;i--)
            {
                area.append("(" + i +")这是线程" + getthreadName() + "\n");
            }
            area.append("退出线程" + getName() + "\n");
        }
    }
}
```

　　由于这样实现的 OutputThread 类中没有方法成员 start()，因此需要把启动线程的语句对应地修改为调用 run()方法。相应地，在 OutputThread 类定义中也有所调整。

　　下面的例子示范了在 Java Applet 程序中使用通过实现 Runnable 接口获得线程体的方

法，实现一些程序功能。

【例 7.4】利用线程实现时钟的简单例子。

具体的程序如程序清单 7.4 所示。程序的执行结果如图 7.4 所示。

程序清单 7.4

```
//Example 4 of Chapter 7

import java.awt.*;
import javax.swing.*;
import java.applet.Applet;
import java.util.Date;

public class MultiThreadDemo4 extends Applet implements Runnable
{
    Thread clockThread;

    public void start()
    {
        if(clockThread == null)
        {
            clockThread = new Thread(this,"Clock");
            clockThread.start();
        }
    }

    public void run()
    {
        while(clockThread != null)
        {
            repaint();
            try{
                clockThread.sleep(1000);
            }
            catch(InterruptedException exception)
            {
                exception.printStackTrace();
            }
        }
    }

    public void paint(Graphics g)
    {
        Date now = new Date();
        super.paint(g);
```

```
        g.setFont(new Font("Dialog",Font.PLAIN,60));
        g.drawString(now.getHours() + ":" + now.getMinutes() + ":" +
now.getSeconds(),5,80);
        }

    public void stop()
    {
        clockThread.stop();
        clockThread = null;
    }
}
```

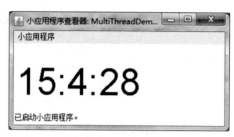

图 7.4　程序清单 7.4 的程序的执行结果

7.3　线程调度

7.3.1　线程的优先级

　　前面两节已经介绍了，在 Java Application 程序和 Java Applet 程序中都可以实现多线程。线程还有一个重要的属性，即线程的优先级。每个线程都有自己的优先级，当 Java 线程被创建时，该线程会从父线程中继承优先级，并保持一致，还可以在被创建后改变其优先级。Java 语言将线程的优先级定义为 10 级，分别用数字 1～10 表示，1 级为最低，10 级为最高。在 Thread 类中，还定义了 3 个描述线程优先级的静态字段，最高优先级用 MAX_PRIORITY 描述，对应 10 级；默认优先级用 NORM_PRIORITY 描述，对应 5 级；最低优先级用 MIN_PRIORITY 描述，对应 1 级。线程的优先级的作用是便于操作系统调度线程。由于操作系统总是让优先级高的线程先于优先级低的线程执行，因此一般把比较重要的线程赋予较高的优先级。对于优先级相同的线程而言，在不采用分时调度的操作系统中，总是让一个线程一直运行，直到完成任务，除非它自己转化为休眠态、等待态或阻塞态；在采用分时调度的操作系统中，每个线程都将获得被称为时间片的处理器运行时间，使得线程能够运行，从而系统内的多个就绪态线程得以轮流运行。

　　调用 Thread 类的 getPriority()方法可以获取线程的优先级；调用 Thread 类的 setPriority()方法可以更改线程的优先级。

7.3.2　线程同步

在程序设计中，很可能出现这样的情况：在一个程序中运行着两个或两个以上的线程，它们共同操作某一个对象或某一部分资源，并且都对这个对象或资源拥有使用和修改的权利，如外部存储器或设备，或者内部存储器中的某些数据。如果不同的线程可以对同一个对象或同一部分资源进行任意的操作，并且都以其上的数据作为运算依据，那么很可能出现设备或存储器上的数据被反复修改，以致无法反映真实背景的情况。例如，两个线程同时对内存中的一个数组拥有读取和写入的权利，并且在运行中可以随时对数组进行读取和写入操作，如果在一个线程对数组的一部分进行修改之后，另一个线程又对数组的另一部分进行了修改，那么当前一个线程在读取数据时，得到的将是第二次被修改之后的数据，而不是第一次被修改之后的数据。实际发生的情况可能比这个例子的情况严重得多。很显然，这种情况是必须被杜绝的，杜绝的办法就是在任何时刻只允许最多一个线程独占对象或资源。只有在独占对象或资源的线程完成了自己的操作并释放了对象或资源之后，其他的线程才有机会占有对象或资源，否则其他的线程只能处于等待态，等待系统分配处理器运行时间。这种在某线程访问共享对象时，不允许其他线程访问该对象的情况称为线程互斥或线程同步。线程同步与计算机操作系统中的进程同步类似。

Java 语言采用监控器机制实现线程同步。监控器机制也称为获得锁。Java 语言为每个对象都设置了一个监控器。监控器每次只允许一个线程执行对象的同步语句，当程序控制流进入同步语句时，会将对象锁住，从而实现线程同步。在任意一个时刻，如果有多条语句试图使对象同步，则只能有一条同步语句被激活，其他所有试图对同一对象实现同步的线程都将被迫处于阻塞态。在实现线程同步的语句完成执行过程之后，监控器才会打开对象的锁，并按照线程调度原则处理其他的同步语句，分配处理器运行时间。

在 Java 语言程序设计中，可以采用 synchronized 关键字实现同步方法，即在方法定义时使用 synchronized 关键字说明方法，使得方法具有同步属性。在任意一个时刻，只有一个线程能够调用带有同步属性的方法。还可以使用 Object 类中定义的 wait()方法使一个暂时没有满足全部条件、无法对该对象继续执行任务的线程进入等待态。在一个线程完成自己的同步语句并执行完自己的代码，使得其他的线程所等待的条件得以满足之后，也可以通过 Object 类中定义的 notify()方法将一个正处于等待态的线程转化为就绪态。同样地，一个线程可以通过 Object 类中定义的 notifyAll()方法将所有处于等待态的线程转化为就绪态。转化为就绪态的线程都有机会获得对象的锁，但是在任意一个时刻最多只能有一个线程获得对象的锁，其余的线程都将处于阻塞态。由于 Java 语言中的 Object 类被定义为所有类的父类，因此所有的 Java 类都将继承 notify()方法、notifyAll()方法和 wait()方法。

下面几个问题是在编写线程同步程序时应该注意的。

（1）当对象的锁被释放时，阻塞态线程调用一个使用 synchronized 关键字说明的方法，并不能保证该线程立刻成为下一个获得对象的锁的线程。

（2）调用监控器的 wait()方法成为等待态的线程，在经由其他线程调用 notify()方法之后，并不能保证脱离等待态。

（3）在同步方法中，建议在 wait()方法之前调用 notifyAll()方法，用于唤醒所有等待态线程，包括该线程自身，并将同步线程的控制选择权交给标记变量，例 7.5 中的程序就采用了这种控制方式。

（4）在例 7.5 中，使用了

```
while(!条件)……wait()……notify()
```

结构来完成同步方法的定义，这样做比使用

```
if(!条件)……wait()……notify()
```

结构来完成同步方法的定义要安全。

（5）不要在线程同步的程序中调用 sleep()方法，这样做通常是错误的。

（6）wait()方法通常会抛出中断异常 InterruptedException，所以在 wait()方法外部要进行捕获和处理异常的操作。

在 Java 语言程序设计中，特别是在一些类似于网络程序设计的、比较专业的领域中，线程同步有着广泛的应用。在 Java 语言程序设计中使用了线程同步功能，使得 Java 语言程序的功能得到增强，这也是 Java 语言能够适应很多应用领域，被软件行业青睐的原因之一。

下面的例子说明了如何在程序中使用监控器和同步方法实现线程同步。

【例 7.5】使用监控器和同步方法实现线程同步的简单例子。

具体的程序如程序清单 7.5 所示。程序的执行结果如图 7.5 所示。

程序清单 7.5

```java
//Example 5 of Chapter 7

package multithreaddemo5;
import java.awt.*;
import javax.swing.*;

public class MultiThreadDemo5 extends JFrame
{
    private ScrollPane scrollPane;
    private JTextArea area;

    public MultiThreadDemo5()
    {
        super("线程同步演示");
        getContentPane().setLayout(new BorderLayout());
        scrollPane = new ScrollPane();
        area = new JTextArea();
        area.setEditable(false);
        scrollPane.add(area);
        getContentPane().add(scrollPane,BorderLayout.CENTER);

        DataProcesse dataprocesser = new DataProcesse();
        Provider provider = new Provider(dataprocesser);
        Comparer comparer = new Comparer(dataprocesser);
        provider.start();
        comparer.start();
```

```java
        setSize(400,240);
        setVisible(true);
    }

    public static void main(String[] args)
    {
        MultiThreadDemo5 demo = new MultiThreadDemo5();
        demo.setDefaultCloseOperation(JFrame.EXIT_ON_CLOSE);
    }

    private class Provider extends Thread
    {
        private DataProcesse processer;
        public Provider(DataProcesse dp)
        {
            super("提供者");
            processer = dp;
        }

        public void run()
        {
            for (int i = 0; i <= 6; i++)
            {
                processer.set(i*i + 5);
            }
            area.append(getName() + "提供完数据\n");
        }
    }

    private class Comparer extends Thread
    {
        private DataProcesse processer;
        public Comparer(DataProcesse dp)
        {
            super("处理者");
            processer = dp;
        }

        public void run()
        {
            double sum = -30.0;
            for (int i = 0; i <= 6; i++)
            {
```

```java
                double a = processer.get();
                if(sum < a)sum = a;
            }
            area.append(getName() + "读到的最大数据是" + sum + "\n");
        }
    }

    class DataProcesse
    {
        private double buffer;
        private boolean flag = false;
        public synchronized void set(double value)
        {
            notifyAll();
            while (flag == true)
            {
                try{
                    area.append("缓存中有数据，" + Thread.currentThread().
getName() + "等待\n");
                    wait();
                }
                catch (InterruptedException exception)
                {
                    exception.printStackTrace();
                }
            }
            buffer = value;
            flag = true;
            area.append(Thread.currentThread().getName() + "写入" + buffer
+ "，");

            notify();
        }

        public synchronized double get()
        {
            notifyAll();
            while (flag == false)
            {
                try{
                    area.append("缓存中无数据，" + Thread.currentThread().
getName() + "等待\n");
                    wait();
                }
                catch (InterruptedException exception)
```

```
                    {
                        exception.printStackTrace();
                    }
                }
                flag = false;
                area.append(Thread.currentThread().getName() + "读出" + buffer
+ ", ");

                notify();
                return buffer;
            }
        }
    }
```

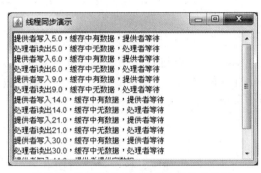

图 7.5　程序清单 7.5 的程序的执行结果

　　在程序清单 7.1、程序清单 7.2、程序清单 7.5 的程序中，都将定义线程体的类作为内部类放在了主类中，这并不是线程定义所必需的，而只是出于程序需要在图形界面下进行文本输出的考虑，这样做便于对普通文本组件 JTextArea 的操作。

　　同步机制存在着非常明显的问题，使用 synchronized 关键字说明若干方法，意味着把调用这些方法的线程加入一个集合中，而在集合中，任意一个时刻只允许一个线程调用带有同步属性的方法，在运行的线程退出并释放对象的锁之后，哪个线程能够获得对象的锁是不确定的，并且当前状态也是不可观察的。

　　Java SE 5 版本给出了一个新的解决方式，称为 Lock&Condition 机制。该机制的主要内容被定义在两个核心接口 Lock 和 Condition 中，ReentrantLock 是这两个接口的一个实现类，这几个接口和类都被存储在 java.util.concurrent.lock 包中。ReentrantLock 类中的 lock()方法可以用于获得对象的锁；unlock()方法可以用于释放此锁定。Lock&Condition 机制的工作原理与监控器机制的工作原理类似，可靠性比监控器机制好一些。

本章知识点

　　★　并发是现代计算机操作系统的一种功能。

　　★　Java 语言支持在程序设计阶段的并发性，称为语言级并发。Java 语言实现并发性的手段是线程和多线程。

★　在线程的生命周期中包括出生态、就绪态、运行态、休眠态、等待态、阻塞态、死亡态这几种状态。通过系统调度或者调用 Thread 类中的某个方法成员可以实现线程从出生态最终转化为死亡态。

★　在程序中可以使用通过继承 Thread 类获得线程体的方法实现多线程程序设计，也可以使用通过实现 Runnable 接口获得线程体的方法实现多线程程序设计。

★　在多个线程同时运行时，每个线程自身的运行步骤是确定的，但是它们相互之间的运行步骤可能会随机地穿插排列，这种现象称为线程的不确定性。

★　在 Java 语言中定义了线程的 10 个优先级，在 Thread 类中定义了 3 个线程的优先级字段 MAX_PRIORITY、NORM_PRIORITY、MIN_PRIORITY，分别对应 10 级、5 级和 1 级。

★　某线程在访问共享对象时不允许其他线程访问该对象的情况称为线程互斥或线程同步。

★　在 Java 语言程序中采用监控器机制处理线程同步时，可以采用 synchronized 关键字修饰方法，实现同步方法定义。

★　可以使用 wait()方法使一个未能获得锁的线程进入等待态，也可以使用 notify()方法和 notifyAll()方法使一个阻塞态线程进入就绪态以获得对象的锁。

★　Lock&Condition 机制使用 lock()方法获得锁，使用 unlock()方法释放锁。

习题 7

7.1　什么是并发？什么是系统级并发？什么是语言级并发？

7.2　什么是线程？什么是多线程？线程是如何实现并发的？

7.3　线程有哪几种状态？在线程的生命周期中，这几种状态之间是如何转化的？

7.4　Thread 类的主要方法和行为有哪些？

7.5　如何通过继承 Thread 类获得线程体？

7.6　如何通过实现 Runnable 接口获得线程体？

7.7　什么是线程的不确定性？

7.8　什么是线程的优先级？在 Java 语言中定义了几个线程的优先级？在 Thread 类中定义了哪几个线程的优先级字段？

7.9　什么是线程同步？

7.10　编写程序，用于验证相同优先级的线程的运行时间的分配。如果是在 Windows 操作系统环境下，还应该能够获得分时分配的效果。

提示：在编写本题目的程序时，最好将线程体中的执行内容写得多一些，以避免因执行时间过短而无法看到线程调度结果的情况发生，例如，可以使用一条循环语句执行一个较大的循环并在执行中断时输出停止的位置。

7.11　编写程序，用于验证较高优先级的线程将延迟所有较低优先级的线程的执行。

提示：在编写本题目的程序时，除了注意题目 7.10 中所说的问题，还可以让较高优先级的线程短暂休眠数次。

7.12　编写一个能够同步处理一个数组的读/写的程序。

第8章 数据结构和数据处理

本章主要内容：复杂数据处理是程序设计中不可避免的问题。数据结构是计算机科学的重要应用领域，基本数据结构是程序设计中最为常用的内容。本章主要介绍使用 Java 语言的面向对象程序设计实现几种基本数据结构的方法，Java 语言的泛型概念，Java 语言的枚举及其使用，能够处理列表、集合、队列、映射等数据的一些集合实现类，以及注解的基本语法和基本使用规则。

在程序设计中，经常会遇到处理复杂数据结构的问题。数据结构是计算机科学的重要应用领域，在很多实际应用的开发过程中需要使用各种数据结构。例如，编译高级语言需要使用栈、散列表及语法树；编写操作系统需要使用队列、存储管理表及目录树；编写数据库系统需要使用线性表、多链表及索引树；人工智能领域更是需要使用广义表、集合、搜索树及各种有向图；等等。数据结构已经作为计算机科学与技术专业的一门主干课程被开设。从 Java SE 5 版本开始制定了较多的新概念，专门用于处理在数据类型定义、数据存储等方面的事务，本章主要介绍这些概念和 API。

8.1 基本数据结构的构造

在 Java 语言程序的开发过程中，不可避免地需要使用数据结构方面的内容，本节介绍使用 Java 语言的面向对象程序设计实现几种基本数据结构的方法。

8.1.1 自引用类

前文在介绍面向对象程序设计时曾经讲过，在定义类时，可以把另一个类的对象实例作为该类的成员定义在该类中。这是一种软件复用技术，新定义的类可以通过把已有类的对象实例定义为类成员的方式，实现对已有类的代码的直接使用。这种软件复用技术称为组合复用（Composite Reuse）。

如果作为类成员的对象实例就是所定义的类的类型，这个类就称为自引用类，这种方式在 Java 语言中是被允许的。实际上，这是一种递归调用。自引用类可以用来创建和封装几种数据结构。

下面的代码实例就是一种自引用类的类定义：

```
class Node
{
    private int data;
    private Node nextNode;

    public Node(int d){  data = d;  }
```

```
    public int getData(){  return data;  }
    public void setData(int dd){  data = dd;  }
    public Node getNextNode(){  return nextNode;  }
    public void setNextNode(Node next){  nextNode = next;  }
}
```

Node 类中包含两个变量成员，即作为存储数据的成员 data 和作为下一个节点的引用成员 nextNode，还包含一个构造方法，以及两个变量成员的两对 setter 和 getter 方法。作为下一个节点的引用成员 nextNode 的类型恰好是 Node，在类中实际上起到了指向下一个 Node 类对象的指针的作用。

可以在类似于 Node 类的类定义基础上进行适当的改进，以构造一些数据结构类型。下面只讨论如何构造数据结构，并不讲解这些数据结构的性质。

8.1.2 构造链表

链表是一种典型的线性结构，包括单向链表和双向链表。单向链表的节点中包含一个自引用成员，用于指向下一个节点，并且规定最后一个节点的自引用成员为空。双向链表的节点中包含两个自引用成员，一个用于指向前趋节点，一个用于指向后继节点，并且规定链表的首个节点中指向前趋节点的自引用成员为空，最后一个节点中指向后继节点的自引用成员为空。由此就可以构造出链表这种基本数据结构。

例 8.1 给出了一个单向链表的构造程序，单向链表类 UnidirectionalList 是在单向链表节点类 UnidirectionalListNode 的基础上定义的，其中定义了前端插入节点、后端插入节点、前端删除节点、后端删除节点等几个操作方法，还定义了一个判断链表是否为空的方法。

【例 8.1】单向链表的例子。

具体的程序如程序清单 8.1 所示。

程序清单 8.1

```
//Example 1 of Chapter 8
package unidirectionallist;

//定义单向链表节点类
class UnidirectionalListNode
{
    Object data;
    UnidirectionalListNode nextNode;

    //定义两个构造方法
    UnidirectionalListNode(Object object)
    {
        this(object,null);
    }
    UnidirectionalListNode(Object object,UnidirectionalListNode node)
    {
```

```java
        data = object;
        nextNode = node;
    }
    Object getDate()
    {
        return data;
    }
    UnidirectionalListNode getNextNode()
    {
        return nextNode;
    }
}

//定义单向链表类
public class UnidirectionalList
{
    private UnidirectionalListNode firstNode;
    private UnidirectionalListNode lastNode;
    private String listname;

    public UnidirectionalList()
    {
        this("list");
    }
    public UnidirectionalList(String name)
    {
        listname = name;
        firstNode = null;
        lastNode = null;
    }

    public synchronized void insertAtFront(Object insertobject)
    {
        if(isEmpty())
        {
            firstNode = new UnidirectionalListNode(insertobject);
            lastNode = firstNode;
        }
        else
        {
            UnidirectionalListNode un = firstNode;
            firstNode = new UnidirectionalListNode(insertobject,un);
        }
    }
```

```java
public synchronized void insertAtBack(Object insertobject)
{
    if(isEmpty())
    {
        firstNode = new UnidirectionalListNode(insertobject);
        lastNode = firstNode;
    }
    else
    {
        UnidirectionalListNode un = lastNode;
        un.nextNode = new UnidirectionalListNode(insertobject);
        lastNode = un.nextNode;
    }
}


public synchronized int removeFromFront()
{
    if(isEmpty())
    {
        return -1;
    }
    else
    {
        if(firstNode == lastNode)
        {
            firstNode = lastNode = null;
        }
        else
        {
            UnidirectionalListNode un = firstNode;
            firstNode = un.nextNode;
        }
        return 1;
    }
}


public synchronized int removeFromBack()
{
  if(isEmpty())
    {
        return -1;
    }
    else
    {
```

```
            if(firstNode == lastNode)
            {
                firstNode = lastNode = null;
            }
            else
            {
                UnidirectionalListNode un = firstNode;
                while(un.nextNode != lastNode)un = un.nextNode;
                lastNode = un;
                un.nextNode = null;
            }
            return 1;
        }
    }

    public synchronized boolean isEmpty()
    {
        return firstNode == null;
    }
}
```

可以在此基础上进行修改，增加单向链表节点类中的指针数，从而构造出双向链表。

8.1.3 构造栈

栈也是一种线性结构，特点是只允许在栈尾添加和删除节点，即后进先出结构。先进入栈的是头元素，后进入栈的是尾元素。在向栈中添加元素时，必须向栈的尾部添加。退出栈的第一个元素必须是尾元素。

例 8.2 给出了一个线性栈的构造程序，包括线性栈元素类 LinerStackElement 和线性栈类 LinerStack。LinerStackElement 类与前面的 UnidirectionalListNode 类基本相同，而 LinerStack 类比前面的 UnidirectionalList 类少了两个方法。

【例 8.2】线性栈的例子。

具体的程序如程序清单 8.2 所示。

程序清单 8.2

```
//Example 2 of Chapter 8
package linerstack;

//定义线性栈元素类
class LinerStackElement
{
    Object data;
    LinerStackElement nextElement;
```

```java
//定义两个构造方法
LinerStackElement(Object object)
{
    this(object,null);
}
LinerStackElement(Object object,LinerStackElement element)
{
    data = object;
    nextElement = element;
}
Object getDate()
{
    return data;
}
LinerStackElement getNextElement()
{
    return nextElement;
}
}

//定义线性栈类
public class LinerStack
{
    private LinerStackElement firstElement;
    private LinerStackElement lastElement;
    private String listname;

    public LinerStack()
    {
        this("list");
    }
    public LinerStack(String name)
    {
        listname = name;
        firstElement = null;
        lastElement = null;
    }

    public synchronized void push(Object insertobject)
    {
        if(isEmpty())
        {
            firstElement = new LinerStackElement(insertobject);
```

```
            lastElement = firstElement;
        }
        else
        {
            LinerStackElement un = lastElement;
            un.nextElement = new LinerStackElement(insertobject);
            lastElement = un.nextElement;
        }
    }

    public synchronized int pop()
    {
      if(isEmpty())
        {
            return -1;
        }
        else
        {
            if(firstElement == lastElement)
            {
                firstElement = lastElement = null;
            }
            else
            {
                LinerStackElement un = firstElement;
                while(un.nextElement != lastElement)un = un.nextElement;
                lastElement = un;
                un.nextElement = null;
            }
            return 1;
        }
    }

    public synchronized boolean isEmpty()
    {
        return firstElement == null;
    }
  }
```

8.1.4　构造队列

　　队列也是一种线性结构，但是队列与栈的不同之处是，队列是先进先出结构，即先进入队列的元素必定先从队列中离开。

参照程序清单 8.1 和程序清单 8.2 可以很容易地构造出队列的类，这里就不给出程序代码了。

8.1.5 构造二叉树

树形结构是一种重要的非线性结构，其中，树和二叉树结构较为常用。树形结构的特点是由分支结构组成，其中包含根节点、分支节点和叶节点。对于每个节点而言，除了需要有保存数据的变量，还必须有指向下一层节点的指针。

二叉树结构是每个节点最多有两个子节点的树形结构。可以定义带有两个子节点指针的节点类，并在此基础上定义树类，从而构造出二叉树的程序代码。

例 8.3 给出了一个二叉树抽象类的定义，其中给出了插入方法、先序遍历方法、中序遍历方法和后序遍历方法等几个抽象方法的声明。可以按照不同的计算规则实现这几个方法，从而得到不同的二叉树类的定义。

【例 8.3】二叉树抽象类的例子。

具体的程序如程序清单 8.3 所示。

程序清单 8.3

```
//Example 3 of Chapter 8
package abstree;

//定义二叉树节点类
class TreeNode
{
    Object data;
    TreeNode LeftNode;
    TreeNode RightNode;

    //定义两个构造方法
    TreeNode(Object object)
    {
        this(object,null,null);
    }
    TreeNode(Object object,TreeNode lnode,TreeNode rnode)
    {
        data = object;
        LeftNode = lnode;
        RightNode = rnode;
    }
    Object getDate()
    {
        return data;
    }
    TreeNode getLeftNode()
```

```java
    {
        return LeftNode;
    }
    TreeNode getRightNode()
    {
        return RightNode;
    }
}


//定义树抽象类
public abstract class AbsTree
{
    private TreeNode RootNode;
    private String treename;

    public AbsTree()
    {
        this("tree_example");
    }
    public AbsTree(String name)
    {
        treename = name;
        RootNode = null;
    }

    public abstract synchronized void insertNode(Object insertobject);

    public abstract synchronized void preorderTraversal();

    public abstract synchronized void inorderTraversal();

    public abstract synchronized void postorderTraversal();
}
```

8.2 泛型

8.2.1 泛型的概念

泛型（Generics）是 Java 语言中在面向对象编程及各种设计模式中应用非常广泛的一个概念，自 Java SE 5 版本开始引入。使用泛型，一方面是为了编写更为通用的程序代码，让定义的代码具有更为广泛的表达能力；另一方面是为了加强程序的数据安全性。事实上，使用泛型构造出来的程序比使用 Object 类型构造出来的程序安全得多。

泛型是把类型作为变量的一种定义方式，实现了参数化类型的概念。在上面的程序清单 8.1 中，把作为链表节点存储值的变量 data 定义为 Object 类型，其用意是表示这个定义具有一定程度的适应性，可以用于多种引用类型，但是实际效果可能难以尽如人意。代码的设计意图是定义一段具有概括性功能的描述，使得对于多种特定的数据类型，代码都可以运行。但是，Object 类型的广泛适应性带来了一个问题，就是当存储数据时，若同时存储不同类型的数据，类型验证总是正确的。这样会导致一些后续问题。

在引入泛型概念之后，这样的问题就好处理了。可以把上面的数据类型定义为一个变量，当实际使用这段代码时，指定具体的数据类型，使得代码在运行时按照给出的具体数据类型进行类型验证，这就是泛型，就是"关于类型的变量"。使用泛型方法可以让程序员避免重复编写平行的程序段，使得程序具有抽象性和概括性，符合 Java 语言代码复用的指导思想。

可以把程序清单 8.1 中关于单向链表节点的类定义进行如下修改：

```
class UnidirectionalListNode<T>
{
    T data;
    UnidirectionalListNode<T> nextNode;

    //定义两个构造方法
    UnidirectionalListNode<T>(T object)
    {
        this(object,null);
    }
    UnidirectionalListNode<T>(T object,UnidirectionalListNode<T> node)
    {
        data = object;
        nextNode = node;
    }
    T getDate()
    {
        return data;
    }
    UnidirectionalListNode getNextNode()
    {
        return nextNode;
    }
}
```

使用一个带有尖括号的符号<T>放在类名后面，把类中原来的 Object 使用 T 替换，即完成了一个泛型类的定义。当实际使用时，给出一个具体的引用类型，替代尖括号中的 T，即可进行编译和运行。

这里相当于定义了一个变量，即一个关于类型的变量，T 就是这个变量的标识符。泛型变量的书写没有明确的要求，习惯上使用单个的大写字母。JFC 类库中经常使用以下的字母作为泛型定义的类型变量。

T：类型 Type 的首字母，使用频率比较高，通常用于一般的类型定义。

E：元素 Element 的首字母，多用于 Java 集合框架。

K：关键字 Key 的首字母，用于键/值对的关键字。

V：值 Value 的首字母，用于键/值对的对应值。

N：数字 Number 的首字母，用于指代泛型中的数字类型。

当实际使用这样的代码时，需要使用一个具体的类型替代类型变量，这个类型要求必须是引用类型，不能是基本数据类型，但可以是基本数据类型的封装类。可以根据需要在一个代码段中使用两个或两个以上的泛型变量。

泛型的核心概念是通过代码告诉编译器想要使用什么类型，而使用类型的细节就需要编译器帮助处理了。泛型定义仅在编译阶段有效，不会进入运行阶段，进入运行阶段的是使用实际引用类型替代类型变量后的代码。

8.2.2 泛型类

将泛型定义方式应用于类定义，得到的类就是泛型类，如上面关于程序清单 8.1 的修改就是一个泛型类的例子。在实际使用时，必须使用一个具体的类型替代泛型类定义中的类型变量。例如，可以使用形如 UnidirectionalListNode<String>的代码来使用泛型，这样使用相当于在程序中已经存在了一个关于 String 类型的节点类定义：

```java
class UnidirectionalListNode
{
    String data;
    UnidirectionalListNode nextNode;

    //定义两个构造方法
    UnidirectionalListNode(String object)
    {
        this(object,null);
    }
    UnidirectionalListNode(String object,UnidirectionalListNode node)
    {
        data = object;
        nextNode = node;
    }
    String getDate()
    {
        return data;
    }
    UnidirectionalListNode getNextNode()
    {
        return nextNode;
    }
}
```

然后继续向下使用，可以获得一个存储字符串型引用的单向链表。

泛型类的使用非常广泛，后面会介绍很多具体应用的实例。Java 类库中几乎所有的容器数据实用类都是使用泛型方式定义的。

8.2.3 泛型接口

将泛型定义方式应用于接口定义，得到的接口就是泛型接口，其具体使用与泛型类类似，也是将泛型参数放到接口名的后面。在实际使用中，泛型接口多用于定义生成器。使用泛型接口定义生成器是工厂方法设计模式的一种应用。

泛型接口在实现时有两种方式，可以在实现类中依然保留泛型变量，成为泛型类的定义；也可以在实现类中给出一个具体的类型替代泛型变量，成为实用类的定义。

例如，定义泛型接口如下：

```
public interface GenericIntercace<T>
{
    T getData();
}
```

可以保留泛型变量的定义，使泛型接口成为一个泛型类，代码如下：

```
public class ImplClass1<T> implements GenericIntercace<T>
{
    private T data;

    private void setData(T data)
    {
        this.data = data;
    }

    public T getData()
    {
        return data;
    }
}
```

或者，可以直接在实现类中给出具体的类型，使泛型接口成为一个可执行的普通类，代码如下：

```
public class ImplClass2 implements GenericIntercace<String>
{
    private String data;

    public String getData()
    {
        return "OK";
    }
}
```

8.2.4 泛型方法

将泛型定义方式应用于方法定义，得到的方法就是泛型方法。在定义泛型方法时，需要把泛型参数放到方法的返回值类型说明之前。在方法体中应该出现引用类型的地方，一律使用泛型参数，以备编译系统在运行代码时使用实际引用类型替代。具体形式如下：

```
public <T> void methodname(T t)
{
Statements
}
```

或者

```
public<T> T methodname()
{
Statements
}
```

第一种形式表示定义了一个泛型方法，使用泛型类型的参数变量作为形参；第二种形式表示方法返回泛型类型的参数变量类型。

这里有一个设计原则：如果只使用泛型方法就可以将整个类泛型化，就应该只使用泛型方法，不使用泛型类，因为这样可以表述得更清楚。

8.2.5 泛型通配符

【例 8.4】泛型的例子。

具体的程序如程序清单 8.4 所示。

程序清单 8.4

```
//Example 4 of Chapter 8
package genericclasstest;

public class GenericClassTest
{
    public static void main(String[] args)
    {
        Processor<Number> a = new Processor<Number>(508);
        getTestData(a);
    }
    public static void getTestData(Processor<Number> data)
    {
        System.out.println("data :" + data.getData());
    }
}


class Processor<T>
```

```
        {
            private T data;
            public Processor()
            {
            }

            public Processor(T data)
            {
                setData(data);
            }

            public T getData()
            {
                return data;
            }

            public void setData(T data)
            {
                this.data = data;
            }
        }
```

这是一个正确的可执行程序，其中定义了一个泛型类 Processor<T>，并在主类的主方法中给出了一个具体的泛型类的实现和一个输出了对象实例的方法，在执行时将输出"data :508"的执行结果。

如果在主方法中增加如下几条语句：

```
Processor<Integer> b = new Processor<Integer>(608);
getTestData(b);
```

程序在执行时将会报错，错误出现在 getTestData(b) 上。这是因为在先给出 Processor<Number>的说明之后，getTestData()方法已经成了专门为 Processor<Number>对象服务的方法，所以当 Processor<Integer>的对象 b 再次访问 getTestData()方法时，就出现了错误。

考虑到 Integer 类是 Number 类的子类，现在看来，错误的现象与以往子类的对象实例向上转型为父类的对象实例的知识不符。实际结果也确实如此，虽然 Integer 类与 Number 类存在继承关系，但是 Processor<Integer>类与 Processor<Number>类不存在这种继承关系，因此 Processor<Number>类在逻辑上不能被看作 Processor<Integer>的父类，也就不适用向上转型原则，这是泛型的一个重要性质。

解决这个问题的方法是不是再写一套程序代码呢？答案是不需要。可以采用使用泛型通配符的方法来解决。

泛型通配符一般使用"？"代替具体的类型实参出现在程序代码中，代表可以是任意的类型。注意，泛型通配符"？"与泛型定义使用的类型变量不同，类型变量是一个形参，而泛型通配符"？"代表的是实参。

采用泛型通配符将程序清单 8.4 的程序修改一下，将 getTestData()方法头修改为：

```
public static void getTestData(Processor<? > data)
```

再加上前面增加的几条语句，程序就可以正常运行了。因为在采用泛型通配符定义方式之后，getTestData()方法就成为可以为任意类型服务的方法了。

【例 8.5】泛型通配符的例子。

具体的程序如程序清单 8.5 所示。

程序清单 8.5

```java
//Example 5 of Chapter 8
package genericclasstest2;

public class GenericClassTest2
{
    public static void main(String[] args)
    {
        Processor<Number> a = new Processor<Number>(508);
        getTestData(a);
        Processor<Integer> b = new Processor<Integer>(608);
        getTestData(b);
        Processor<Double> c = new Processor<Double>(708.0);
        getTestData(c);
    }
    public static void getTestData(Processor<?> data)
    {
        System.out.println("data :" + data.getData());
    }
}

class Processor<T>
{
    private T data;
    public Processor()
    {
    }

    public Processor(T data)
    {
        setData(data);
    }

    public T getData()
    {
        return data;
```

```
    }

    public void setData(T data)
    {
        this.data = data;
    }
}
```

运行程序，将输出如下运行结果：

```
data :508
data :608
data :708.0
```

8.2.6　泛型的上下边界

可以为泛型通配符设定范围，设定方式有以下两种。

<?　extends T>称为上界通配符（Upper Bounds Wildcards），是指所有由 T 派生的子类，这时的"？"泛指在类的继承树上位置低于 T 的所有类，所以称为上界通配符。

<?　super T>称为下界通配符（Lower Bounds Wildcards），是指所有派生了 T 的父类，这时的"？"泛指在类的继承树上位置高于 T 的所有类，所以称为下界通配符。

本章后面会介绍泛型通配符的使用。

8.3　枚举

8.3.1　枚举的定义

枚举在其他的高级语言中有定义。通常由具有某些特定意义的取值组成某种集合，这种集合可以用于描述某个专门的事物，是程序设计中经常出现的一种情形。例如，在创建学生的学籍数据库时，就有多处出现这种情形：学生的"性别"必定是"男性"和"女性"组成的集合中的一个；学生的"专业"必定是学校中所有专业组成的集合中的一个；学生的"生源地"必定是中国某个省级区划中的一个；等等。在某个场合下，需要集合中的组成成员出现，并且只允许一个成员出现。为了处理这种"必须选一个且只能选一个"的情形，便有了枚举的概念。Java SE 5 版本增加定义了枚举，添加了枚举关键字 enum，用来定义枚举数据类型。

假设由一组顺序固定的元素组成的有穷序列集合，一般呈现互斥的或多选一的关系，在此集合的基础上就可以定义枚举，具体格式如下：

```
public enum Special {MATHEMATICS,PHYSICS,CHEMISTRY,ELECTRONICS,COMPUTER };
```

这就定义了一个"专业"的枚举类型，其值可取 5 个代表专业的元素之一，并且元素的顺序是固定的且具有固定的对应整数。当声明了 Special 枚举类型时，编译器会生成一个相关的类，类名就是枚举类型名，这个类继承自 Enum 类，所有的元素都是类的字段，具有常量值，所以一般使用大写字母的字符串描述元素。在使用枚举类型时，需要生成类的对象实例引用，并将枚举的一个元素赋值给对象实例引用。

在创建枚举类型时，编译器会自动添加一些特性给枚举类型，如添加 toString()方法用来显示枚举实例的名称，添加 ordinal()方法用来获取枚举常量元素的声明顺序，这两个方法来自 Enum 类；还会添加 static values()方法用来获取声明顺序对应的元素，这个方法是编译器添加的。

在上述 Special 的定义基础上，声明 Special 型实例引用，并调用方法：

```
Special s = Special.COMPUTER;
s.ordinal();
s.values();
```

上述代码将会输出一个整数值 4 和一个字符串 COMPUTER。

可以把枚举类型看作一个普通的类，这样的类除不能派生新类之外，几乎与普通的类没有差别，可以在这个类中对继承自 Enum 类的方法进行覆盖重写，或者在这个类中定义新的方法。

8.3.2　Enum<E>类

Java SE 5 版本增加定义了枚举类，即 Enum<E>类，存储在 java.lang 包中，其元素使用泛型描述。该类实现了 Serializable 和 Comparable<E>两个接口，具有可序列化和可比较的属性，其中的几个方法是比较常用的：

```
compareTo(E o)                         //比较此枚举与指定对象的顺序
equals(Object other)                   //当指定对象等于此枚举常量时，返回 true
hashCode()                             //返回枚举常量的哈希码
ordinal()                              //返回枚举常量的序数
toString()                             //返回枚举常量的名称
valueOf(Class<T> enumType, String name)
                                       //返回指定枚举类型的枚举常量
```

8.3.3　枚举的使用

枚举实例可以像普通的常量一样被使用。此外，枚举有一个特别的用途，它可以在 switch 语句内部使用，以枚举实例引用作为 switch 语句的控制表达式。

【例 8.6】枚举和 switch 语句使用的例子。

具体的程序如程序清单 8.6 所示。程序的执行结果如图 8.1 所示。

程序清单 8.6

```
//Example 6 of Chapter 8
package enumclasstest;

import javax.swing.JOptionPane;

public class EnumClassTest
```

```
        {
        public enum Special {MATHEMATICS,PHYSICS,CHEMISTRY,ELECTRONICS,
COMPUTER };

        public static void main(String[] args)
        {
            String output = "";
            for(Special s:Special.values()){
                output += "\n" + s.toString() + "的序号为" + s.ordinal() + "; ";
                switch(s)
                {
                    case MATHEMATICS:output += "名称为: MATHEMATICS ";
                    break;
                    case PHYSICS:    output += "名称为: PHYSICS ";
                    break;
                    case CHEMISTRY:  output += "名称为: CHEMISTRY ";
                    break;
                    case ELECTRONICS:output += "名称为: ELECTRONICS ";
                    break;
                    case COMPUTER:   output += "名称为: COMPUTER ";
                    break;
                    default:         output += "nothing ";
                }
            }
            JOptionPane.showMessageDialog(null,output);
            System.exit(0);
        }
    }
```

图 8.1　程序清单 8.6 的程序的执行结果

　　程序清单 8.6 的程序使用了一个新的循环语句形式，即 for(Special s:Special.values())，称为 For-each 遍历，这部分内容将在下一节进行详细的介绍。

8.4 容器集合类

在 8.1 节中，介绍了使用自引用类实现几个基本数据结构的方法，但是在程序设计中，很可能遇到更为复杂的数据处理问题。从 Java SE 5 版本开始，对数据处理的内容进行了整理和加强，JFC 类库中增加定义了一些专门用于处理数据的 API。由于 Java 1.0 版本和 1.1 版本中定义的 Vector、Enumeration、HashTable、Stack 和 BitSet 等 API 的功能实现有限，并且已经有新的替代品，因此不再建议使用这些 API。本节所介绍的内容都是从 Java SE 5 版本开始定义的新的数据处理 API。

8.4.1 For-each 遍历与迭代器

程序清单 8.6 使用了 For-each 遍历，这是 Java SE 5 版本提供的一个新的遍历工具。For-each 遍历与 for 循环语句有些类似，其基本语法格式如下：

```
for(ObjectInstanceName:Collection_or_Array)
{
statements
}
```

其中，ObjectInstanceName 为对象实例名；Collection_or_Array 为容器类实例名或数组的名称，大括号部分为循环体。其执行逻辑为对象实例名取遍容器类或数组的所有成员的值，每取一个值就执行一次循环体。Collection_or_Array 为实现了 Iterable 接口的类实例名或一个数组的名称，本节后面所介绍的实现了 Collection 接口的容器类都可以使用 For-each 遍历。程序员还可以根据需求定义实现了 Iterable 接口的类，然后使用 For-each 遍历对其对象实例进行遍历操作。

关于使用 For-each 遍历处理集合类的实例将在本节的后面给出，这里给出一个使用 For-each 遍历方法遍历数组的例子。

【例 8.7】使用 For-each 遍历方法遍历数组的例子。

具体的程序如程序清单 8.7 所示。

程序清单 8.7

```
//Example 7 of Chapter 8
package useforeachinarray;

import java.util.*;

public class UseForeachInArray
{
    public static void main(String[] args)
    {
        double array[] = new double[5];
        Random random = new Random();
        for(int i = 0;i < array.length;i++)
```

```
            {
                array[i] = i + random.nextDouble();
            }

            for(int i = 0;i < array.length;i++)
            {
                System.out.println(array[i]);
            }
            System.out.println("------");
            for(double y:array)
            {
                System.out.println(y);
            }
        }
    }
```

运行程序，将输出如下运行结果：

```
0.09059456439156521
1.1703845483010737
2.7085789891293874
3.3629643910976332
4.026548127228719
------
0.09059456439156521
1.1703845483010737
2.7085789891293874
3.3629643910976332
4.026548127228719
```

从程序的运行结果可以看到，使用 For-each 遍历输出的结果与使用循环语句输出的结果是完全相同的。

8.4.2 迭代器

Java 语言中的迭代器是通过 Iterable 接口和 Iterator 接口的定义实现的。

Iterable 接口的定义原型为 java.lang.Iterable<T>，这里的<T>是泛型变量，其作用是使实现了这个接口的对象实例可以使用 For-each 遍历进行处理，其中只声明了一个方法成员：

```
Iterator<T> iterator()                    //返回一个在一组 T 类型的元素上
                                          //进行迭代的迭代器
```

Iterator 也是一个接口，称为迭代器，其定义原型为 java.util.Iterator<E>，这里的<E>代表其元素类型泛型，其中声明了 3 个方法成员：

```
boolean hasNext()                         //如果仍有元素可以迭代，则返回 true
E next()                                  //返回迭代的下一个元素
```

```
void remove()                              //从迭代器指向的集合中移除迭代器
                                           //返回的最后一个元素
```

从 Iterator 接口的 3 个方法成员上可以看出，迭代器的遍历是从当前的某个元素开始，逐次向下一个元素进行的。在实际程序中，一般都是从第一个元素开始迭代的。很显然，Java 迭代器只能进行单向的遍历操作。

实际上，迭代器就是一种遍历方法，它对各种容器集合类的元素都以一种序列的方式进行检索，能够让程序员在不必了解集合的结构细节的前提下完成对集合元素的操作。相比而言，迭代器遍历需要编写的语句比较烦琐，For-each 遍历则是一种快捷的遍历方法。迭代器不是 Java 语言特有的，它作为一种设计模式，在 C++语言等其他语言中也存在相应的定义。

Iterator 接口还有一个子接口，其定义原型为 java.util.ListIterator<E>，其中增加了几个方法成员，可以实现双向的遍历操作。ListIterator 一般只对 LinkedList 或其他可以实现双向链接的链表进行遍历，并且可以在迭代期间修改列表，同时获得迭代器在列表中的当前位置。ListIterator 没有当前元素，它的指针位置始终位于调用 previous()方法所返回的元素和调用 next()方法所返回的元素之间。在确定位置时，使用的是 Index 索引值。在长度为 n 的列表中，有 $n+1$ 个有效的索引值，索引值 0 位于第一个元素之前，索引值 1 位于第一个元素与第二个元素之间，以此类推，索引值 n 位于第 n 个元素之后。ListIterator 接口定义了如下方法成员：

```
boolean hasNext()                          //在以正向遍历列表时，如果列表迭代器
                                           //有多个元素，则返回 true
E next()                                    //返回列表中当前位置的下一个元素
boolean hasPrevious()                      //在以反向遍历列表时，如果列表迭代器
                                           //有多个元素，则返回 true
E previous()                               //返回列表中当前位置的前一个元素
int nextIndex()                            //返回 next()方法即将返回的元素的索引值
int previousIndex()                        //返回 previous()方法即将返回的元素的索引值
void add(E o)                              //将指定的元素插入列表的当前位置
void remove()                              //从列表中移除由 next()或 previous()方法
                                           //返回的最后一个元素
void set(E o)                              //使用指定元素替换 next()或 previous()方法
                                           //刚刚返回的最后一个元素
```

8.4.3 容器

容器接口 Collection 定义了一套实现数据类型处理的公共方法集，可以在这个方法集的基础上定义进一步处理数据的方法。这个接口的定义原型为 java.util.Collection<E>，有一个默认的实现类 java.util.AbstractCollection<E>，以简单方式实现了 Collection 接口。Collection 接口是描述所有序列容器的公用接口，其中定义的方法在后面介绍的通用容器中都可以使用。该接口继承自 Iterable 接口，并派生了几个有用的接口，包括 List 接口、Set 接口和 Queue 接口。由于这些接口派生自 Iterable 接口，因此它们都可以生成迭代器，并且实现类的对象都可以使用 For-each 遍历。Collection 接口的继承和派生关系如图 8.2 所示。

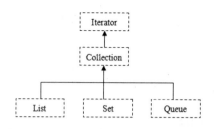

图 8.2　Collection 接口的继承和派生关系

在 Collection 接口中定义的主要方法如下：

```
boolean add(E o)                          //确保此 collection 包含指定的元素
boolean addAll(Collection<? extends E> c)
                                          //将指定 collection 中的所有元素
                                          //都添加到此 collection 中
void clear()                              //移除此 collection 中的所有元素
boolean contains(Object o)                //如果此 collection 包含指定的元素
                                          //则返回 true
boolean containsAll(Collection<?> c)
                                          //如果此 collection 包含指定 collection
                                          //中的所有元素，则返回 true
boolean isEmpty()                         //如果 collection 不包含元素，则返回 true
Iterator<E> iterator()                    //返回在 collection 的元素上进行
                                          //迭代的迭代器
boolean remove(Object o)                  //从 collection 中移除指定元素的单个实例
boolean removeAll(Collection<?> c)        //移除 collection 中那些也包含在指定
                                          //collection 中的所有元素
boolean retainAll(Collection<?> c)        //仅保留 collection 中那些也包含在
                                          //指定 collection 中的元素
int size()                                //返回 collection 中的元素数
Object[] toArray()                        //返回包含 collection 中所有元素的数组
<T> T[] toArray(T[] a)                    //返回包含 collection 中所有元素的数组
                                          //返回数组的运行时类型与指定数组的
                                          //运行时类型相同
```

此外，在 Collection 接口中还定义了两个方法：

```
boolean equals(Object o)                  //比较 collection 与指定对象是否相等
int hashCode()                            //返回 collection 的哈希码值
```

由于与 Object 类中定义的方法重复，所以在实现类中不必再给出实现。

还有一个与 Collection 接口配套的工具类 java.util.Collections，其中定义了很多有用的方法。这些方法仅在 Collection 接口或其实现类上有效，较为常用的方法有以下几个。

（1）binarySearch()方法。该方法有两个重载体，可以使用二进制搜索算法来搜索指定列表，以获得指定对象。

（2）copy(List<? super T> dest, List<? extends T> src)方法。该方法可以实现从一个列表中将所有元素复制到另一个列表中。

（3）fill(List<? super T> list, T obj)方法。该方法可以使用指定的元素替代指定列表中的所有元素。

（4）reverse(List<?> list)方法。该方法可以将列表中的所有元素按照范型进行重新排列。

（5）rotate(List<?> list, int distance)方法。这里的 rotate（旋转）指的是循环，该方法可以根据指定的距离循环移动指定列表中的元素。

（6）sort()方法。该方法有两个重载体，可以分别按照升序或者指定的顺序对指定列表进行排序，前提是元素的类型是实现了 Comparable 接口的可比较的类型。

（7）max()方法和 min()方法。这两个方法分别有两个重载体，可以获得指定 collection 中的最大元素或最小元素。

8.4.4 列表

列表接口 List 从容器接口 Collection 派生而来，其若干个实现类完成了对列表功能的定义。与其他接口相比，List 接口强调顺序（Sequence）概念，其中的每个元素都有特定的顺序位置，并且顺序是不能被改动的，可以通过位置访问其中的每个元素，所以将 List 接口称为"有序的 Collection"。列表通常允许出现重复的元素，即允许在满足 e1.equals(e2)意义下相等的元素 e1 和 e2 同时出现在列表中。

除 Collection 接口中定义的方法之外，List 接口中新增定义的主要方法都强调位置，包括如下方法：

```
void add(int index,E element)              //在列表的指定位置插入指定元素
boolean addAll(int index,Collection<? extends E> c)
                                           //将指定 collection 中的所有元素
                                           //都插入列表中的指定位置
E remove(int index)                        //移除列表中指定位置的元素
E get(int index)                           //返回列表中指定位置的元素
E set(int index,E element)                 //使用指定元素替换列表中指定位置的元素
int indexOf(Object o)                      //返回列表中首次出现指定元素的索引
int lastIndexOf(Object o)                  //返回列表中最后出现指定元素的索引
List<E> subList(int fromIndex,int toIndex)
                                           //返回列表中指定的自 fromIndex（包括）
                                           //至 toIndex（不包括）的子列表
ListIterator<E> listIterator()             //返回列表中元素的列表迭代器
ListIterator<E> listIterator(int index)
                                           //从指定位置返回列表中元素的列表迭代器
```

列表的使用功能主要是通过 List 接口的两个实现类 ArrayList 和 LinkedList 体现的。这两个实现类的接口实现如图 8.3 所示。

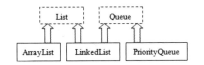

图 8.3 List 接口的实现类的接口实现

下面分别介绍 List 接口的两个实现类 ArrayList 和 LinkedList。

8.4.4.1　ArrayList

ArrayList 类的定义原型为 java.util.ArrayList<E>。

ArrayList 类善于随机访问元素，但是如果需要在其元素中间插入和删除一个元素时，则需要移动后面的所有元素，所以运算比较慢。从实际功能上看，ArrayList 类实现了一个大小可调的数组，因此 ArrayList 类也被称为动态数组，在数值计算时有一定的优势。另外，ArrayList 类可以用于维护一个线性表。

ArrayList 类有 3 个重载的构造方法，实现了 List 接口的所有方法，还增加定义了两个与容量管理有关的方法成员：

```
public ArrayList()                      //构造一个初始容量为 10 的空列表
public ArrayList(Collection<? extends E> c)
                                        //构造一个包含指定 collection 元素的列表
                                        //初始容量是 collection 大小的 110%
public ArrayList(int initialCapacity)
                                        //构造一个具有指定初始容量的空列表
public void ensureCapacity(int minCapacity)
                                        //增加此 ArrayList 实例的容量，以确保它
                                        //至少能够容纳 minCapacity 个元素
public void trimToSize()                //将此 ArrayList 实例的容量调整为列表
                                        //的当前大小。使用此操作来最小化
                                        //ArrayList 实例的存储量
```

从上述代码可以看出，ArrayList 类的构造方法都是强调容量的，并且给出了两个方法，用于调整容量的大小。

ArrayList 类的使用非常简单，可以通过 For-each 遍历进行访问，也可以通过迭代器进行访问，还可以通过循环进行访问，例 8.8 给出了一个使用 ArrayList 类的例子。

【例 8.8】使用 ArrayList 类的例子。

具体的程序如程序清单 8.8 所示。

程序清单 8.8

```
//Example 8 of Chapter 8
package usearraylist;

import java.util.*;
public class UseArrayList
{
    public static void main(String[] args)
    {
        ArrayList<String> al = new ArrayList(5);
        String city[] = {"大连","北京","重庆","成都","丹东"};
        for(int i = 0;i < city.length;i++)
        {
```

```
        al.add(city[i]);
    }
    //使用 For-each 遍历输出 ArrayList
    for(String t:al)
    {
        System.out.println(al.indexOf(t) + ":" + t + ";");
    }
    Iterator<String> it = al.iterator();
    //使用迭代器输出 ArrayList
    while(it.hasNext())
    {
        String ss = it.next();
        System.out.println(al.indexOf(ss) + ":" + ss + ";");
    }
    al.ensureCapacity(7);
    al.add("武汉");
    al.add("长沙");
    //使用循环输出 ArrayList
    for(int i = 0;i<al.size();i++)
    {
        System.out.println(al.get(i) + ";");
    }
    }
}
```

程序执行结果如下：

```
0:大连;1:北京;2:重庆;3:成都;4:丹东;
0:大连;1:北京;2:重庆;3:成都;4:丹东;
大连;北京;重庆;成都;丹东;武汉;长沙;
```

在程序清单 8.8 的程序中，使用了 ArrayList 类的指定容量构造方法，还使用了 ArrayList 类的 add()方法、indexOf()方法、ensureCapacity()方法、size()方法和 get()方法，都获得了预期的结果。

8.4.4.2 LinkedList

LinkedList 类也实现了 List 接口，在其元素中间插入和删除一个元素时的计算效率比 ArrayList 类高，但是在随机访问时的表现比 ArrayList 类逊色。在类的内部，LinkedList 类可以维护一个带有头节点的双向链表，同时因为它实现了 Queue 接口，所以可以作为栈、队列或双向队列使用。

LinkedList 类有两个重载的构造方法，实现了 List 接口的所有方法，还增加定义了几个操作头元素和尾元素的方法成员，以及将 LinkedList 类实例作为栈进行操作的方法和作为双向队列进行操作的方法：

```
public LinkedList()                    //构造一个空列表
public LinkedList(Collection<? extends E> c)
```

```
                                    //构造一个包含指定集合中的元素的列表
public void addFirst(E o)           //将给定元素插入此列表的开头
public void addLast(E o)            //将给定元素追加到此列表的结尾
public E getFirst()                 //返回此列表的第一个元素
public E getLast()                  //返回此列表的最后一个元素
public E removeFirst()              //移除并返回此列表的第一个元素
public E removeLast()               //移除并返回此列表的最后一个元素
public E pop()                      //在作为栈使用时弹出一个元素
public void push(E e)               //在作为栈使用时压入一个元素
public Iterator<E> descendingIterator()
                                    //返回一个双向队列迭代器
```

LinkedList 类的使用并不比 ArrayList 类复杂，二者的操作在很大程度上是相似的，所以这里就不给出程序实例了。

8.4.5 集合

集合接口 Set 也是从容器接口 Collection 派生而来的，其定义原型为 java.util.Set<E>，其若干个实现类完成了集合功能的定义。这里的集合实现了数学意义上的集合概念，其中的元素不可以重复出现，却不关注元素的顺序。Set 接口在继承 Collection 接口的基础上，并没有定义新的方法，其常用的实现类包括 HashSet、TreeSet 和 LinkedHashSet。这几个实现类的接口实现和继承层次如图 8.4 所示。

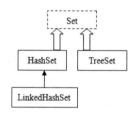

图 8.4　Set 接口的实现类的接口实现和继承层次

HashSet 类的定义原型为 java.util.HashSet<E>，是为快速查询而设计的集合，称为散列集合。其内部维护了一个 Hash 表，存入其中的元素必须定义 hashCode()方法，并且向其中添加元素的 add()方法隐含了比较元素的步骤，要求添加的元素必须与已有的所有元素都不相同才能被添加。一般而言，HashSet 类的总体性能总是优于 TreeSet 类和 LinkedHashSet 类。TreeSet 类的定义原型为 java.util.TreeSet<E>，是一个保持次序的集合，其内部由一个树结构维护，并将元素存储在红-黑树结构中。TreeSet 类最重要的性能是维护顺序，可以从中提取有序序列，前提是元素类型必须实现了 Comparable 接口，具有可比较属性。LinkedHashSet 类的内部使用链表维护元素的顺序，其定义原型为 java.util.LinkedHashSet<E>，查询操作的速度比较快，但是在插入、删除操作方面就要慢得多。当使用迭代器遍历时，元素的输出顺序就是元素的输入顺序。

下面使用一个实例说明集合的性质，以及 HashSet 类、TreeSet 类和 LinkedHashSet 类之间的差异。

【例 8.9】使用 HashSet 类、TreeSet 类和 LinkedHashSet 类的例子。

具体的程序如程序清单 8.9 所示。

程序清单 8.9

```java
//Example 9 of Chapter 8
package use3kindsset;

import java.util.*;
public class Use3KindsSet
{
    public static void main(String[] args)
    {
        Random random = new Random();

        //测试在全覆盖情形下 3 种集合的元素数量
        Set<Integer> hashset = new HashSet<Integer>();
        Set<Integer> treeset = new TreeSet<Integer>();
        Set<Integer> linkedhashset = new LinkedHashSet<Integer>();
        for(int i = 0;i < 1000;i++)
        {
            Integer in = random.nextInt(20);
            hashset.add(in);
            treeset.add(in);
            linkedhashset.add(in);
        }
        System.out.println(hashset);
        System.out.println(treeset);
        System.out.println(linkedhashset);

        //测试在可能非全覆盖情形下 3 种集合的元素数量
        Set<Integer> hashset2 = new HashSet<Integer>();
        Set<Integer> treeset2 = new TreeSet<Integer>();
        Set<Integer> linkedhashset2 = new LinkedHashSet<Integer>();
        for(int i = 0;i < 20;i++)
        {
            Integer in = random.nextInt(20);
            hashset2.add(in);
            treeset2.add(in);
            linkedhashset2.add(in);
        }
        System.out.println(hashset2);
        System.out.println(treeset2);
        System.out.println(linkedhashset2);

        //测试 3 种集合的元素顺序
```

```
        Set<Integer> hashset3 = new HashSet<Integer>();
        Set<Integer> treeset3 = new TreeSet<Integer>();
        Set<Integer> linkedhashset3 = new LinkedHashSet<Integer>();
        for(int i = 0;i < 10;i++)
        {
            Integer in = random.nextInt(100);
            hashset3.add(in);
            treeset3.add(in);
            linkedhashset3.add(in);
            System.out.println(in);
            System.out.println(" , ");
        }
        System.out.println(hashset3);
        System.out.println(treeset3);
        System.out.println(linkedhashset3);
    }
}
```

某一次运行的运行结果如下：

```
[0, 1, 2, 3, 4, 5, 6, 7, 8, 9, 10, 11, 12, 13, 14, 15, 16, 17, 18, 19]
[0, 1, 2, 3, 4, 5, 6, 7, 8, 9, 10, 11, 12, 13, 14, 15, 16, 17, 18, 19]
[7, 6, 14, 0, 9, 18, 8, 10, 13, 17, 16, 5, 11, 1, 3, 4, 19, 2, 15, 12]
[0, 1, 2, 3, 4, 5, 10, 12, 13, 14, 15, 16, 17, 18, 19]
[0, 1, 2, 3, 4, 5, 10, 12, 13, 14, 15, 16, 17, 18, 19]
[13, 5, 16, 19, 12, 17, 0, 14, 3, 15, 4, 10, 1, 2, 18]
24 , 48 , 99 , 20 , 74 , 27 , 45 , 54 , 58 , 1 ,
[48, 1, 99, 20, 54, 24, 74, 58, 27, 45]
[1, 20, 24, 27, 45, 48, 54, 58, 74, 99]
[24, 48, 99, 20, 74, 27, 45, 54, 58, 1]
```

程序的第一段测试了 3 种集合的元素数量，可以看出，当随机数生成器生成 1000 个 0～19 的随机整数时，可以认为接近全覆盖 0～19，3 种集合容纳的元素数量都是 20 个。程序的第二段测试了在可能非全覆盖情形下 3 种集合的元素数量，当随机数生成器生成 20 个 0～19 的随机整数时，3 种集合的元素数量都是 15 个，这是一种可能的分布。程序的第三段测试了 3 种集合的元素顺序，可以看到，HashSet 对象的元素顺序似乎没有规律；TreeSet 对象的元素顺序是按照数值从小到大排列的；LinkedHashSet 对象的元素顺序是输入时的原始顺序。事实上，如果反复运行程序就能发现，HashSet 对象在输出时的元素顺序没有确切规律；TreeSet 对象在输出时的元素顺序总是按照数值从小到大排列；LinkedHashSet 对象在输出时的元素顺序总是在输入时的原始顺序，这正是这 3 种集合各自的特点。

8.4.6 队列

队列是一个先进先出的容器，在并发处理中具有重要的作用。队列接口 Queue 也是从容器接口 Collection 派生而来的，其定义原型为 java.util.Queue<E>，其中定义的方法都是对头元素进行操作的。Queue 接口新定义的方法如下：

```
boolean add(E e)              //将指定的元素插入此队列，若添加失败
                              //则抛出异常
boolean offer(E e)            //将指定的元素插入此队列，并返回逻辑值
E remove()                    //检索并移除此队列的头，若此队列为空
                              //则抛出一个异常
E poll()                      //检索并移除此队列的头，若此队列为空
                              //则返回 null
E element()                   //检索但不移除此队列的头，若此队列为空
                              //则抛出一个异常
E peek()                      //检索但不移除此队列的头，若此队列为空
                              //则返回 null
```

实现 Queue 接口的类主要有 LinkedList，并且该类已经很好地实现了队列的功能，前面已经对其进行了介绍。此外，还有一个 PriorityQueue 类，其定义原型为 java.util.PriorityQueue<E>，是 Java SE 5 版本中新增的，实现了优先级队列。优先级队列在弹出元素时，首先选择具有最高优先级的元素，这依赖于在插入元素时对元素进行排序操作。事实上，PriorityQueue 类的 offer()方法就含有排序功能，可以把优先级最高的元素放到队列头。如果普通的队列是按照先进先出的原则把等待时间最长的元素弹出，则优先级队列是按照优先级的原则把最需要处理的元素弹出。

8.4.7 映射

映射实际上维护了一组键/值关系，即从键到值的对应关系。Java 语言的映射功能是通过 Map 接口和几个主要的实现类的定义完成的。Map 接口和主要的实现类的继承和派生关系如图 8.5 所示。

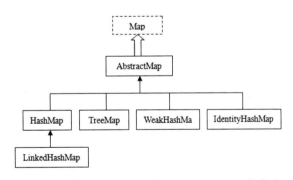

图 8.5 Map 接口和主要的实现类的继承和派生关系

Map 接口的定义原型为 java.util.Map<K,V>，泛型变量 K 和 V 分别代表键和值。Map 接口的元素是一组键/值对，这些元素是无序的，其中的键是唯一的，在同一个 Map 接口中，不允许出现重复的键，但允许出现重复的值。Map 接口没有父接口，也没有继承 Iterable 接口，因此 Map 接口的实现类都不能生成迭代器，也不能使用 For-each 遍历。Map 接口的主要方法如下：

```
V put(K key,V value)                  //将指定的值与此映射中的指定键相关联
                                       //如果此键已存在，则用指定值替换旧值
void putAll(Map<? extends K,? extends V> t)
                                       //从指定映射中将所有映射关系复制到此映射中
void clear()                           //从此映射中移除所有映射关系
V remove(Object key)                   //如果存在此键的映射，则将其从映射中移除
V get(Object key)                      //返回此映射中映射到指定键的值
int hashCode()                         //返回此映射的哈希码值
Set<Map.Entry<K,V>> entrySet()         //返回此映射中包含的映射关系的 Set 视图
Set<K> keySet()                        //返回此映射中包含的键的 Set 视图
Collection<V> values()                 //返回此映射中包含的值的
                                       //Collection 视图
```

在映射中存在 3 种视图，即映射关系集合视图、键的集合视图和值的容器视图，可以使用 entrySet()方法、keySet()方法和 values()方法分别获取这 3 种视图，并且可以通过对这 3 种视图的遍历实现对映射的遍历。

在 Map 接口的实现类中，HashMap 类是最重要的，也是性能最好的，其他几个实现类则各有所长，亦各有所短。

8.4.7.1　HashMap 类

HashMap 类是最主要的 Map 接口实现类，其定义原型为 java.util.HashMap<K,V>，HashMap 类的功能覆盖了早期的 HashTable 类的功能，也取代了 HashTable 类。该类可以通过构造方法指定初始容量和加载因子，以达到调整容器性能的目的。HashMap 类中的方法都是对 Map 接口中定义的方法的实现。在 HashMap 类中维护了一个 Hash 表，其性能会随着容量的增大而降低，在其中进行查找操作的代价比较小，进行插入操作的代价比较大。HashMap 类是最具代表性的映射实现类，所以在大多数情况下，程序中使用的都是 HashMap 类。

例 8.10 给出了一个使用 HashMap 类统计在生成随机数时各个数字出现的次数的程序，是映射类最典型的应用。

【例 8.10】使用 HashMap 类统计在生成随机数时各个数字出现的次数的例子。

具体的程序如程序清单 8.10 所示。

程序清单 8.10

```
//Example 10 of Chapter 8
package usehashmap;

import java.util.*;
public class UseHashMap
{
    public static void main(String[] args)
    {
        Random random = new Random();
```

```
Map<Integer,Integer> map = new HashMap<Integer,Integer>();
for(int i = 0;i < 1000;i++)
{
    Integer in = random.nextInt(20);
    Integer num = map.get(in);
    map.put(in, num == null ? 1:num + 1);
}
System.out.println(map);
    }
}
```

某一次运行的运行结果如下：

```
{0=57, 1=41, 2=42, 3=46, 4=56, 5=52, 6=46, 7=52, 8=50, 9=60, 10=47, 11=46,
12=55, 13=59, 14=64, 15=45, 16=47, 17=45, 18=53, 19=37}
```

程序清单 8.10 中的随机数生成过程与程序清单 8.9 中的完全相同，都是使用生成的随机数作为键，在 HashMap 类实例中进行查找。如果键不存在，则将其对应的值设置为 1，并存入 HashMap 实例；如果键存在，则将其对应的值增加 1。输出结果的格式是 HashMap 类自带的。

8.4.7.2 其他 Map 接口实现类

其他 Map 接口实现类还有 java.util.LinkedHashMap<K,V>、java.util.TreeMap<K,V>、WeakHashMap<K,V>和 IdentityHashMap<K,V>。

LinkedHashMap 类类似于 HashMap 类，在存储键/值对时依然保留插入时的顺序，在使用时的计算速度比 HashMap 类慢，但是在迭代检索时的速度比较快。其内部维护了一个链表。

TreeMap 类实现了红-黑树，所得到的结果是经过排序的，其中定义了一个 subMap()方法，可以返回一个子树。

WeakHashMap 类称为弱键（Weak Key）映射，是专门为了解决某类特殊问题而设计的，如果在程序中没有引用指向某个键，则这个键可以被释放，并被垃圾收集器回收。

IdentityHashMap 类使用运算符"=="代替 equals()方法来比较键，是一种特定应用的映射实现类。

8.5 注解

8.5.1 什么是注解

注解（Annotation）也称标注，是从 Java SE 5 版本开始引入 Java 语言的一种注释机制，是一种形式化地向程序代码中添加信息的方法。这种方法在 Java SE 中有使用，在 Java EE 中的使用更为广泛。注解本身并不是可执行语句，主要是起注释作用，可以把程序中需要使用的原本需要另外创建文档才可以记录的信息通过注解这种专门的形式记录到源程序代码中，便于程序员维护代码。从未来趋势上看，注解可以代替如部署描述符等一些辅助文档的工作。

注解可以用来标注 Java 语言的类、方法、变量、参数和包等。对于一些注解而言，Java 编译器在编译代码时，可以通过反射机制获取 Java 标注的内容，并嵌入字节码文件中。

注解最明显的特征是使用一个符号"@"作为开头，在 JFC 类库中已经定义了一些注解，还可以由用户自定义新的注解。无论是类库中的注解还是用户自定义的注解，都可以用于程序的源代码中，传递一定的含义。

8.5.2 类库中的注解

JFC 类库中已经定义了一些注解，用于一些特定的场合。

@Override：表示所修饰的方法覆盖父类中的方法。这个注解在一般的 Java 语言程序中就可以使用，如果使用了这个注解修饰方法成员，编译器会自动判别是否有被覆盖的方法。

@Deprecated：用于标记过时方法。如果在程序中使用了该方法，编译器会给出编译警告。

@SuppressWarnings：用于指示编译器关闭和忽略注解中声明的警告。

@SafeVarargs：从 Java SE 7 版本开始定义，用于指示编译器忽略任何使用泛型变量为参数的方法或构造函数调用产生的警告。

上述几个注解定义在 java.lang 包中。

@FunctionalInterface：从 Java SE 8 版本开始定义，意为"函数界面"，用于标识一个匿名函数或函数式接口。

@Repeatable：从 Java SE 8 版本开始定义，意为"可重复的"，用于标识某注解可以在同一个声明中使用多次。

上述几个注解定义在 java.lang.annotation 包中。

查阅 Java API 文档，我们会看到对每一个注解的说明都是如下的形式：

```
public @interface FunctionalInterface
```

即声明注解的关键字是@interface，这是声明注解的标准格式。

8.5.3 定义注解的基本语法

定义注解的基本语法非常简单，比如，程序中需要定义一个名为@Informal 的注解，就可以使用如下的代码来定义：

```
import java.lang.annotation;

@Target(ElementType.Method)
@ Retention(RetentionPolicy.RUNTIME)
public @interface Informal{}
```

之后就可以使用@Informal 注解去标注方法了。

这个定义格式与空的接口定义格式非常类似。实际上，还可以在接口体中声明常量和方法，使其成为非空的注解定义。其中，@Target 和 @Retention 是已经定义在 java.lang.annotation 包中的两个注解，称为元注解，分别用于说明新定义的注解的使用目标和存储级别。元注解还有@Documented 和@Inherited。

注解是在类和接口类型之后，Java 语言中出现的一个新类型，称为 annotation 类型。

使用上述形式定义的注解与接口有一个明显的差异：注解不支持继承，不能使用 extends 关键字在一个注解的基础上定义新的注解。隐含地，所有的注解都扩展了 Annotation 接口，Annotation 接口是所有注解的公共接口。手动扩展 Annotation 接口不是在定义新的注解，而是在定义新的接口。

Annotation 接口定义在 java.lang.annotation 包中，其中包含如下几个方法：

```
Class<? extends Annotation> annotationType()
                                   //返回此 annotation 的注释类型
boolean equals(Object obj)         //如果指定的对象表示在逻辑上等效于
                                   //此接口的注释，则返回 true
int hashCode()                     //返回此 annotation 的哈希码
String toString()                  //返回此 annotation 的字符串表示形式
```

8.5.4 元注解

专门负责注解其他注解的注解称为元注解。

JFC 类库中定义了 4 个元注解，即@Target、@Retention、@Documented 和@Inherited，都存放在 java.lang.annotation 包中。另外，两个有关的说明性枚举 ElementType 和 RetentionPolicy 也存放在这个包中。

@Target 元注解用于指示注解类型所适用的程序元素的种类。如果注解类型声明中不存在此元注解，则声明的类型可以用在任一程序元素上；如果注解类型声明中存在这样的元注解，则编译器会强制实施指定的使用限制。其中定义了一个 ElementType 类型的必需元素 value。

程序元素的种类由枚举 ElementType 给出说明，共有 8 个枚举常量和 2 个方法如下：

```
ANNOTATION_TYPE                    //注解类型声明
CONSTRUCTOR                        //构造方法声明
FIELD                              //字段声明（包括枚举常量）
LOCAL_VARIABLE                     //局部变量声明
METHOD                             //方法声明
PACKAGE                            //包声明
PARAMETER                          //参数声明
TYPE                               //类、接口（包括注解类型）或枚举声明
public static ElementType valueOf(String name)
                                   //返回带有指定名称的该类型的枚举常量
public static final ElementType[] values()
                                   //按照声明该枚举类型的常量的顺序，返回
                                   //包含这些常量的数组
```

@Retention 元注解用于指示注解类型的注释需要保留多久。如果注解类型声明中不存在此元注解，则保留策略默认为 RetentionPolicy.CLASS。其中定义了一个 RetentionPolicy 类型的必需元素 value。

保留策略的种类由枚举 RetentionPolicy 给出说明，共有 3 个枚举常量和 2 个方法如下：

```
CLASS                                    //类级
RUNTIME                                  //运行时系统级
SOURCE                                   //源代码级
public static RetentionPolicy valueOf(String name)
                                   //返回带有指定名称的该类型的枚举常量
public static final RetentionPolicy[] values()
                                   //按照声明该枚举类型的常量的顺序，返回
                                   //包含这些常量的数组
```

最低级别是源代码级，注释仅存在于编译器处理期间，在编译器处理完之后就没有了。较高级别是类级，编译器会把注释记录在类文件中，在运行时 Java 虚拟机不需要保留注释。最高级别是运行时系统级，编译器会把注释记录在类文件中，但在运行时 Java 虚拟机将保留注释，因此可以反射性地读取。

@Documented 元注解用于指示某一类型的注释将通过 javadoc 和类似的默认工具进行文档化。

@Inherited 元注解用于指示注释类型将被自动继承，即如果父类中使用了相应的注释，则子类中这个注释依然有效，在编译时会向父类追溯查询注释说明。

@Documented 元注解和@Inherited 元注解中都没有定义具体的内容。

本章知识点

★ 在 Java 语言中，如果作为类成员的对象实例就是所定义的类的类型，则这个类称为自引用类。

★ 通过自引用类可以构造出链表、栈、队列、二叉树等基本数据结构。

★ 泛型是把类型作为变量的一种定义方式，实现了参数化类型的概念。使用一个带有尖括号的符号<T>表示泛型变量。

★ 将泛型定义方式应用于类定义，得到的类就是泛型类。其中，泛型变量放在类名后面。

★ 将泛型定义方式应用于接口定义，得到的接口就是泛型接口。其中，泛型变量放在接口名后面。

★ 将泛型定义方式应用于方法定义，得到的方法就是泛型方法。其中，泛型变量放在方法的返回值类型说明之前。

★ 泛型通配符一般使用"？"代替具体的类型实参出现在程序代码中。泛型通配符代表的是实参。

★ <？ extends T>称为上界通配符，是指所有由 T 派生的子类；<？ super T>称为下界通配符，是指所有派生了 T 的父类。

★ 枚举是由一组顺序固定的元素组成的有穷序列集合，一般呈现互斥的或多选一的关系。使用 enum 关键字声明枚举。枚举在程序中相当于一个类，继承自 java.lang.Enum 类。

★ For-each 遍历用于遍历实现了 Iterable 接口的类或者一个数组。

★ 迭代器是一种遍历方法，用于遍历各种容器集合类的元素。Java 语言通过 Iterable

接口和 Iterator 接口定义迭代器。

★ Collection 接口是很多容器集合类的公用接口，继承自 Iterable 接口，派生了 List 接口、Set 接口和 Queue 接口。

★ 列表是最常用的数据存储类，主要由 List 接口的实现类，即 ArrayList 类和 LinkedList 类定义。

★ 集合是常用的数据存储类，主要由 Set 接口的实现类，即 HashSet 类、TreeSet 类和 LinkedHashSet 类定义。

★ 队列是常用的数据存储类，主要由 Queue 接口的实现类，即 LinkedList 类和 PriorityQueue 类定义。

★ 映射是常用的数据存储类，主要由 HashMap 类定义。

★ 注解（Annotation）也称标注，是一种形式化地向程序代码中添加信息的方法。

★ 定义注解的基本语法与定义接口的语法类似，并使用元注解说明其他注解。

★ 类库中定义了 4 个元注解，即@Target、@ Retention、@Documented 和@Inherited。

习题 8

8.1 什么是泛型？什么是泛型通配符？什么是泛型的上下边界？

8.2 请说明定义泛型类、泛型接口、泛型方法的格式要求。

8.3 什么是枚举？如何定义枚举？如何使用枚举？

8.4 For-each 遍历可以遍历哪些数据类型？如何使用 For-each 遍历？

8.5 如何使用迭代器遍历容器集合类对象？

8.6 试比较 ArrayList 类和 LinkedList 类的异同。

8.7 试比较 HashSet 类、TreeSet 类和 LinkedHashSet 类的异同。

8.8 使用 LinkedList 类定义的普通队列和使用 PriorityQueue 类定义的优先队列在操作上有何差异？

8.9 映射的 3 种视图如何获取？

8.10 什么是注解？如何定义注解？如何使用注解？

8.11 定义注解要用到哪几个元注解？

第9章 Java Applet 程序设计

本章主要内容: Java Applet 程序是 Java 语言所特有的一种程序体例,可以被嵌入 HTML 文档标记文件,在网页浏览器中执行,成为网页的一部分,可以生成具有动态效果和交互功能的 Web 页面。本章主要介绍 Java Applet 的基本结构、运行环境、生命周期、主要行为、多媒体设计、交互功能和通信功能等。为了更确切地说明 Java Applet 的程序结构,本章还简要地介绍了与编写 Java Applet 程序密切关联的 Applet 类与 JApplet 类。

9.1 HTML 与 WWW

HTML(Hyper Text Markup Language,超文本标记语言)和 WWW(World Wide Web,万维网)几乎是目前 Internet 上使用最多的技术,也是 Internet 上各种实际应用的基础。随着 Java 语言的出现,Java、HTML 和 WWW 进一步结合,使得 Internet 呈现出更加丰富多彩的景象,曾经一度将 HTML、WWW、Java 并称为"Internet 三剑客",由此可见,三者之间的关系十分密切。

HTML 与 Java Applet 的结合大大丰富了 WWW 页面的设计手段,Java Servlet 和 JSP 技术的出现又促进了动态网站的普及和发展,曾经十分流行的"JSP+Java Servlet+JDBC+EJB"的开发设计模式就是动态网站这种应用的一种标准方式,并且新一代的 XML 规范的制定和完善也被逐步结合到 Java EE 的开发中。在后面的有关章节中,还将不止一次地提到 HTML 标记及 WWW 服务,还有 XML(eXtensible Markup Language,可扩展标记语言),这里先进行一下简单的介绍。

9.1.1 HTML

20 世纪 90 年代早期,科学家 Tim Berners-Lee 开始开发一种传输可以被可视化地反映在 Internet 的文件上的软件,这项研究得到了两个结果:一个是 HTTP(Hyper Text Transfer Protocol,超文本传输协议),另一个是 HTML。这直接导致了 Web 服务的出现。从出现的时间上看,Internet 远远早于 Web,但是当 HTML 和 HTTP 出现之后,Web 服务的发展速度就像乘坐了火箭一样突飞猛进。

HTML 的思想来自 20 世纪 70 年代中期由 IBM 公司的 Charles F.Goldfarb 发明的、现已成为国际标准的另一种标记语言 SGML(Standard Generalized Markup Language,标准通用化标记语言)。HTML 是一种纯文本格式的符号集合,是 Web 文档的格式化,是一种用来制作超文本文档的简单标记语言。使用 HTML 编写的超文本文档称为 HTML 文档。它能独立于各种操作系统平台,WWW 中的可单击超链接、图形图像、多媒体文档、表单等都是使用 HTML 符号集描述的。因为 HTML 文档是采用 ASCII 码的普通纯文本文件,所以它可以使用任何一种文本编辑器来生成。实际上,HTML 是组合成一个文本文件的一系列标记。使用 HTML 描述的文档需要通过 WWW 浏览器显示出效果。目前，各种浏览器都可以将 HTML 文档解释成图形化的 Web 页面。

学习和使用 HTML 是一件比较简单的事情。首先，HTML 仅仅是由一些标记组成的符号集合，并且每个标记都是十分简单易用、便于记忆的字符串；其次，HTML 的语法规则十分简单，要求也比较宽松。在 HTML 中定义了若干组标记对，由开头标记和结束标记组成，包括基本标记<html>和</html>、<head>和</head>、<body>和</body>，标题标记<title>和</title>，文本标记<pre>和</pre>、<h1>和</h1>、<h6>和</h6>、和。这些标记构成了 HTML 文档的整体框架，用户可以根据自己的设计需要向其中添加文字、框架、表单、表格、链接、图形元素等，还可以设定多种属性、颜色、字体等来丰富 Web 页面。在生成 HTML 文档时，原则上可以使用任何一种文本编辑器，也可以使用专门的 HTML 设计工具。有些第三方设计工具可以半自动化地生成 HTML 文档，如 Dynamic 公司的 HTML Editor，Microsoft 公司的 FrontPage，Macromedia 公司的 Dreamweaver、Fireworks 和 Flash 等都是比较好的主页制作工具。

例 9.1 给出了一段 HTML 代码，其中使用了部分 HTML 标记。例 9.1 中的 HTML 文档在浏览器上的显示结果如图 9.1 所示。

【例 9.1】使用 HTML 标记符号编写一个网页页面。

具体的代码如程序清单 9.1 所示。

程序清单 9.1

```
<! DOCTYPE HTML PUBLIC "-//W3C//DTD HTML 4.0//EN"
"http://www.w3.org/TR/REC-html40/strict.dtd">
<HTML>
<HEAD>
<TITLE>我们的第一个网页</TITLE>
</HEAD>
<BODY  bgcolor="#ffffff"  text="blue"  link="orange"  alink="magenta"
vlink="green">
<CENTER><H1>吉林大学校园风光</H1>
<H3>吉林大学校园风光</H3>
<H6>吉林大学校园风光</H6></CENTER>
<HR size=3 color="orange">
<IMG SRC="Img_0224.jpg" ALIGN="top">
<IMG src="Img_0234.jpg" ALIGN="top">
<IMG SRC="Img_0235.jpg" ALIGN="top">
<IMG SRC="Img_0236.jpg" ALIGN="top">
<HR size=3 color="orange">
<P>
<A href="http://www.jlu.edu.cn/">吉林大学主页</A><P>
<STRONG><FONT size="6" color="magenta">
<I>吉林大学是教育部直属的全国重点综合性大学，坐落在吉林省长春市。
</I></FONT></STRONG>
```

```
<FONT size="5" color="red">学校始建于 1946 年，1960 年被列为国家重点大学，1984
年成为首批建立研究生院的 22 所大学之一，</FONT>
<FONT size="4" color="green">1995 年首批通过国家教委"211 工程"审批，2001 年
被列入"985 工程"国家重点建设的大学，</FONT>
<FONT size="3" color="black">
<B>2004 年被批准为中央直接管理的学校，2017 年入选国家一流大学建设高校。
</B><P></FONT>
<FONT size="6"><B>吉林大学是教育部直属的全国重点综合性大学，坐落在吉林省长春市。
学校始建于 1946 年，1960 年被列为国家重点大学，1984 年成为首批建立研究生院的 22 所大学之一，
1995 年首批通过国家教委"211 工程"审批，2001 年被列入"985 工程"国家重点建设的大学，2004
年被批准为中央直接管理的学校，2017 年入选国家一流大学建设高校。</B></FONT>
<HR>
</BODY>
</HTML>
```

图 9.1　例题 9.1 中的 HTML 文档在浏览器上的显示结果

在程序清单 9.1 的代码中，可以看到其中使用了一些 HTML 标记符号。<HTML>和
</HTML>标记标出了文档的开头和结尾。<HEAD>和</HEAD>标记之间的部分是文件头部
分，其中有标题标记<TITLE>和</TITLE>，其中的文字显示在浏览器的标题栏中。<BODY>
和</BODY>标记之间的部分是文件体部分。<BODY>标记中有几个参数设定：
"bgcolor="#ffffff""说明背景色为白色；"text="blue""说明文本色为蓝色；"link="orange""
说明超链接的颜色为橙色；"alink="magenta""说明被选中的链接的颜色为紫色；

"vlink="green""说明已使用的链接的颜色为绿色。<CENTER>和</CENTER>标记设定了其中的内容在页面上居中显示，</H1>和</H1>标记、</H3>和</H3>标记、</H6>和</H6>标记则分别设定了3个字号为一号、三号、六号的标题。<HR size=3 color="orange">表示在页面上加入一条水平线，并且该线的宽度为3个像素，颜色为橙色。

<IMG SRC="Img_0224.jpg" ALIGN="top">表示在页面中加入一幅图像，SRC指明了图像文件名，ALIGN指明了对齐方式。<P>表示要创建一个新的段落。

<A href="http://www.jlu.edu.cn">吉林大学主页</A>把指向http://www.jlu.edu.cn/的超级链接加入页面，其页面显示内容为"吉林大学主页"。<FONT>与</FONT>标记之间的文字是要显示在页面上的内容，size和color指明了文字的字体大小和颜色。<STRONG>和</STRONG>标记表示其中间的文字加重显示。<I>和</I>标记表示其中间的文字斜体显示，<B>和</B>标记表示其中间的文字加粗显示。

HTML文档是一种大小写无关的文档。在上面的例题中，我们已经看到了src属性既有大写的，也有小写的，这并不影响文档所描述的页面的结果。另外，HTML文档对格式的要求也不高，在程序清单9.1中我们也看到了，加入图像的标记可以独占一行，也可以两个在同一行。

需要说明的是，在HTML文档的符号集合中，符号的数量十分庞大，这里不能详细叙述，有兴趣的读者可以查阅有关HTML 5.0规范的文档资料。

9.1.2　WWW

WWW是以超文本标记语言HTML与超文本传输协议HTTP为基础,提供面向Internet服务、具有一致的用户界面的信息浏览系统。WWW是目前Internet上最主要的服务,HTTP协议是WWW的基本协议,HTML是WWW上描述信息的主要形式。有了HTTP协议和HTML标记，就可以很容易地构建WWW图形化页面，向Internet提供WWW服务了。Internet用户通过使用WWW服务就可以查阅Internet上的信息资源了。

很多人认为，Internet与WWW就是同一个概念，其实WWW并不是Internet，只是Internet的组成部分之一，是Internet上最常见的服务。WWW的正式定义如下：

"WWW is a wide-area hypermedia information retrieval initiative to give universal access to large universe of documents."

即"WWW是一个广域的给出对海量文档资料的通用访问的超媒体信息检索"。简而言之,WWW是一个以Internet为基础的计算机网络，它允许用户在一台计算机上通过Internet存取另一台计算机上的信息。从理论上来说，WWW包括所有的Web站点、Gopher信息站、FTP档案库、Telnet公共存取账号、News新闻讨论区及资料库。所以，可以说WWW是当今最大的电子资料世界，也难怪人们把WWW等同于Internet了。WWW之所以被称为信息网，是因为它的资源可以互相链接。目前，全世界大概有数百万个Web站，并且每个Web站都可以通过超链接与其他Web站连接。任何人都可以设计自己的主页，并将其放到Web站上，然后在其主页上通过超链接与其他人的主页连接，或者连接到其他的Web站点，同时其他人也可以连接到其主页或者其Web站。这样，整个信息网就连接起来了，从而形成一个巨大的环球信息网。

主页是在WWW基础上定义的个人或机构的基本信息页面。用户可以通过主页访问有关的信息资源。主页一般包含文本（Text）、图像（Image）、表格（Table）、表单（Form）、超链接（Hyper Link）等基本元素。

WWW 的发展经过了以下几个阶段。

第一阶段：基于字符的超文本。第一个页面出现于 1989 年，由于条件的限制，在使用计算机访问 Web 时，没有更好的办法显示和处理图形，因此只能选择更简单的、使用文本的方法通过 Web 共享信息。

第二阶段：基于图形的静态 HTML。1993 年出现了第一个支持图形的浏览器 NCSA Mosaic，是由一群大学生和 Netscape 的奠基人 Marc Andreessen 共同为国际超级计算机中心（National Center of Supercomputing Applications）开发的 Web 浏览器。图形浏览器的出现，为 Internet 开辟了新的广阔天地。

第三阶段：动态页面。虽然 HTML 是 WWW 成功的关键因素之一，但是 WWW 能够创建交互式表单的能力无疑大大地促进了它的流行。CGI（Common Gateway Interface，通用网关接口）规范的制定为实现动态页面提供了一个很好的条件，也促进了如 PHP、JSP、ASP 等技术的发展。CGI 程序使得用户和浏览器可以进行低级的交互行为。

第四阶段：交互式 HTML。从 1995 年开始，在 Netscape Navigator 中开始使用插件和 Java。这一阶段的最大特点就是浏览器的功能得到加强，不再单独依靠服务器来运行应用程序和处理用户信息。对客户端进行功能扩展的应用，使得客户端对服务器的依赖性减小，也使得浏览器和服务器真正成为客户端/服务器结构。

9.1.3　URI 与 URL

在 Internet 上，HTTP 协议构成了 WWW 的基础。HTTP 协议采用 URI（Uniform Resource Identifier，统一资源标识符）来标识 Internet 上的数据，而用于指定文档资料在 Internet 上的确切位置的 URI 称为 URL（Uniform Resource Locator，统一资源定位符）。URI 其实就是能标识资源的、具有特定语义的字符串，它所指定的资源可能是服务器上的一个文件，也可能是一个邮件地址、一条新闻、一本书、一个人的名字、一台 Internet 主机，等等。URL 是指向文件、目录、HTML 文档的指针，可以为文档带来 WWW 上的各种服务，也可以引用执行复杂任务的对象，是在 Internet 上定位和解释信息的关键，是描述 Web 资源位置及其内容的标准方法。标准的 URL 由 3 部分组成：服务名://主机名:（端口号）/文档。

下面是 URL 的 6 种类型的实例。

（1）HTTP URL：Internet 上最常见的 URL，如 http://www.oracle.com/index.html。

（2）FTP URL：文件传输协议，用于传输较大的文件，如 ftp://gatekeeper.dec.com/pab。

（3）TELENET URL：允许远程登录一个计算机系统，并将本机作为终端。例如：

```
telnet://madlab.sprl.urnich.edu:3000
```

（4）NEWS URL：新闻服务与电子公告，如 news:corp.infosystems.www.authoring.html。

（5）MAIL TO URL：电子邮件，如 ailto:webmaster@www.company.com。

（6）FILE URL：用于在自己的计算机上定位文件，如 file://winword6/html/myfile.html。

Java 语言很好地利用了 URL。在后面将会看到，Java 类库中有一个 URL 类，其中定义了 URL 的很多功能和属性。程序员可以使用这个类访问网络资源，使 Java 语言程序更好地利用和操作 Internet。

9.1.4　XML

HTML 是 Web 文档的第一种格式，是一种描述文本数据的简单标准，优点是简单和开放。但是，由于其简单的特点而造成了其不够严谨和随意性强的弱点，同时由于其开放的特点使得符号集合中元素的数量越来越多，程序员在处理这种非严格定义的语法文档时会感觉非常吃力。即使经过 HTML 4.0 版本到 5.0 版本的升级，这个问题依然未能得到很好的解决。

早在 HTML 4.0 版本面世之前，业内就开始着手在 HTML 的基础上制定新的标记符号和语法，即 XML（eXtensible Markup Language，可扩展标记语言）。XML 在概念上类似于HTML，包含自定义的一组标记定义，这些标记也与 HTML 标记非常相似，也是在使用文字编辑器创建的文档中定义的，其元素同样是由标记和属性组成的。与 HTML 相比，XML明显的改进或者说优势在于其语法的严谨性，XML 的标记必须成对出现，不允许单个标记存在，即使使用了单个标记，也要求带有结束符号。它还要求浏览器拒绝所有不符合语法要求的文档，只接纳合格的文档。这样有诸多好处：一是 XML 文档比 HTML 文档更容易使用程序自动解析；二是由于 XML 的标记和属性可以与关系数据库的元数据进行比较，因此 XML 文档更容易描述数据，数据交换更为简化，并且使用 XML 编写的文档可以在多种目的下重复使用，也更适合企业的标准化要求。

深入了解和掌握 XML 的有关内容对于学习和使用 Java EE 的 JSP 和 Servlet 有一定的帮助，这是因为在 Java EE 中会使用 XML。

9.2　Java Applet 基本概念

9.2.1　什么是 Java Applet

前面几章比较详细地介绍了 Java 语言的语法，实际上，到目前为止，一直是在介绍 JavaApplication 程序。在第 1 章中曾经介绍过，在 Java SE 中有两种程序，除了 Java Application程序，还有一种 Java Applet 程序。

Java Applet 程序是 Java 语言与 WWW 相结合的产物，是一种被嵌入描述 Web 页面的HTML 文档中，由 Java 兼容浏览器执行的小程序。Applet 这个单词是在 Java 语言的开发过程中创造出来的，是由单词 Application 的前 3 个字母加拉丁词根 "-let" 构成的，词根"-let" 一般表示 "部分的" 或者 "碎片的"，Applet 的字面含义就是 "不完整的应用程序"，一般译为 "小应用程序"。Java Applet 程序被嵌入描述 Web 页面的 HTML 文档中，主要是为了丰富 Web 页面的设计内容和设计效果，这在早期的网页设计中是一项极其重要的改进。其主要功能包括：绘图、动态效果、动画和声音、交互、窗口环境和网络交流。JavaApplet 程序的应用是目前 Java 语言应用的重要内容，在 Internet 上可以浏览到很多 JavaApplet 程序，这些程序的设计多姿多彩、千变万化，极大地丰富了 Web 页面的内容。据统计，Java Applet 程序曾经占 Java 语言程序总量的 60%以上。近年来，由于多种第三方产品的出现，Java Applet 程序逐渐被 Flash 等开发工具替代，使用量有所减少。

Java Applet 程序是 Java 语言程序的一种特殊形式，其基本结构和执行流程与 JavaApplication 程序有一些差别，但是其语法与 Java Application 程序完全相同，包括语句、方法和图形界面设计技术等。前面已经介绍过的内容基本上都可以在 Java Applet 程序中使用，程序设计的思路和方法基本上是一致的，最明显的差异在于 Java Applet 程序是在浏览器环境下运行的。

9.2.2 Java Applet 程序的运行环境和运行方式

Java Applet 程序本身是一段 Java 语言程序，但它不能像 Java Application 程序那样独立运行，而是需要把经过编译后生成的字节码文件嵌入 HTML 文档中，并随 HTML 文档通过主页发布到 Internet 上。当用户从网上访问该 HTML 文档时，Java Applet 程序的字节码文件会被用户浏览器执行。实际上，浏览器会提供图形界面，浏览器的窗口相当于这段程序的顶层容器，Java Applet 程序代码似乎只是这个顶层容器下的一段代码。另外，如果要运行和显示带有 Java Applet 程序的 Web 页面，则通常要求浏览器必须是 Java 兼容浏览器。IE、Netscape Navigator 都是 Java 兼容浏览器。

Java 类库的 java.applet 包中定义了一个 Applet 类，被定义为面板类 Panel 的子类，是一个非独立的容器，必须被放到一个独立容器中才能执行。用户在编写 Java Applet 程序时，程序的主类必须被声明为继承自 Applet 类。在使用 AWT 组件时，将主类声明为 Applet 类的直接子类；在使用 Swing 组件时，将主类声明为 JApplet 类的直接子类。JApplet 类继承自 Applet 类，是 Swing 组件中的一个顶层容器。浏览器窗口正是充当了运行 Applet 程序并支撑 Java Applet 程序显示的独立容器，起到了支持的作用。

9.2.3 Java Applet 程序的执行步骤和生命周期

当 Java 兼容浏览器发现 Web 页中有 Java Applet 程序时，将通过网络从存储 Java Applet 程序的宿主机上下载 Java Applet 程序的主类，并引入其他必要的类，随后在 Java 兼容浏览器中生成 Java Applet 程序的主类的一个对象实例。同一 Web 页上的不同 Java Applet 程序的主类，以及不同 Web 页上的 Java Applet 程序的主类都会生成不同的对象实例。运行在同一浏览器上的各个 Java Applet 程序具有独立的行为。Java 兼容浏览器中内嵌了 Java 运行时系统。

Java Applet 程序的生命周期是指自 Java Applet 程序被下载直至被系统回收所经历的历程。在这个历程中，有以下事件能够改变 Java Applet 程序的状态。

（1）下载 Java Applet 程序：可以产生一个 Java Applet 程序的主类的对象实例，并对其进行初始化，启动 Java Applet 程序。

（2）离开或返回 Java Applet 程序所在的主页：离开主页或图标化浏览器窗口可使 Java Applet 程序停止运行，返回主页或恢复浏览器窗口可使 Java Applet 程序重新启动。

（3）退出浏览器：退出浏览器将使 Java Applet 程序停止执行，并进行善后处理。

9.2.4 Java Applet 程序的安全机制

由于 Java Applet 程序是通过网络传递且需要经过下载才能被执行的程序，令人非常容易想到安全问题，即病毒传播、系统破坏和通过网络泄露用户端的有关信息等问题，如编写恶意代码，通过 Java Applet 程序盗取用户的保密信息等。Java 语言提供了一个 SecurityManager 类来防止发生上述类似事件，几乎可以控制 Java 虚拟机的所有系统级调用，这一整套用来防止各种不安全事件的安全机制被称为"沙箱"安全机制。对于运行的 Java Applet 程序，有以下约束。

（1）Java Applet 程序只能通过网络通信将数据写入其宿主机上的应用程序中，并由应用程序完成宿主机上的文件写。

（2）Java Applet 程序不能通过套接字与非宿主机进行网络通信。

（3）Java Applet 程序不能在运行它的主机上进行正常的文件操作。

（4）Java Applet 程序不能调用运行它的主机上的任何程序。

9.3 Java Applet 程序的编写和运行

9.3.1 Java Applet 程序的主要行为

简单回顾一下我们已经介绍过的 Java Application 程序，Java Application 程序在执行时必须先调用 main()方法，在进入 main()方法之后，开始生成各种对象实例，并通过对象实例调用各个方法成员，在每一个执行过程结束之后，再依次返回 main()方法。也就是说，main()方法是 Java Application 程序的执行入口点和出口点。Java Applet 程序的执行过程与 Java Application 程序的执行过程有很大的不同，它不包含 main()方法，也没有类似的明确的入口点与出口点。Java Applet 程序也可以包含若干个类，其中也有一个主类，其程序内容和执行过程是通过主类中的以下几个方法实现的。

（1）初始化方法 init()。此方法会在 Java Applet 程序被下载后立即执行，且在 Java Applet 程序的整个生命周期中只执行一次，可以用于创建一些在程序运行过程中需要的对象，设置参数，设定初始状态，加载图像和字符等。该方法的格式如下：

```
public void init()
{
执行语句
}
```

（2）启动方法 start()。系统在调用 init()方法之后，将自动调用一次 start()方法，从而启动页面，此后每当返回 Java Applet 程序所在的网页时，或者恢复浏览器窗口时，或者需要再次启动页面时，系统都将调用一次 start()方法。所以，该方法在 Java Applet 程序的整个生命周期中可能会执行很多次。该方法中通常包含 Java Applet 程序的主体内容，格式如下：

```
public void start()
{
执行语句
}
```

（3）停止方法 stop()。每当离开 Java Applet 程序所在的网页或图标化浏览器窗口时，系统都将调用一次 stop()方法，其作用是停止正在运行的 Java Applet 程序。与 start()方法一样，stop()方法也可以被多次调用，并且调用停止方法的前提是启动方法已经被调用过一次，而在调用停止方法之后，还可以通过调用启动方法恢复程序的执行。这两种方法是穿插调用的，每一次对 stop()方法的调用都是在一次对 start()方法的调用之后。停止方法的格式如下：

```
public void stop()
{
执行语句
}
```

（4）删除方法 destroy()。当浏览器即将关闭时，系统将调用 destroy()方法杀死所有 Applet 线程、释放系统资源，并进行善后处理。该方法在 Java Applet 程序的整个生命周期中只需执行一次，是 Java Applet 程序在整个生命周期中调用的最后一个方法。其格式如下：

```
public void destroy()
{
执行语句
}
```

上述 4 个方法都是在 Applet 类中首次定义的，称为 Java Applet 程序的生命周期方法。如图 9.2 所示，该图对初始化方法、启动方法、停止方法和删除方法的执行流程进行了一个简单的说明。

图 9.2　Java Applet 程序的生命周期方法的执行流程

（5）绘制方法 paint(Graphics g)。当 Applet 程序需要在界面上显示某些文字、图形、图像、色彩等信息时，就需要调用此方法来完成绘制任务。有时，为了使程序对界面上的更新进行快速响应，还需要多次调用此方法。这个方法是在 Container 类中首次定义的，Applet 类是通过继承而得到该方法的，其格式如下：

```
public void paint(Graphics g)
{
执行语句
}
```

该方法的调用时机和次数等不像前几个生命周期方法那样有严格的要求，通常根据程序的需要进行调用。

9.3.2　Java Applet 程序的编写

在进行 Java Applet 程序的编写时，主要需要完成 3 件事：第一，把 Java Applet 程序的主类声明为 Applet 类的直接子类或者 JApplet 类的直接子类；第二，把要执行的相关代码通过重写初始化方法、启动方法、停止方法、删除方法和绘制方法等方法写入 Java Applet 程序中；第三，如果需要的话，还要写出 Java Applet 程序的主类的其他方法成员及其他的非主类。由于 Java Applet 程序的主类必须被声明为 Applet 类或 JApplet 类的直接子类，因此 Java Applet 程序的主类就不能再继承 Applet 类或 JApplet 类以外的类了。在 Java Applet 程序中，语句、语法、对象实例等语言内容与 Java Application 程序是一样的，在其所包含的类中可以根据需要实现各种接口，也可以使用图形用户界面设计技术。用户通常会根据程序的实际情况重写几个主要的方法成员。在大多数情况下，仅需重写 init()方法和 start()方法。在需要进行界面操作时，需要重写 paint()方法。而 stop()方法需要重写的情形较少，并且除非特殊情况，很少重写 destroy()方法。

下面通过两个实例来示范一下 Java Applet 程序的程序设计。

【例 9.2】带有按钮且具有嵌套布局的 Java Applet 程序的简单例子。

具体的程序如程序清单 9.2 所示。程序的执行结果如图 9.3 所示。

程序清单 9.2

```java
//Example 1 of Chapter 9

import java.awt.*;
import javax.swing.*;

public class AppletDemo1 extends JApplet
{
    JPanel p;
    JButton b1[],b2[];

    public void init()
    {
        Container container = getContentPane();
        container.setLayout(new BorderLayout());
        p = new JPanel();
        p.setLayout(new GridLayout(3,3,5,5));
        b1 = new JButton[4];
        b2 = new JButton[9];
        for(int i = 0;i < 4;i++)
        {
            b1[i] = new JButton("Outer"+i);
        }
        for(int i = 0;i < 9;i++)
        {
            b2[i] = new JButton("Inner"+i);
            p.add(b2[i]);
        }

        container.add(b1[0],BorderLayout.NORTH);
        container.add(b1[1],BorderLayout.SOUTH);
        container.add(b1[2],BorderLayout.WEST);
        container.add(b1[3],BorderLayout.EAST);
        container.add(p,BorderLayout.CENTER);
    }
}
```

图 9.3　程序清单 9.2 的程序的执行结果

在程序清单 9.2 的程序中，只是进行了一个简单布局，其中的语句都被放在了 init()方法中，因此程序中只出现了一个方法成员。程序将 Swing 组件的顶层容器 JApplet 作为图形用户界面的主容器，因此这个类在此时具有双重作用。

【例 9.3】在 Java Applet 程序中使用事件监听器，利用颜色选择盘 JColorChooser 实现颜色调整的例子。

具体的程序如程序清单 9.3 所示。程序的执行结果和颜色选择盘显示效果如图 9.4 所示。在运行程序时，只要用户单击"调整背景色"或"调整前景色"按钮，就可以弹出颜色选择盘。

程序清单 9.3

```
//Example 2 of Chapter 9

import java.awt.*;
import java.awt.event.*;
import javax.swing.*;

public class AppletDemo2 extends JApplet implements ActionListener
{
    Container container;
    JButton BackButton,ForeButton,ResetButton;
    JLabel text;
    Color color1 = Color.lightGray;
    Color color2 = Color.black;
    public void init()
    {
        container = getContentPane();
        container.setLayout(new FlowLayout());

        text = new JLabel("show a JColorChooser Using",SwingConstants.
CENTER);
        text.setFont(new Font("Dialog",Font.BOLD,24));

        BackButton = new JButton("调整背景色");
        ForeButton = new JButton("调整前景色");
```

```java
        ResetButton = new JButton("重置颜色");

        BackButton.addActionListener(this);
        ForeButton.addActionListener(this);
        ResetButton.addActionListener(this);

        container.add(text);
        container.add(BackButton);
        container.add(ForeButton);
        container.add(ResetButton);
    }
    public void actionPerformed(ActionEvent event)
    {
        if(event.getSource() == BackButton)
        {
            color1 = JColorChooser.showDialog(this,"选择颜色",color1);
            if(color1 == null)color1 = Color.lightGray;
            container.setBackground(color1);
        }

        if(event.getSource() == ForeButton)
        {
            color2 = JColorChooser.showDialog(this,"选择颜色",color2);
            if(color2 == null)color2 = Color.black;
            text.setForeground(color2);
        }

        if(event.getSource() == ResetButton)
        {
            color1 = Color.lightGray;
            container.setBackground(color1);
            color2 = Color.black;
            text.setForeground(color2);
        }
    }
}
```

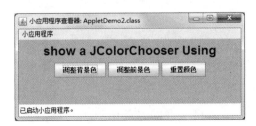

图 9.4　程序清单 9.3 的程序的执行结果和颜色选择盘显示效果

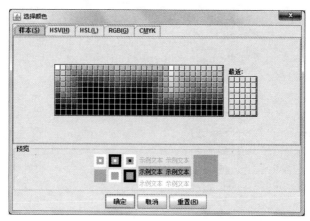

图 9.4　程序清单 9.3 的程序的执行结果和颜色选择盘显示效果（续）

9.3.3　Java Applet 程序的运行

Java Applet 程序的运行有两种方式：一种是使用<APPLET>和</APPLET>标记把 Java Applet 程序嵌入 HTML 文档中，作为 Web 页的一部分，由 Java 兼容浏览器运行；另一种是使用 Java SE 开发工具中提供的简易 Java Applet 程序运行器 Appletviewer 运行。

9.3.3.1　Applet 标记

当一个完整的 Java Applet 程序完成后，就可以运行它。在运行 Java Applet 程序时，需要将这个 Java Applet 程序编译成字节码文件，然后嵌入 HTML 文档中，作为 Web 页的一部分发布到 Internet 上。嵌入 Web 页的方法是在 HTML 文档中采用 Applet 的有关标记。

前文曾经介绍过，HTML 文档分为 HEAD 部分和 BODY 部分，Applet 标记<APPLET>和</APPLET>用于指明所描述的内容是一个 Java Applet 程序。这对标记不是标准的 HTML 标记，只有 Java 兼容浏览器才支持它，不支持 Java 的浏览器将忽略这对标记中的内容，而只显示其中的普通文档。在使用时，这对标记需要被放在 HTML 文档的 BODY 部分。程序清单 9.4 示范了一个可以使程序清单 9.2 的 Java Applet 程序正常运行的 HTML 文档。

程序清单 9.4

```
<HTML>
    <HEAD>
        <TITLE>AppletDemo1</TITLE>
    </HEAD>
    <BODY>
        <APPLET  CODE = AppletDemo1.class WIDTH=200 HEIGHT=100>
        </APPLET>
    </BODY>
</HTML>
```

需要注意的是，这里给出的仅仅是一个精简的文档。由于 HTML 文档是一种比较灵活的格式，因此实际使用的描述 Web 页面的 HTML 文档可能是一个复杂的文档，其中提供了很多的参数和其他描述性信息。在这个 HTML 文档中，需要在<APPLET>标记中给出要运行的 Java Applet 程序的字节码文件名，并且需要给出 Java Applet 程序显示的宽度和高度。有了这样一个 HTML 文档，就可以实际运行 Java Applet 程序了。

在<APPLET>和</APPLET>标记中可以给出多种用于描述 Java Applet 程序的属性，这里对这对标记中的有关属性进行一些说明。

（1）archive = archiveList：用于描述存档文件。

（2）code = AppletFile.class：这个属性是必须给出的，代表编译好的 Java Applet 程序的字节码文件的文件名。

（3）width = pixel 和 height = pixel：这两个属性也是必须给出的，用于描述 Java Applet 程序显示的初始宽度和高度。此区域仅是 Java Applet 程序显示的范围，不包括显示所使用的窗口的标题和边框。

（4）codebase = codebaseURL：代表 Java Applet 程序的字节码的基地址，即包含 Java Applet 程序代码的目录，默认为当前 HTML 文档的 URL 地址。

（5）alt = alternateText：代表替代文本，即当浏览器不能正确显示 Java Applet 程序或不支持 Java Applet 程序时，将会显示该属性设置的文本。

（6）name = AppletInstanceName：这个属性为当前 Java Applet 程序设置了一个名称，以便在同一个网页上的其他 Java Applet 程序能够发现和识别它，从而实现相互之间的通信。

（7）align = alignment：用于指定 Java Applet 程序显示区的对齐方式，取值范围为 left、right、top、texttop、middle、absmiddle、baseline、bottom、absbottom。

（8）vspace = pixel 和 hspace = pixel：用于指定 Java Applet 程序显示区的纵向和横向边缘空出的宽度。

（9）< param name = appletAttribute value = value >：这个属性不是在<APPLET>标记中的，而是在<APPLET>和</APPLET>标记之间的，可以在 HTML 文档中写上多条，其中的属性名和属性值可以被 Applet 类中的 getParameter()方法获取。

9.3.3.2　Appletviewer

在 Java SE 开发工具中提供了一个专门的简易 Java Applet 程序运行器 Appletviewer，可以替代 Java 兼容浏览器来运行和调试 Java Applet 程序。Appletviewer 可以过滤 Web 页面上除 Java Applet 程序之外的其他内容，使用户更容易发现和观看 Java Applet 程序。Appletviewer 可以以命令行方式运行，运行格式如下：

```
Appletviewer [-debug] urls/htmlname
```

使用这个工具可以快速观察所编写的 Java Applet 程序的图形界面和运行效果，也可以帮助用户从网上的 HTML 文档中迅速找到 Java Applet 程序。除此之外，很多 Java 开发工具都提供了 Java Applet 程序的开发功能，在这些工具中都可以观看 Java Applet 程序的运行情况。

9.3.4　Applet 类与 JApplet 类

用户所编写的 Java Applet 程序的主类被声明为 Applet 类或 JApplet 类的直接子类，意味着继承了 Applet 类或 JApplet 类的方法成员。Applet 类定义在 java.applet 包中，JApplet

类定义在 javax.swing 包中，JApplet 类是 Applet 类的直接子类。从语法上来说，把 Java Applet 程序的主类声明为 Applet 类或 JApplet 类的直接子类都是可以的。二者之间的差别在于，把 Java Applet 程序的主类声明为 JApplet 类的直接子类可以使所编写的 Java Applet 程序兼容 Swing 组件，其他方面的差别不大。因此，如果程序员想要在自己编写的 Java Applet 程序中使用 Swing 组件，则需要把 Java Applet 程序的主类声明为 JApplet 类的直接子类。而 Java Applet 程序的几个生命周期方法 destroy()、init()、start() 和 stop() 实际上是 Applet 类的方法成员，因此程序员所编写的 Java Applet 程序的主类在被声明为 Applet 类的派生类之后，就已经继承了这几个方法成员，编写程序的过程实际上是重写这几个方法的过程。

除了上述几个主要的方法成员，Applet 类中还包括了一些常用的重要方法：

```
getImage()                          //获取图像
getAudioClip()                      //获取声音
getAppletContext()                  //确定此 applet 的上下文
getAppletInfo()                     //获取当前 applet 的信息
getCodeBase()                       //获取当前 applet 的字节码的 URL
getDocumentBase()                   //获取嵌入了此 applet 的 HTML 文档的 URL
getParameter()                      //返回 HTML 标记中命名参数的值
getParameterInfo()                  //返回此 applet 理解的关于参数的信息
resize(Dimension d)                 //请求调整此 applet 的大小
play()                              //声音播放方法
```

在 JApplet 类中，为了兼容 Swing 组件及支持 Swing 组件的新增功能，增加了一些专门用来进行 Swing 组件操作的方法：

```
createRootPane()                    //创建默认 rootPane
getContentPane()                    //返回此 applet 的 contentPane 对象
getJMenuBar()                       //返回此 applet 的菜单栏设置
getLayeredPane()                    //返回此 applet 的 layeredPane 对象
getRootPane()                       //返回此 applet 的 rootPane 对象
setContentPane()                    //设置 contentPane 属性
setJMenuBar()                       //设置此 applet 的菜单栏
setLayeredPane()                    //设置 layeredPane 属性
setRootPane()                       //设置 rootPane 属性
remove()                            //从容器中移除指定组件
```

9.4 Java Applet 程序的多媒体设计

在 Java Applet 程序中，可以使用 Java 语言中的包括事件监听器在内的几乎全部 GUI 组件和工具来构造一个完整的界面。在 Component 类中定义了用于显示图形界面的 3 个方法，其原型如下：

```
void paint(Graphics g)
void repaint()
void repaint(int x,int y,int width,int height)
```

```
void repaint(long tm)
void repaint(long tm,int x,int y,int width,int height)
void update(Graphics g)
```

在这里用到了 Graphics 类参数。Graphics 类是一个用于处理各种图形对象的基本抽象类，定义在 java.awt 包中，是 Object 类的直接子类。在该类中定义了很多被称为绘图原语的方法成员，用来完成基本图形绘制和图像绘制，该类是绘图的关键。如果 Java Applet 程序中要进行图形化操作，则必须将该类用适当的方式引入，即在程序中要有一条能够引入 Graphics 类的 import 语句。

GUI 绘图工作通常由一个 GUI 线程来控制完成，该线程负责两种界面显示工作：一种是当一个界面刚刚生成，以及界面中有被遮挡和破坏的部分需要恢复时，系统将调用 paint() 方法；另一种是系统在更新显示内容并决定重画显示区域时，需要调用 repaint() 方法。

上面所提到的这 3 种方法的具体功能如下所述。

（1）paint() 方法。paint() 方法是绘图操作的具体执行者。在 Component 类中提供的该方法是一个空方法，因此在 Java Applet 程序中只要有任何图形绘制的动作，都必须重写 paint() 方法，并将具体的执行动作写入方法体中。paint() 方法一般是 Java Applet 程序中不可或缺的成员。

（2）update() 方法。Component 类中提供的该方法可以完成用背景色填充当前组件，设置前景色，调用 paint() 方法等工作，作用是更新组件。通常不重写该方法。

（3）repaint() 方法。该方法的作用是重新绘图，当组件自身发生内容变化时会被自动调用。该方法有 4 种形式的重载，一般也无须重写。当 repaint() 方法被调用时，它会调用 update() 方法，再由 update() 方法调用 paint() 方法来完成重画请求。

在 Java Applet 程序中，可以实现图形、字符、图像、动画、声音等多媒体设计。这些功能经常通过 Java Applet 程序用于 Web 应用，生成丰富多彩的网页。在 Web 页出现的早期，多媒体开发工具还不是很多的时候，这些方法曾经极大地丰富了主页的功能。Java 语言多媒体技术有着广泛的应用。

9.4.1 图形绘制

在 Graphics 类中定义了多个方法，实现了绘图原语。这些方法可以用于绘制各种基本几何图形，如画线方法 drawLine()，画矩形方法 drawRect()、fillRect()，画立体矩形方法 draw3DRect()、fill3DRect()，画椭圆方法 drawOval()、fillOval()，画弧方法 drawArc()，画多边形方法 drawPolygon()、fillPolygon() 等。利用这些方法可以绘制出用户所需的图形。

在 Graphics 类中有两个方法 getColor() 和 setColor(Color c) 用于获取和设置颜色，还有两个方法 getFont() 和 setFont(Font font) 用于获取和设置字体。

9.4.2 字符串绘制

在 Graphics 类中定义了一个方法 drawString(String str,int x,int y)，可以用于在图形界面上绘制字符串。其中，str 代表字符串，x 和 y 表示字符串左下角的坐标。

9.4.3　图像绘制

在 java.awt 包中定义了一个 Image 抽象类，在程序中的每个具体的图像文件都被看作该类的一个对象实例。Java 语言支持 GIF 和 JPEG 格式的图像，并且自 1.3 版本开始增加了支持 PNG 格式的图像功能。Applet 类方法如下：

```
public Image getImage(URL url)
public Image getImage(URL url,String name)
```

通过上述方法可以得到一个包含图像文件的 Image 类对象，然后可以使用 Graphics 类的 drawImage()方法实现图像的绘制。

除此之外，可以使用 ImageIcon 类实现图像的绘制。由于 Image 类是抽象类，不能直接初始化，必须使用 getImage()方法获取实例并使用 drawImage()方法绘制图像。而 ImageIcon 类可以直接使用构造方法进行初始化并使用该类的方法成员 paintIcon()绘制图像。相比而言，使用 ImageIcon 类绘制图像更方便。

图形绘制、图像绘制和字符串绘制的有关语句都需要编写在 Java Applet 程序的 paint()方法中，下面是一个简单的例子。

【例 9.4】在 Java Applet 程序中实现图形绘制、图像绘制、字符串绘制的简单例子。

具体的程序如程序清单 9.5 所示。程序的执行结果如图 9.5 所示。

程序清单 9.5

```
//Example 3 of Chapter 9

import java.awt.*;
import javax.swing.*;
import java.net.URL;

public class AppletDemo3 extends JApplet
{
    private ImageIcon ii;
    public void init()
    {
        getContentPane().setBackground(Color.white);
        URL url = getDocumentBase();
        ii = new ImageIcon("funnypig.jpg");
    }

    public void paint(Graphics g)
    {
        super.paint(g);
        g.setColor(Color.green);
        g.drawLine(1,1,399,1);
        g.setFont(new Font("Dialog",Font.BOLD,20));
        g.drawString("A funny little pig",110,30);
```

```
            g.drawOval(60,50,80,90);
            g.drawOval(85,110,30,20);
            g.fillOval(90,116,8,8);
            g.fillOval(102,116,8,8);
            g.fillOval(76,90,10,10);
            g.fillOval(116,90,10,10);
            g.drawArc(8,55,57,30,0,180);
            g.drawArc(135,55,57,30,0,180);
            g.drawArc(8,27,70,80,180,120);
            g.drawArc(123,27,70,80,240,120);
            g.drawLine(90,65,110,65);
            g.drawLine(93,70,107,70);
            g.drawLine(88,75,112,75);
            ii.paintIcon(this,g,200,50);
        }
    }
```

图 9.5　程序清单 9.5 的程序的执行结果

下面的例子通过对鼠标移动位置的连续监听，实现了俗称"徒手画"的功能。

【例 9.5】在 Java Applet 程序中实现徒手画复杂线的简单例子。

具体的程序如程序清单 9.6 所示。程序的执行结果如图 9.6 所示。

程序清单 9.6

```
//Example 4 of Chapter 9

import java.awt.*;
import java.awt.event.*;
import javax.swing.*;

public class AppletDemo4 extends JApplet implements MouseMotionListener
{
    int x[],y[],i = 0;
    public void init()
    {
```

```java
        getContentPane().setBackground(Color.white);
        addMouseMotionListener(this);
        x = new int[10000];
        y = new int[10000];
    }

    public void paint(Graphics g)
    {
        super.paint(g);
        g.drawPolyline(x,y,i);
    }

    public void mouseDragged(MouseEvent e)
    {
        if(i<x.length)
        {
            x[i] = e.getX();
            y[i] = e.getY();
            i++;
        }
        repaint();
    }
    public void mouseMoved(MouseEvent e){}
}
```

图 9.6　程序清单 9.6 的程序的执行结果

　　这个程序的设计思路是：根据鼠标事件发生的位置随时采集发生鼠标拖曳动作的位置坐标，并将采集到的坐标点不断地存储到描述点的数组对中，调用 repaint()方法实现不断地重绘复杂线的动作。然而这个程序中使用的存储方法只能存储 10000 个点，这决定了它不能画太长的或"密度"太大的复杂线。

9.4.4　动画绘制

　　Java Applet 程序实现动画显示功能的基本原理与电影、电视的视觉原理相似，可以通过在同一位置上按一定时间间隔显示连续画面的方式实现动画显示功能，画面可以是图像，也可以是图形。实现动画显示功能的主要问题是控制好画面的刷新时间。一般认为，如果每幅画面的停留时间不超过 1/25 秒，人眼就不会感觉到有间断，所以电影的画面刷新速度是每秒 24 帧，电视的画面刷新速度是每秒 25 帧。在 Java Applet 程序中，动画以每秒 10～20 幅的速度均匀刷新即可，最多不超过每秒 25 幅。如果追求动画效果，也可以将动画设定为每秒 8 幅的显示速度。这样，在程序中就可以设定刷新间隔时间为 1/10～1/20 秒，动画效果可以取 1/8 秒，连续画面可以取 1/25 秒。显示画面的方法采用程序清单 9.5 的程序使用过的方法即可，设定显示时间间隔需要采用一些技巧。

例 9.6 使用了 javax.swing 包中提供的计时器类 Timer，并使用这个类的延时功能实现了显示画面的时间间隔。该类的构造方法如下：

```
Timer(int delay,ActionListener listener)
```

其中，第一个参数用来设定延迟时间，单位为毫秒；第二个参数为监听器，在实际使用时对应一个实现了 ActionListener 类的对象实例。Timer 类中的其他重要方法成员如下：

```
start()                          //启动该 Timer
stop()                           //停止该 Timer
restart()                        //重新启动该 Timer
isRunning()                      //判定该 Timer 是否正在运行
getInitialDelay()                //返回该 Timer 的初始延迟
setInitialDelay(int initialDelay) //设置 Timer 的初始延迟
getDelay()                       //返回两次激发操作事件之间的延迟
setDelay(int delay)              //设置 Timer 的延迟
```

【例 9.6】以 Timer 类的对象实例作为时间延迟器，实现动画显示功能的简单例子。具体的程序如程序清单 9.7 所示。程序的执行结果如图 9.7 所示。

程序清单 9.7

```
//Example 5 of Chapter 9

import java.awt.*;
import java.awt.event.*;
import javax.swing.*;

public class AppletDemo5 extends JApplet implements ActionListener
{
    private ImageIcon cat[],flower[];
    private int Numbercat = 8,Numberflower = 4,current1 = 0,current2 = 0;
    private int delay1 = 200,delay2 = 300;
    private Timer timer1,timer2;

    public void init()
    {
        getContentPane().setBackground(Color.white);
        cat = new ImageIcon[Numbercat];
```

```java
        flower = new ImageIcon[Numberflower];
        for(int i = 0;i < cat.length;i++)
            cat[i] = new ImageIcon("gifmovies/" + "02_0" + i +".gif");
        for(int i = 0; i < flower.length; i++)
            flower[i] = new ImageIcon("gifmovies/" + "18_0" + i + ".gif");
    }

    public void paint(Graphics g)
    {
        super.paint(g);
        g.setFont(new Font("Dialog",Font.BOLD,16));
        g.drawString("Animation Demonstration",15,15);

        cat[current1].paintIcon(this,g,10,22);
        if(timer1.isRunning())current1 = (current1 + 1) % Numbercat;
        flower[current2].paintIcon(this,g,150,22);
        if(timer2.isRunning())current2 = (current2 + 1) % Numberflower;
    }

    public void start()
    {
        if(timer1 == null)
        {
            current1 = 0;
            timer1 = new Timer(delay1,this);
            timer1.start();
        }
        else
        {
            if (!timer1.isRunning())timer1.restart();
        }
        if(timer2 == null)
        {
            current2 = 0;
            timer2 = new Timer(delay2, this);
            timer2.start();
        }
        else
        {
            if(!timer2.isRunning())timer2.restart();
        }
    }

    public void stop()
```

```
    {
        timer1.stop();
        timer2.stop();
    }

    public void actionPerformed(ActionEvent e)
    {
        repaint();
    }
}
```

图 9.7　程序清单 9.7 的程序的执行结果

在程序清单 9.7 的程序中，分别使用了 Timer 类的两个对象实例作为时间延迟器来控制两组动画的显示，并使用了 ImageIcon 类来完成图像的显示动作，使用了两个 ImageIcon 类的数组来存储图片。timer1.isRunning()表达式用于判定计时器是否正在工作；current1 = (current1 + 1) % Numbercat 表达式用于保证当前画面的下标在正确的范围内循环，防止出现数组下标越界异常，确保程序的正常运行。将两个计时器的启动与重启动作放在 Java Applet 程序的 start()方法中，是为了使每次 Java Applet 程序开始或重新开始运行之后都能启动动画；将两个计时器的停止动作放在 Java Applet 程序的 stop()方法中，也是同样的目的。为了使 ImageIcon 类数组的初始化以简化的形式实现，最好将图片文件的文件名以简单的方式定义。另一个重要却容易被忽略的问题是，在该程序中实现的监听器不需要使用语句加载，其实它的首要目的是初始化计时器类的两个对象实例，这一点可能很多读者都没有注意到。

9.4.5　声音播放

有两种可以在 Java Applet 程序中播放声音的方法：一种是利用 AudioClip 接口中的几个方法成员实现；另一种是利用 Applet 类中的 play()方法实现。

在 java.applet 包中定义了 AudioClip 接口，这是一个声音接口，可以将声音文件看作该接口的一个对象，其中的 3 个方法成员如下：

```
void play()                        //播放声音
void loop()                        //循环播放声音
void stop()                        //停止播放声音
```

上述方法可以用来播放声音。

在 Applet 类中定义了如下与声音相关的方法：

```
AudioClip getAudioClip(URL url)        //返回由参数 url 指定的 AudioClip
AudioClip getAudioClip(URL url,String name)
                                       //返回由参数 url 和 name 指定的 AudioClip
void play(URL url)                     //播放在指定的绝对 URL 处的音频
void play(URL url,String name)         //播放给定 URL 和与其相关的说明符的音频
```

上述方法可以用来实现声音片段的播放。在实际编写程序时，总是会把声音文件与 HTML 文档、字节码文件放在一起，所以当需要提供 URL 时，可以使用 Applet 类中的 getDocumentBase()方法或 getCodeBase()方法得到。

Java 语言用来播放声音文件的引擎支持如下几种音频文件格式：Sun Audio 文件格式（.au）、Windows Wave 文件格式（.wav）、Macintosh AIFF 文件格式（.aif）及 MIDI 文件格式（.mid 或.rmi）。

可以在 Java Applet 程序中同时播放多个声音片段，所听到的是它们的混合音。

例 9.7 给出了一个利用 AudioClip 实现声音文件播放的例子，包括 Sun Audio 文件、Windows Wave 文件和 Macintosh AIFF 文件的播放。

【例 9.7】播放几种声音文件的带有简单操作界面的例子。

具体的程序如程序清单 9.8 所示。程序的执行结果如图 9.8 所示。

程序清单 9.8

```
//Example 6 of Chapter 9

import java.applet.*;
import java.awt.*;
import java.awt.event.*;
import javax.swing.event.*;
import javax.swing.*;

public class AppletDemo6 extends JApplet
{
    private AudioClip currentSound;
    private JList choose;
    private JButton play,loop,stop;
    private String choices[] = {"danger.au","wrong.wav","popped.aif"};
    private int switchkey = 0;

    public void init()
    {
        Container container = getContentPane();
        container.setLayout(new FlowLayout());
        currentSound = getAudioClip(getDocumentBase(),choices[0]);
        choose = new JList(choices);
```

```
            choose.addListSelectionListener
            (
                  new ListSelectionListener()
                  {
                      public void valueChanged(ListSelectionEvent e)
                      {
                          int k = -1;
                          for(int i=0;i<choices.length;i++)
                          {
                              if(choices[i] == choose.getSelectedValue())k = i;
                          }
                          currentSound.stop();
                          currentSound = getAudioClip(getDocumentBase(),
choices[k]);
                      }
                  }
            );
            container.add(choose);

            ButtonHandler handler = new ButtonHandler();

            play = new JButton("Play");
            play.addActionListener(handler);
            container.add(play);
            loop = new JButton("Loop");
            loop.addActionListener(handler);
            container.add(loop);

            stop = new JButton("Stop");
            stop.addActionListener(handler);
            container.add(stop);
      }

      public void start()
      {
          switch(switchkey)
          {
              case 1:
                  currentSound.play();
                  play.setSelected(true);
                  break;
              case 2:
                  currentSound.loop();
                  loop.setSelected(true);
```

```
                break;
            case 3:
                currentSound.stop();
                stop.setSelected(true);
        }
    }

    public void stop()
    {
        currentSound.stop();
    }

    private class ButtonHandler implements ActionListener
    {
        public void actionPerformed(ActionEvent actionEvent)
        {
            if(actionEvent.getSource() == play)
            {
                switchkey = 1;
                currentSound.play();
            }
            if(actionEvent.getSource() == loop)
            {
                switchkey = 2;
                currentSound.loop();
            }
            if(actionEvent.getSource() == stop)
            {
                switchkey = 3;
                currentSound.stop();
            }
        }
    }
}
```

图 9.8　程序清单 9.8 的程序的执行结果

　　该程序中对 ListSelectionListener 监听器的实现方法与程序清单 5.13 中的实现方法很相似。该程序在 start()方法中使用了一个 switch 语句块，是为了使 Java Applet 程序在重新启动之后，能够保持原有的播放状态，而 switchkey 变量是为了记录播放状态。需要注意的是，在本程序中使用 switch 语句块时不能缺少 break 语句。

Java 语言的多媒体功能实际上远不止这些，早在 1998 年，Sun 公司就制定了 Java Media APIs 以增强 Java 语言对多媒体的支持，例如：

```
Java 2D API
Java 3D API
Java Advanced Imaging API
Java Media Framework API
Java Sound API
Java Speech API
Java Telephony API
```

关于这些内容的介绍，请感兴趣的读者查阅 Sun 公司的主页中的相关页面，此处不再赘述。

9.5 Java Applet 程序的交互功能与通信功能

9.5.1 Java Applet 程序的交互功能

Java Applet 程序可以通过事件处理机制实现交互功能，从而设计出具有交互功能的网页。也可以在 Java Applet 程序的类中实现监听器接口，通过重写接口的方法成员来实现该功能，程序清单 9.3、程序清单 9.6 和程序清单 9.8 的程序已经说明了这个问题。

9.5.2 读取 HTML 参数

在介绍 Applet 类时曾经说过，该类中提供了一个 getParameter()方法，可以让程序从 HTML 文档中获取指定的参数所对应的值。利用这个方法，可以实现从 HTML 文档向 Java Applet 程序传递信息的目的。这样一来，程序员仅仅需要在服务器上修改一下嵌入 Java Applet 程序的那个 HTML 文档，就可以实现修改 Web 页面上的 Java Applet 程序的执行结果的目的。

例 9.8 示范了这个过程。具体的 HTML 文档的内容如程序清单 9.9 所示，Java Applet 程序如程序清单 9.10 所示，程序的执行结果如图 9.9 所示。

【例 9.8】在 Java Applet 程序中获取参数的例子。

程序清单 9.9

```
<html>
  <head>
    <title>AppletDemo7</title>
  </head>
  <body>
    <hr>
    <applet code=AppletDemo7.class width=300 height=100>
```

```
                alt="Your browser understands the &lt;APPLET&gt; tag but
isn't running the applet, for some reason."
                Your browser is completely ignoring the &lt;APPLET&gt; tag!
                <PARAM NAME = name VALUE="庄晓群">
                <PARAM NAME = age VALUE="55">
            </applet>
            <hr>
            <a href="AppletDemo7.java">The source</a>.
        </body>
    </html>
```

程序清单 9.10

```java
//Example 7 of Chapter 9

import java.applet.Applet;
import java.awt.*;
import java.awt.event.*;
import javax.swing.event.*;
import javax.swing.*;

public class AppletDemo7 extends JApplet
{
    String name,age;
    int ageValue = 0;

    public void init()
    {
        name = getParameter("name");
        if(name == null)name = "No one";
        age = getParameter("age");
        if(age == null)age = "0";
        ageValue = Integer.parseInt(age);
    }

    public void paint(Graphics g)
    {
        g.setFont(new Font("Dialog",Font.BOLD,16));
        g.drawString("姓名: " + name,5,25);
        g.drawString(name + "的年龄是" + age +"岁。",5,55);
    }
}
```

图 9.9　程序清单 9.10 的程序的执行结果

9.5.3　Java Applet 程序与其他程序的通信

在 Web 页中的 Java Applet 程序不仅可以独立执行,而且可以与其他各种服务程序进行通信。目前的 Java Applet 程序能够完成以下 3 种方式的程序间的通信。

(1)通过请求同一 Web 页上其他 Java Applet 程序中的公有方法,实现与同一 Web 页上其他 Java Applet 程序的通信。

(2)通过使用定义在 java.applet 包中的 API,以受限方式与包含自身的浏览器进行通信。

(3)通过使用定义在 java.net 包中的 API,利用网络与运行在该 Java Applet 程序的宿主机上的程序通信。

关于这些通信的细节,请有兴趣的读者参照有关的书籍和文档资料。

9.5.4　Java Application 与 Java Applet 程序的简要比较

Java Application 与 Java Applet 程序的相同之处在于,它们都遵循相同的语法规则,使用相同的语句,都可以实现图形界面,都可以通过 Internet 进行传播。二者的差别在于,Java Application 程序是完整的高级语言程序,运行在 Java 运行时系统的解释器上,而 Java Applet 程序不是完整的程序,只能运行在 Java 兼容浏览器中;Java Application 程序可以进行正常的输入和输出,具有读/写能力,而 Java Applet 程序的读/写能力有很大的限制,用以保证其运行的安全性;Java Application 程序不能播放声音,不能显示 HTML 文档,而 Java Applet 程序可以实现这些功能。

本章知识点

★　HTML 是一种纯文本格式的符号集合,其语法十分简单,其功能也是开放的。

★　WWW 是目前 Internet 上面最主要的服务,以 HTML 和 HTTP 为基础,提供面向 Internet 服务、具有一致的用户界面的信息浏览系统。

★　主页是团体和个人在 Internet 上发布的、带有特定内容的信息页面,通常可以使用 HTML 来书写。

★　WWW 页面有静态页面、动态页面和交互页面等几种页面。

★　CGI 规范是实现动态页面的一个重要技术,编写动态页面的常用技术有 PHP、JSP、ASP 等。

★　在 Internet 上,HTTP 协议采用 URI 来标识 Internet 上的数据。

★ 用于指定文档资料在 Internet 上的确切位置的 URI 称为 URL。

★ XML 是一种比 HTML 语法更严格的纯文本标记语言，其处理更方便，用途更广。XML 与 J2EE 和 J2ME 的关联十分密切。

★ Java Applet 是 Java 语言与 WWW 相结合的产物，是一种被嵌入描述 Web 页面的 HTML 文档中，由 Java 兼容浏览器执行的小程序。Java Applet 是一种不同于 Java Application 的应用程序，其主要作用是丰富 Web 页面。

★ Java Applet 程序运行在 Java 兼容浏览器中。

★ Java Applet 程序的主类必须被声明为继承自 Applet 类。

★ Java Applet 程序的生命周期包括下载、启动、停止、回收等几个步骤。

★ Java Applet 程序的"沙箱"安全机制能够保证 Java Applet 程序不会发生传播病毒、破坏系统、盗取信息等恶性事件。

★ Java Applet 程序的主要行为包括：初始化、启动、停止、删除、绘制等。

★ 编写 Java Applet 程序的主要任务是：将程序的主类声明为 Applet 类的子类，在程序中根据需要重写初始化方法、启动方法、停止方法、删除方法和绘制方法等方法成员，并根据实际需要给出一些必要的方法成员和非主类。

★ 将 Java Applet 程序嵌入 HTML 文档中并成为 Web 页面的一部分的方法是：使用 Java Applet 标记在 HTML 中描述 Java Applet 程序并使用 Java 兼容浏览器浏览页面。

★ 定义在 java.applet 包中的 Applet 类是实现 Java Applet 程序的关键，其中声明的方法成员对于实现 Java Applet 程序是十分重要的。JApplet 类是 Applet 类的直接子类，能够使 Java Applet 程序兼容 Swing 组件。

★ paint()方法是绘图操作的具体执行者，在实现 Java Applet 程序图形界面中起着至关重要的作用。任何图形方面的动作都必须写在该方法中。

★ 在 Java Applet 程序中可以实现图形绘制、图像绘制、字符串绘制、动画绘制、声音播放等多媒体功能。更多的多媒体功能可以借助 Java Media APIs 实现。

★ Java Applet 程序可以通过事件处理机制实现交互功能。

★ Java Applet 程序可以通过 getParameter()方法实现读取 HTML 参数的功能。

★ 通过一些被严格限制的方式，Java Applet 程序可以实现与其他程序的通信。

习题 9

9.1 什么是 HTML？什么是 WWW？

9.2 什么是 URI？什么是 URL？

9.3 什么是 XML？

9.4 什么是 Java Applet 程序？它在什么环境下运行？它的生命周期中包含哪些阶段？

9.5 编写一个 Java Applet 程序应当完成哪些工作？

9.6 在一个嵌入 Java Applet 程序的 HTML 页面中至少应该写清哪些内容？

9.7 请简要叙述一下利用网络浏览器运行 Java Applet 程序的步骤。

9.8 编写一个在宽度、高度都为 200 像素的区域中使用随机方法选择红、绿、蓝、青、紫、黄等 6 种颜色绘制正方形的 Java Applet 程序，要求正方形全部处于区域内部。

9.9 编写一个利用 GregorianCalendar 类获取年、月、日、时、分、秒信息并将其显示在界面上的 Java Applet 程序。

9.10 编写一个在界面上绘制 10 个同心圆的 Java Applet 程序。

9.11 编写一个 Java Applet 程序，要求在其中加上菜单，当用户使用鼠标选择菜单命令时，能够发出不同的声音。

9.12 编写一个具有交互功能的 Java Applet 程序，要求用户在界面上输入允许范围内的 4 个数，然后程序以这 4 个数为两个端点坐标，绘制一条直线。

9.13 编写一个"闹钟"程序，要求用户可以在界面上输入预约时间，当到时间时，程序就不停地播放音乐，直到用户将音乐停下。

9.14 编写一个能让文字内容发生"闪烁"的 Java Applet 程序，即当发生某种动作，如使用鼠标单击，界面上的文字就会变换颜色。

9.15 Java Application 与 Java Applet 是 Java 语言中的两种程序，二者之间有很多的共同之处，很多可以在 Java Application 应用程序中实现的功能都可以在 Java Applet 小应用程序中实现，请将第 5 章程序清单 5.4 的程序的功能使用 Java Applet 程序实现。

9.16 在 Graphics 类中，drawImage()方法用来实现图像的绘制，该方法的所有重载体中都有一个 ImageObserver 类型的参数。请查阅 API 文档，说明这个参数在图像绘制过程中的作用。

9.17 编写一个程序，要求利用本章例题中使用过的 Timer 类作为时间延迟器，使得在界面上显示一个带有 3 个钟表指针的圆盘时钟。

9.18 将程序清单 9.7 的程序进行简单修改，以线程的 sleep()方法作为时间延迟器，通过线程体在 Java Applet 程序中实现动画功能。

实验 9

S9.1 在 NetBeans 中创建一个 Java Applet 程序。

启动 NetBeans，在主菜单上选择"文件"→"新建项目"命令，将出现"新建项目"对话框，在"类别"下拉列表中选择"Java"选项，在"项目"下拉列表中选择"Java 应用程序"选项，然后单击"下一步"按钮，进入"新建 Java 应用程序"对话框。在"新建 Java 应用程序"对话框中依次填写"项目名称"、"项目位置"和"项目文件夹"，取消勾选"创建主类"复选框，然后单击"完成"按钮，即可进入代码编辑界面。

在主菜单上选择"文件"→"新建文件"命令，将出现"新建文件"对话框，在"类别"下拉列表中选择"Java"选项，在"文件类型"下拉列表中选择"JApplet"选项，然后单击"下一步"按钮，进入"New JApplet"对话框。如果想要创建使用 AWT 组件的 Java Applet 程序，则这一步要在"文件类型"下拉列表中选择"小应用程序"选项。

在"New JApplet"对话框中写入类名，单击"完成"按钮，就回到了代码编辑界面。此时可以看到，在界面上已经创建了一个空的主类。

在编辑界面中编辑完代码后，在主菜单中选择"运行"→"运行文件"命令，即可运行程序。

第 10 章　网络与通信程序设计

本章主要内容：Java 语言支持基于 Internet 环境下的程序设计。在 Java 语言中定义了一些类，专门用于实现在 Internet 环境下处理 TCP/IP 网络协议，进行网络连接，建立输入和输出，实现网络通信等功能。本章主要介绍如何在 Java 语言中完成网络连接、网络通信、获取网络信息等功能，并结合输入和输出功能介绍如何建立输入流和输出流，实现 Socket 通信和 Datagram 通信这两种重要的网络通信机制的程序设计。

Java 语言是一种 Internet 环境下的程序设计语言，它支持 TCP/IP 网络协议，支持分布式的程序设计，支持网络通信，支持服务器/客户端的程序设计，支持域名解析。实际上，Java 语言通过许多内置的网络功能实现了上述各种任务，使得在 Java 语言中开发基于 Internet 和基于 Web 的各种应用程序成为简单易行的工作。本章所说的网络是指 TCP/IP 协议下的 Internet 连接，以及在此基础上进行的专门的数据传输与数据通信等。Java 语言还有一些与网络有关的功能，会在后面几章中进行介绍。

本章所介绍的类都定义在 java.net 包中。

10.1　IP 地址与网络指针

10.1.1　InetAddress 类

在网络程序设计中，第一步通常是从网络地址信息的获取和处理开始的。Java 语言定义了 InetAddress 类，此类表示互联网协议地址，即 IP 地址。另外，还有两个子类：Inet4Address 类表示互联网协议第 4 版地址；Inet6Address 类表示互联网协议第 6 版地址。

在 InetAddress 类中没有定义构造方法。InetAddress 类中的如下几个方法成员适用于初始化 InetAddress 类对象实例：

```
getByName(String host)                  //在给定主机名的情况下确定主机的 IP 地址
getAllByName(String host)               //在给定主机名的情况下，根据系统上
                                        //配置的名称服务返回其所有 IP 地址
getLocalHost()                          //返回本地主机
getByAddress(byte[] addr)               //给定原始 IP 地址，返回 InetAddress 对象
getByAddress(String host,byte[] addr)   //给定主机名和 IP 地址，创建 InetAddress 对象
```

这几个方法的返回类型都是 InetAddress 对象。getAllByName(String host)方法返回的可能是多个 InetAddress 对象。从这几个方法可以看出，只要知道主机名或 IP 地址就可以得到 InetAddress 类对象实例。

InetAddress 类中的如下几个方法成员经常被用来处理对象实例，获得相关的网络信息：

```
byte[] getAddress()                     //返回此 InetAddress 对象的原始 IP 地址
```

```
String getCanonicalHostName()              //获取此 IP 地址的完全限定域名
String getHostAddress()                    //返回此 IP 地址字符串
String getHostName()                       //获取此 IP 地址的主机名
```

从这几个方法可以看出，有了 InetAddress 类对象实例，就可以获取完全限定域名、IP 地址或主机名。

在实际工作中，经常利用 InetAddress 类及其方法成员进行 IP 地址和域名的信息处理，以获取网络信息。例 10.1 示范了这种应用。

【例 10.1】给定 IP 地址和域名，利用 InetAddress 类获得给定主机名和 IP 地址，以及处理本地主机信息的例子。

具体的程序如程序清单 10.1 所示。程序在 NetBeans 中执行的结果如图 10.1 所示。

程序清单 10.1

```java
//Example 1 of Chapter 10

package netipaddressdemo1;
import java.net.*;

public class NetIpAddressDemo1
{
    public static void main(String args[])
    {
        try{
            //给定 IP 地址，获取主机名
            InetAddress address1 = InetAddress.getByName("156.151.59.19");
            System.out.println(address1.getHostName());
            System.out.println(address1.getCanonicalHostName());
            //给定域名，构造 InetAddress 类
            InetAddress address2[] = InetAddress.getAllByName("www.oracle.
com");

            for(int i = 0; i < address2.length; i++)
            {
                System.out.println(address2[i]);
            }

            //获取本地主机的名称与地址
            InetAddress address3 = InetAddress.getLocalHost();
            System.out.println(address3);
            System.out.println(address3.getHostName());
            System.out.println(address3.getHostAddress());
        }
        catch(UnknownHostException e)
        {
            System.err.println(e);
```

```
        }
    }
}
```

图 10.1　程序清单 10.1 的程序的执行结果

例 10.2 示范了 InetAddress 类的另一种用途。

【例 10.2】利用 InetAddress 类测试给定 IP 地址类型的简单例子。

具体的程序如程序清单 10.2 所示。程序在 NetBeans 中执行的结果如图 10.2 所示。

程序清单 10.2

```java
//Example 2 of Chapter 10

package netipaddressdemo2;
import java.net.*;

public class NetIpAddressDemo2
{
    public static int getLength(InetAddress ia)
    {
        byte[] address = ia.getAddress();
        if(address.length == 4)return 4;
        else if(address.length == 16)return 16;
        else return -1;
    }

    public static char getKind(InetAddress ia)
    {
        byte[] address = ia.getAddress();
        if(address.length != 4)
        {
            throw new IllegalArgumentException("No IPv6 addresses!");
        }
        int firstByte = address[0];
        if((firstByte & 0x80) == 0) return 'A';
        else if((firstByte & 0xC0) == 0x80) return 'B';
        else if((firstByte & 0xE0) == 0xC0) return 'C';
        else if((firstByte & 0xF0) == 0xE0) return 'D';
```

```
        else if((firstByte & 0xF8) == 0xF0) return 'E';
        else return 'F';
    }

    public static void main(String args[])
    {
        try{
            InetAddress ia = InetAddress.getByName("www.microsoft.com");
            System.out.println("IP 地址长度为: " + getLength(ia));
            System.out.println("IP 地址种类为: " + getKind(ia));
        }
        catch(UnknownHostException e)
        {
            System.err.println(e);
        }
    }
}
```

图 10.2　程序清单 10.2 的程序的执行结果

10.1.2　URL 类

Java 语言分别定义了 URI 类和 URL 类，用来封装统一资源标识符引用和统一资源定位符引用。使用 URL 类是定位和检索网络数据的最简单的方法。URL 类是指向 Internet 上各种资源的指针，包括目录、各种类型的文件、数据库、页面及搜索引擎的查询等。URL 类对象实例可以在应用程序中代表一个网络资源，可以供用户访问资源信息。URL 通常可以分为几部分：协议、主机、端口、文件路径。另外，URL 后面可能还会有一个由字符"#"指示的片段，称为引用。

URL 类提供了如下 4 个构造方法：

```
URL(String spec)
URL(String protocol,String host,String file)
URL(String protocol,String host,int port,String file)
URL(String  protocol,String  host,int  port,String  file,URLStreamHandler
handler)
```

其中，spec 代表一种 URL 的表示形式；protocol 代表协议；host 代表主机；port 代表端口；file 代表文件路径。还可以利用如下构造方法，通过指定相对路径来构造 URL 对象：

```
URL(URL context,String spec)
URL(URL context,String spec,URLStreamHandler handler)
```

上面的构造方法都需要处理 MalformedURLException 异常，此异常代表未找到协议或指定了未知协议。

除了这些构造方法，Java 类库中还有许多方法用于返回 URL 对象，其中大多数只是简单的获取方法。

下面的几个方法成员可以分别获取 URL 的各部分及主要内容：

```
getProtocol()                    //获得此 URL 的协议名称
getHost()                        //获得此 URL 的主机名
getPort()                        //获得此 URL 的端口号
getFile()                        //获得此 URL 的文件名
getPath()                        //获得此 URL 的路径部分
getRef()                         //获得此 URL 的锚点引用
getQuery()                       //获得此 URL 的查询部分
getUserInfo()                    //获得此 URL 的 UserInfo 部分
getAuthority()                   //获得此 URL 的授权部分
getDefaultPort()                 //获得与此 URL 关联协议的默认端口号
getContent()                     //获得此 URL 的内容
```

在利用 URL 检索网络上面的数据时，需要使用以下几个方法成员。

openStream()方法用于建立由应用程序到 URL 指向的资源处的连接，并返回一个从该资源处读取数据的输入流，可以以原始字节流形式读取资源数据。

openConnection()方法用于返回一个 URLConnection 对象，表示 URL 所引用的远程对象，即网络资源的连接。

例 10.3 示范了利用 URL 类的方法获取网络连接指针的相关信息。

【例 10.3】利用 URL 类的方法获取网络连接指针信息的简单例子。

具体的程序如程序清单 10.3 所示。程序在 NetBeans 中执行的结果如图 10.3 所示。

程序清单 10.3

```java
//Example 3 of Chapter 10

package netipaddressdemo3;
import java.net.*;

public class NetIpAddressDemo3
{
    public static void main(String[] args)
    {
        try{
            URL url = new URL("http://www.sina.com/index.html");
            System.out.println("URL: " + url);
            System.out.println("Protocal: " + url.getProtocol());
            System.out.println("Host: " + url.getHost());
            System.out.println("Port: " + url.getPort());
            System.out.println("File: " + url.getFile());
```

```
        System.out.println("REF: " + url.getRef());
    }
    catch(MalformedURLException e)
    {
        System.out.println(e.toString());
    }
    }
}
```

图 10.3　程序清单 10.3 的程序的执行结果

例 10.4 示范了如何通过在界面上输入文本格式的网站域名，实现在 Java Applet 程序中浏览网站页面。需要注意的是，程序清单 10.4 的程序只有在网络浏览器中运行时，才能正确显示网站页面，如果使用 Appletviewer 运行，则由于 Appletviewer 将屏蔽页面中除 Java Applet 程序之外的所有内容，因此无法显示完整页面。在此程序中，AppletContext 接口的对象实例 browser 起到了浏览器的作用。关于 AppletContext 接口的详细信息，请感兴趣的读者查阅 Java API 文档。

【例 10.4】利用构造 URL 类的对象实例获取网络连接指针、浏览网站信息的简单例子。
具体的程序如程序清单 10.4 所示。

程序清单 10.4

```
//Example 4 of Chapter 10

import java.net.*;
import java.awt.*;
import java.awt.event.*;
import java.applet.AppletContext;
import javax.swing.*;

public class NetIpAddressDemo4 extends JApplet implements ActionListener
{
    AppletContext browser;
    JTextField text;
    URL url;
    public void init()
    {
        Container container = getContentPane();
```

```
        text = new JTextField(20);
        container.add(text,BorderLayout.CENTER);
        text.addActionListener(this);
    }

    public void actionPerformed(ActionEvent e)
    {
        try{
            url = new URL(text.getText());
        }
        catch(MalformedURLException exception)
        {
            exception.printStackTrace();
        }
        browser = getAppletContext();
        browser.showDocument(url);
    }
}
```

10.2　Internet 通信

10.2.1　Socket 通信机制

各种网络的服务器（Server）/客户端（Client）应用是十分广泛的。套接字 Socket 是建立服务器/客户端通信通道连接的低层机制，是独立于平台的连接。在 Socket 通信机制中，通过 Socket 的数据是原始字节流，通信双方需要约定数据的格式化与解释处理工作。在网络程序设计中使用 Socket 通信机制，使得网络上面的输入/输出工作如同文件的输入/输出工作，并且大量的网络编程细节被 Socket 隐藏，大大简化了程序员的工作。

Java 语言定义了 Socket 类，代表双向连接中的一端，同时提供了 ServerSocket 类，便于服务器操作。Socket 是两个程序之间用来进行双向数据传输的网络通信端点，一般由一个地址加上一个端口号来标识。

Socket 类的构造方法有如下几个：

```
Socket()
Socket(String host,int port)
Socket(InetAddress address,int port)
Socket(String host,int port,InetAddress localAddr,int localPort)
Socket(InetAddress address,int port,InetAddress localAddr,int localPort)
```

另外，下面的几个方法成员是非常常用的：

```
getInetAddress()                    //返回套接字连接的地址
getInputStream()                    //返回此套接字的输入流
getOutputStream()                   //返回此套接字的输出流
```

```
getPort()                           //返回此套接字连接到的远程端口
getLocalPort()                      //返回此套接字绑定到的本地端口
getLocalAddress()                   //获取套接字绑定的本地地址
close()                             //关闭此套接字
```

Socket 通信机制可以完成 3 项基本功能：扫描网络端口、简单通信和 TCP/IP 服务器。

10.2.1.1　扫描网络端口

可以使用类似于下面的功能语句实现对名称为 hostname 的主机上的端口 i 的测试：

```
InetAddress hostadd = InetAddress.getByName(hostname)
Socket skt = new Socket(hostadd,i)
```

如果该端口不可用，则所引用的 Socket 类的构造方法将抛出 IOException 异常。

10.2.1.2　简单通信

可以利用 Socket 与某个特定的主机通过指定的端口建立连接，然后通过输入/输出流进行数据传输，注意数据传输的基本格式是字节。也可以使用专门的输入/输出流类进行字符数据传输、基本数据类型数据传输等操作。

例 10.5 简单示范了从给定的主机上按行读取数据的操作。具体的程序如程序清单 10.5 所示。

【例 10.5】从给定的主机上按行读取数据的示范程序。

程序清单 10.5

```java
//Example 5 of Chapter 10

import java.net.*;
import java.io.*;

public class NetIpAddressSocketDemo extends Thread
{
    private static Socket socket;
    public static void main(String[] args)
    {
        String hostname = "localhost";
        int port = 65;
        String s;
        if(args.length > 1)
        {
            hostname = args[0];
            port = Integer.parseInt(args[1]);
        }
        try{
            InetAddress hostaddress = InetAddress.getByName(hostname);
            try{
                socket = new Socket(hostaddress,port);
```

```
            BufferedReader buf = new BufferedReader(
                    new InputStreamReader(socket.getInputStream()));
            NetIpAddressDemo5 th = new NetIpAddressDemo5();
            th.start();
            while((s = buf.readLine()) != null)System.out.println(s);
            socket.close();
        }
        catch(IOException e)
        {
            System.out.println(e.toString());
        }
    }
    catch(UnknownHostException e)
    {
        System.out.println(e.toString());
    }
}


public void run()
{
    String userInput;
    BufferedReader buf;
    PrintStream pstream;
    try{
        buf = new BufferedReader(new InputStreamReader(System.in));
        pstream = new PrintStream(socket.getOutputStream());
        while(true)
        {
            if(socket.isClosed())break;
            userInput = buf.readLine();
            pstream.println(userInput);
        }
    }
    catch(IOException e)
    {
        System.out.println(e.toString());
    }
}
```

10.2.1.3　TCP/IP 服务器

可以使用 Socket 类和 ServerSocket 类建立一个服务器，实现服务器和客户端的双向信息传输。程序代码分为服务器方和客户方，其基本的操作步骤如下所述。

服务器方：第一步是创建一个 ServerSocket 对象，其中需要指定端口号以供客户方定位服务器上的应用程序，有时被形象地称为握手点（Handshake Point）。第二步是由服务器无限期地监听客户的连接请求，具体表现为 ServerSocket 类对象实例调用其 accept()方法，生成一个 Socket 类对象实例，当有客户建立了连接时，即返回一个 Socket，此步骤可以在程序中重复进行，以连接多个客户。第三步是利用 Socket 类对象实例通过调用 getInputStream()方法和 getOutputStream()方法获取 InputStream 对象和 OutputStream 对象，使得服务器方能够通过 InputStream 对象从客户方获取字节数据，通过 OutputStream 对象向客户方传递字节数据。为了实现更好地处理数据的目的，还可以将输入/输出流的有关技术引入该步骤，以便处理字符数据、基本数据类型数据或可序列化对象数据。第四步是实际数据处理阶段，服务器方和客户方按照约定的格式，通过已经建立的连接进行数据传输。第五步是在完成传输之后，依次关闭输出流、输入流和 Socket。

　　客户方：第一步是创建一个 Socket 对象，实现与服务器的连接，其中指定了服务器和端口号，若连接成功则返回一个 Socket，否则抛出一个 IOException 异常。第二步是使用 Socket 类对象实例调用 getInputStream()方法和 getOutputStream()方法获取 InputStream 对象和 OutputStream 对象，也可以像服务器方一样引入输入/输出流的有关技术，以处理字符数据、基本数据类型数据或可序列化对象数据。第三步是实际数据处理阶段，与服务器方的做法要对应。第四步是在完成传输之后，依次关闭输出流、输入流和 Socket。

　　建立一个 TCP/IP 服务器的实用程序的代码会比较长且烦琐，所以下面的两个示范程序只给出了其基本的操作步骤，是典型的服务器方程序和客户方程序。程序员可以在此基础上设计图形用户界面，并完善程序的结构，从而构建功能强大的实用程序。

【例 10.6】一个典型的 Socket 通信服务器方示范程序。

　　具体的程序如程序清单 10.6 所示。

程序清单 10.6

```
//Example 6 of Chapter 10

import java.net.*;
import java.io.*;

public class NetIpAddressSocketServerDemo
{
    public static void main(String[] args)
    {
        try{
            boolean flag = true;
            Socket Socket = null;
            String InputLine;

            ServerSocket serverSocket = new ServerSocket(0);
            System.out.println("服务器等待:" + serverSocket.getLocalPort());
            while(flag)
```

```
        {
            Socket = serverSocket.accept();
            DataInputStream is = new DataInputStream(
                    new BufferedInputStream(Socket.getInputStream()));
            PrintStream os = new PrintStream(
                    new BufferedOutputStream(Socket.getOutputStream()));
            while((InputLine = is.readLine()) != null)
            {
                if( InputLine.equals("The End"))
                {
                    flag = false;
                    break;
                }
                os.println(InputLine);
                os.flush();
            }
            os.close();
            is.close();
            Socket.close();
        }
        serverSocket.close();
    }
    catch(IOException e)
    {
        System.out.println(e.toString());
    }
    }
}
```

【例 10.7】一个典型的 Socket 通信客户方示范程序。

具体的程序如程序清单 10.7 所示。

程序清单 10.7

```
//Example 7 of Chapter 10

import java.net.*;
import java.io.*;

public class NetIpAddressSocketClientDemo
{
    public static void main(String[] args)
    {
        try{
            Socket clientSocket = new Socket("myhost",15);
```

```
                OutputStream os = clientSocket.getOutputStream();
                DataInputStream is = new DataInputStream(clientSocket.
getInputStream());
                int a;
                String ResponseLine;
                while((a = System.in.read()) != -1)
                {
                    os.write((byte) a);
                    if(a == '\n')
                    {
                        os.flush();
                        ResponseLine = is.readLine();
                        System.out.println("客户端: " + ResponseLine);
                    }
                }
                os.close();
                is.close();
                clientSocket.close();
            }
            catch(IOException e)
            {
                System.out.println(e.toString());
            }
        }
    }
```

10.2.2 Datagram 通信机制

    套接字 Socket 的工作方式是一种连接方式，其特点是通信稳定、可靠，输入/输出操作始终在同一对进程之间进行。数据报 Datagram 的工作方式是一种非连接方式，其通信数据经过不确定的路径传向目的地，不能保证可靠性和正确性，可能会重复到达目的地，甚至可能到不了目的地。每次发出数据报时，其中都含有完整的数据和地址信息，不同的数据报可以发往相同的目的地，也可以发往不同的目的地，这样，数据报就可以和多个服务器进行通信了。Socket 通信机制类似于打电话，而数据报机制则更像是寄信。Java 语言通过 UDP（User Datagram Protocol，用户数据报协议）实现 Datagram 通信机制。

    Java 语言定义了 DatagramPacket 和 DatagramSocket 两个类，用来支持数据报通信。DatagramPacket 类表示数据报包，发送方可以使用 DatagramPacket 类构造一个数据报，其中包含拟发送的数据、目的地址及端口；接收方可以使用 DatagramPacket 类构造一个数据报，用于接收发送方发来的数据报。DatagramSocket 类表示用来发送和接收数据报包的套接字，代表数据报传递的发送点和接收点，主要用来读/写称为报文的数据报中的数据，发送数据报使用该类的 send()方法，接收数据报使用该类的 receive()方法。当创建

DatagramSocket 类对象实例时，如果构造方法不能将其与指定的端口绑定在一起，则将抛出 SocketException 异常，所以程序代码中需要有相应的处理措施。

下面的两个示范程序只是给出了基本的操作步骤，是典型的 Datagram 通信的服务器方程序和客户方程序。

【例 10.8】一个典型的 Datagram 通信服务器方示范程序。

具体的程序如程序清单 10.8 所示。

程序清单 10.8

```
//Example 8 of Chapter 10

import java.io.*;
import java.net.*;

public class NetIpAddressDatagramServerDemo
{
    private static DatagramSocket socket;
    public static void main(String args[])
    {
        try{
            socket = new DatagramSocket(1000);
        }
        catch(SocketException socketException)
        {
            socketException.printStackTrace();
            System.exit(1);
        }
        while(true)
        {
            try{
                byte data[] = new byte[100];
                DatagramPacket rp = new DatagramPacket(data,data.length);
                socket.receive(rp);
                DatagramPacket sendPacket = new DatagramPacket(
                        rp.getData(),rp.getLength(),rp.getAddress(),rp.
getPort());
                socket.send(sendPacket);
            }
            catch(IOException ioException)
            {
                ioException.printStackTrace();
            }
        }
    }
}
```

【例 10.9】一个典型的 Datagram 通信客户方示范程序。

具体的程序如程序清单 10.9 所示。

程序清单 10.9

```
//Example 9 of Chapter 10

import java.io.*;
import java.net.*;

public class NetIpAddressDatagramClientDemo
{
    private static DatagramSocket socket;
    public static void main(String args[])
    {
        try{
            socket = new DatagramSocket();
        }
        catch(SocketException socketException)
        {
            socketException.printStackTrace();
            System.exit(1);
        }
        try{
            byte data[] = new byte[100];
            DatagramPacket sendPacket = new DatagramPacket(
                    data,data.length,InetAddress.getLocalHost(),1000);
            socket.send(sendPacket);
        }
        catch(IOException ioException)
        {
            ioException.printStackTrace();
        }
        while(true)
        {
            try{
                byte data[] = new byte[100];
                DatagramPacket receivePacket = new DatagramPacket(data,data.
length);
                socket.receive(receivePacket);
            }
            catch(IOException ioException)
            {
                ioException.printStackTrace();
            }
```

```
            }
        }
    }
```

本章知识点

★ InetAddress 类是 IP 地址封装类，其中包含转换和处理域名、IP 地址的方法。

★ URL 类是用于定位和检索 Internet 信息的简单方法，是指向 Internet 上的各种资源的指针，其中的方法可以用来获取 Internet 信息。URL 对象实例可以指定文档资料在 Internet 上的位置。

★ Socket 通信机制是 Internet 上的一种低层通信，是独立于平台的连接。Socket 通信机制简化了 Internet 上的信息传输。

★ Socket 通信机制可以完成 3 项基本功能：扫描网络端口、简单通信和 TCP/IP 服务器。

★ Datagram 通信机制是一种非连接方式，可以在 Internet 上传递数据。

习题 10

10.1 编写程序实现如下功能：给定 IP 地址 202.205.3.130，显示其所对应的主机名。

10.2 编写程序实现如下功能：给定域名 www.sian.com，显示其所对应的所有 IP 地址。

10.3 结合 Java Applet 程序设计，使用 URL 从 Internet 上获取声音文件并播放。

10.4 编写一个具有图形化的用户界面的 Socket 通信服务器程序和客户端程序，要求信息传输采用字符形式。

第 11 章　JDBC 技术

本章主要内容：Java 语言支持数据库程序设计，这个功能是通过 JDBC 技术实现的。本章主要介绍 JDBC 的基本概念、基本任务，JDBC 的驱动管理器的概念，JDBC 驱动程序的类型，使用 SQL 指令操作数据库，以及在操作数据库的过程中需要使用的主要 API，包括 DriverManager 类、Connection 接口、Statement 接口、ResultSetMetaData 接口和 ResultSet 接口等，并给出一个完整的查询数据库的程序实例。

11.1　关系型数据库的驱动与连接

11.1.1　JDBC 技术概述

数据库技术是软件开发领域中的一项重要技术，也是应用最广泛的一项技术，是各种应用软件开发的基础。近年来，随着 Internet 的发展，分布式数据库技术成了各种类型的网站的基础。数据库技术中最流行的是关系型数据库技术，例如，Oracle、IBM DB2、Microsoft SQL Server、MySQL、Sybase、Microsoft Access 等都是比较常用的关系型数据库管理系统。几乎所有的关系型数据库都支持使用数据库标准数据查询语言 SQL。SQL 是一种标准的、通用的关系型数据库操作指令和开发技术。

JDBC（Java Database Connectivity，Java 数据库连接规范）是一种可用于执行 SQL 语句指令的 Java API。它由一些 Java 语言写成的类和接口组成，这些类主要存放在 java.sql 包中，常用的包括 DriverManager 类、Connection 接口、Statement 接口、ResultSetMetaData 接口和 ResultSet 接口等。另外，JDBC 的有关增强和扩展功能存放在 javax.sql 包中。

Java 语言程序使用 JDBC 与数据库进行通信，其主要功能是实现与各种数据库的连接，实现 API 与特定驱动器的分离。JDBC 提供了一种标准的应用程序设计接口，使开发人员可以使用纯 Java 语言编写完整的数据库应用程序。在 Java 语言程序中，不必考虑数据库的类型，采用统一的程序完成数据库的管理，可以很方便地将 SQL 语句传递给几乎任何一种数据库。这样，开发人员在改变不同类型的底层数据库时，可以不必修改访问数据库的代码。使用 JDBC 大大地扩展了 Java 语言处理数据库的能力。目前，随着 Java 语言被越来越多的大公司所支持，大多数流行的商业化的数据库管理系统都已经包含 JDBC 驱动器。而且由于 Java 语言的开放策略，市场上还有第三方的产品可供选择，因此使用 JDBC 也越来越方便。

JDBC 可以完成以下 3 个任务：与数据库建立连接，向数据库发送 SQL 语句，处理数据库返回的结果。JDBC 是一种底层的 API，它使用语句级的方式直接调用 SQL 语句，比其他数据库连接更容易实现，同时它是构造更为高级的 API 和数据库开发工具的基础和必由之路。另外，利用 JDBC 与 ODBC 之间的桥接器还可以方便地实现 Java 语言对 Microsoft ODBC 的访问，并且其访问方式比 ODBC 更容易学习，这种访问方式还具有 Java

语言所共有的平台无关性、安全性、完整性、健壮性等特点。JDBC 可用于 Java 标准版和 Java 企业版。

11.1.2　JDBC 的驱动管理器

JDBC 的驱动管理器就是 DriverManager 类，是 JDBC 的管理层，它工作在数据库和用户驱动器之间，用于在数据库和合适的驱动器之间建立连接。此外，DriverManager 类还关注登录时间限制、打印日志跟踪消息等事情。更进一步来说，真正进行数据库连接的是 Driver 类中的 connect()方法。编程人员除了可以调用 DriverManager 类的 getConnection()方法，还可以调用该类的 getDriver()、getDrivers()、registerDriver()等方法，进一步完成程序的功能。

DriverManager 类维护着一系列驱动器程序 Driver 类。这些类是通过实现 Java 类库中的 Driver 接口而得到的，并且通过调用 DriverManager 类的 getConnection()方法来注册，然后在 DriverManager 类被调用时载入，在数据库驱动器被载入时自动调用。一旦 Driver 类被载入，并在 DriverManager 类进行注册后，它们就可以用来同某一数据库建立连接。当用户调用 DriverManager 类的 getConnection()方法建立连接时，DriverManager 将逐一测试每个数据库驱动器，找到一个可以进行连接的方法。只要在应用程序中建立一个与数据库的连接，就可以实现对数据库的访问。实际上，调用 DriverManager 类的 getConnection()方法是在数据库和驱动器之间建立连接的标准方法，具体格式如下：

```
String url = "jdbc:odbc:wombat";
Connection con = DriverManager.getConnection( url,"oboy","12Java" );
```

其中，url 是 JDBC 的 URL 格式：第一部分总是 jdbc；第二部分是子协议名，由数据库驱动器编写者提供；第三部分是数据库源名称。

11.1.3　JDBC 驱动程序的类型

JDBC 驱动程序规范把 JDBC 驱动程序分为 4 组，并将每一组作为一种类型，分别应用于某种针对 DBMS（Database Management System，数据库管理系统）的特定需求。

第一种类型是 JDBC-ODBC 驱动程序。熟悉 Microsoft 公司的有关开发工具的程序员都不会对 ODBC（Open Database Connectivity，开放式数据库连接规范）感到陌生，这是 Microsoft 公司设计的与 DBMS 无关的数据库连接规范，自问世以来得到了广泛的支持，经过几年的发展，已经具备了十分强大的数据库处理功能。JDBC-ODBC 驱动程序有时也被称为 JDBC-ODBC 桥，它将 Java 语言的指令转换为 ODBC 格式，通过 ODBC 实现对数据库的处理工作。ODBC 是 JDBC 得以创建的基础，JDBC-ODBC 桥借用了 ODBC 的强大功能和多种软件开发商的支持，实现了在 Java 语言中访问数据库的目标，但是由于 JDBC-ODBC 桥在操作数据库时，采用了先将 JDBC 格式转换为 ODBC 格式，再将 ODBC 格式转换为 DBMS 指令这种两次转换的方式，将会额外增加系统的计算量，所以有的专家认为，不应该在关键任务中使用 JDBC-ODBC 桥。

第二种类型是 Java/本地代码驱动程序。Java/本地代码驱动程序是一种使用 Java 语言实现的平台相关的代码，通常是由 DBMS 供应商提供的，既包括本地代码驱动程序，也包括 API 类，可以产生特定平台的代码，其明显的缺点是损失了可移植性。

第三种类型是 Java 协议。这是最常用的 JDBC 驱动程序，可以先把 SQL 查询转换为 JDBC 格式的语句，再把 JDBC 格式的语句转换为 DBMS 所需的格式。在将 JDBC 格式的语句转换为 DBMS 所需的格式时，使用了一个中间层的服务器，使得从数据库返回的结果必须经过中间层服务器的处理，才能发送给客户。这种类型的驱动程序允许开发者实现纯 Java 的客户端，还可以不更改代码而更改所操作的数据库系统，因此是一种灵活的数据库访问系统。

第四种类型是被称为"第四类数据库协议"的纯 Java 实现的 JDBC 驱动程序。这种类型的 JDBC 驱动程序是使用纯 Java 代码实现的，与第三种类型的 JDBC 驱动程序比较类似，但是在第四种类型的 JDBC 驱动程序中，可以将 JDBC 格式的语句直接转换为 DBMS 所需的格式而不必通过中间层服务器。这种方式是将 SQL 查询传递给 DBMS 系统的最快方式。

11.2 使用 SQL 指令操作数据库

利用 JDBC 查询数据库的处理过程分为下面 5 个步骤：载入 JDBC 驱动程序，连接到 DBMS，创建并执行语句，处理 DBMS 返回的数据，终止与 DBMS 的连接。对于所涉及的有关数据库与 SQL 语句的知识，请读者查阅有关文献参考资料。

11.2.1 载入 JDBC 驱动程序

在利用 Java 组件连接数据库之前，必须先载入 JDBC 驱动程序。程序员可以根据自己使用的 DBMS 的类型，选择合适的驱动程序，通过调用如下方法，实现载入 JDBC 驱动程序，并把 JDBC 驱动程序的名称传递给系统：

```
Class.forName("com.mysql.jdbc.Driver");
```

这里的字符串型参数代表所选定的驱动程序的名称，通常是由 DBMS 的供应商给定的。

11.2.2 连接到 DBMS

在载入驱动程序之后，Java 组件就可以使用 DriverManager 类的 getConnection()方法连接数据库了。DriverManager 类中的方法都是静态方法，可以通过类名直接调用而不必生成对象实例。getConnection()方法有如下 3 个重载体：

```
getConnection( String url )
getConnection( String url,Properties info )
getConnection( String url,String user,String password )
```

其中，url 描述了程序所要连接的数据源，包含 3 部分：协议部分通常都是 JDBC；子协议部分通常是驱动程序的名称；子名称部分用来定位数据库，通常是数据库的名称。info 是在访问数据库时要求提供的属性，一般由 DBMS 供应商定义，以文本文件的形式提供。user 和 password 是在登录数据库时需要使用的用户名和密码。getConnection()方法的作用是请求 DBMS 访问数据库，如果访问请求被允许，则将返回一个 Connection 对象，否则该方法将抛出一个 SQLException 异常。

Connection 接口的作用是管理驱动程序与 Java 组件之间的通信，对整个处理过程都是起作用的。

执行连接的具体形式如下：

```
String url = "jdbc:mysql://localhost:3306/graduation_design";
Connection connect = DriverManager.getConnection( url );
```

在这里需要介绍一下连接池技术。一个需要与数据库交互的用户通常必须打开一个连接，而在长时间的处理过程中，如果一直保持这个连接，则可能会占用数据库的连接，从而影响其他用户；如果在每次访问数据库之后都关闭连接，而在需要时再打开连接，又会消耗系统时间，并且降低性能。这种情况在网络多用户环境下是非常容易出现的。JDBC 2.1 版引入了连接池技术，解决了这个问题。所谓连接池，就是一个数据库连接的集合，连接在使用时只需打开一次，并载入内存，即可被重复使用，而且在使用完后放回连接池，既不必每次使用都重新连接 DBMS，也不消耗系统时间。

11.2.3 创建并执行语句

在成功连接数据库之后，就可以操作和查询数据库了。这个过程是通过 Statement 对象发送 SQL 语句，并返回查询结果实现的。

JDBC 的查询发送机制提供了 3 种对象来实现查询语句的发送执行，即 Statement 对象、PreparedStatement 对象和 CallableStatement 对象。它们都可以作为执行 SQL 语句的容器对象，分别用于发送不同类型的 SQL 语句。Statement 对象用于执行简单的 SQL 语句，也就是没有参数的 SQL 语句；PreparedStatement 对象用于执行需要重复执行的预编译过的 SQL 语句；CallableStatement 对象用于执行一个数据库的存储过程。下面对这 3 种对象的使用进行简单介绍。

11.2.3.1 创建 Statement 对象

创建 Statement 对象可以通过 Connection 类的 createStatement()方法实现：

```
Statement stmt = connect.createStatement();
```

Statement 对象提供了 3 种不同的方法执行 SQL 语句：

```
executeQuery( String sql );
```

执行给定的 SQL 查询语句，可以将 SQL 语句以 String 型参数的形式传递给该方法，而该方法则会将查询结果以单个 ResultSet 对象的形式返回。

```
executeUpdate( String sql );
```

执行给定的 SQL 语句，该语句可能是 INSERT、UPDATE 或 DELETE 语句，或者不返回任何内容的 SQL 语句，如 SQL DDL 语句。该方法会返回 INSERT、UPDATE 或 DELETE 语句的行数，或者返回 0，表示不返回任何内容的 SQL 语句。

```
execute( String sql );
```

执行给定的 SQL 查询语句，该语句可能返回多个结果。如果第一个结果为 ResultSet 对象，则返回 true；如果其为更新计数或者不存在任何结果，则返回 false。

在程序中究竟使用哪种方法由 SQL 语句执行结果来决定。以最简单的查询为例，具体的形式如下：

```
String query = "SELECT * FROM namelist";
ResultSet results = stmt.executeQuery( query );
```

在查询完成之后，要将 Statement 对象关闭，形式如下：

```
stmt.close();
```

11.2.3.2 创建 PreparedStatement 对象

创建 PreparedStatement 对象可以通过 Connection 类的 PreparedStatement()方法实现：

```
String query = "SELECT * FROM namelist WHERE x=?";
PreparedStatement pstmt = connect.PreparedStatement( query );
```

使用 PreparedStatement 对象是为了处理预编译的 SQL 语句的对象。一个 SQL 查询必须在 DBMS 处理之前、Statement 对象的执行方法被调用之后被编译。当一个查询需要反复使用时，编译将被反复执行。使用 PreparedStatement 对象可以减少这种系统开销，将 SQL 语句预编译并存储在 PreparedStatement 对象中，然后可以使用此对象高效地多次执行该语句。

使用 PreparedStatement 对象查询的方式与使用 Statement 对象查询的方式相似。

11.2.3.3 创建 CallableStatement 对象

创建 CallableStatement 对象可以通过 Connection 类的 prepareCall()方法实现：

```
String query = "{call getTestData(?,?)}";
CallableStatement cstmt = connect.prepareCall( query );
```

使用 CallableStatement 对象可以从 Java 对象中调用一个存储过程。

11.2.4 处理 DBMS 返回的数据

JDBC 接收查询结果是通过 ResultSet 对象实现的。ResultSet 对象称为结果集。一个结果集中包含了执行某个 SQL 查询语句后满足条件的所有行，而 ResultSet 接口中提供了对这些行的访问方法，用户可以通过一组 get()方法来访问。

可以使用 ResultSet.next()方法获取 ResultSet 的下一行，并且在每读取一行之后自动指向下一行，若 ResultSet 对象中已经没有行，则该方法返回值 false。

JDBC 2.1 API 增加了可滚动结果集和可更新结果集的定义。

ResultSet 对象默认设置为游标只向后移动。ResultSet 接口中定义了允许游标移动方向的字段，有的 JDBC 驱动程序允许将 ResultSet 对象设置为可滚动结果集，即游标可以前后移动，只要 JDBC 驱动程序允许并正确设置了，就可以使用 first()、last()、previous()、next()、absolute()、relative()等方法移动游标，使用 getRow()方法获取当前游标位置。

可更新结果集允许改变结果集中的查询结果。结果集被更新的方式有 3 种：更新一行中的某一列的值、删除结果集中的行、向结果集中插入行。

在程序中，设置可滚动结果集和可更新结果集的方法是在创建 Statement 对象时，调用 Connection 类的 createStatement()方法的另外两个有参数重载体：

```
createStatement(int resultSetType,int resultSetConcurrency)
createStatement(int resultSetType,int resultSetConcurrency,
    int resultSetHoldability)
```

将参数 resultSetType 设为 TYPE_SCROLL_INSENSITIVE 或 TYPE_SCROLL_SENSITIVE，即可设置可滚动结果集；将另一个参数 resultSetConcurrency 设为 CONCUR_UPDATABLE，即可设置可更新结果集。

在处理查询结果集时，经常需要用到元数据。元数据是描述数据的数据信息，包括描述数据库的元数据和描述结果集的元数据。

描述数据库的元数据通过 DatabaseMetaData 接口定义，可以经由调用 Connection 接口的 getMetaData()方法获取 DatabaseMetaData 对象，并利用 DatabaseMetaData 接口中的方法得到数据库中的数据的主要信息。例如，下列方法是十分实用的：

```
getDatabaseProductName()          //检索此数据库产品的名称
getUserName()                     //检索此数据库的已知的用户名称
getURL()                          //检索此 DBMS 的 URL
getSchemas()                      //检索可在此数据库中使用的模式名称
getPrimaryKeys()                  //检索主键列的描述
getProcedures()                   //检索存储过程的描述
getTables()                       //检索表的描述
getColumns()                      //检索表列的描述
```

描述结果集的元数据通过 ResultSetMetaData 接口定义，可以经由调用 ResultSet 接口的 getMetaData()方法获取 ResultSetMetaData 对象，并利用 ResultSetMetaData 接口中的方法得到结果集中数据的信息，有助于程序员处理数据。例如，下列方法可以得到处理数据行的关键信息：

```
getTableName(int column)          //获取指定列的名称
getColumnCount()                  //返回此 ResultSet 对象中的列数
getColumnName(int column)         //获取指定列的名称
getColumnType(int column)         //检索指定列的 SQL 类型
getColumnTypeName(int column)     //检索指定列的数据库的特定类型名称
```

11.2.5 终止与 DBMS 的连接

当完成对数据库的访问之后，可以调用 Connection 接口的 close()方法关闭 Connection 对象，终止与数据库的连接。如果在关闭连接时遇到问题，该方法将会抛出一个异常。在关闭与数据库的连接时，将自动关闭结果集，但是出于程序稳定性的考虑，最好在关闭连接之前，使用一个显式的语句先将结果集明确地关闭。具体形式如下：

```
results.close();
connect.close();
```

综上所述，可以给出一个利用 JDBC 查询数据库的典型的 Java 语言程序，这是一个标准的 Java Application 程序，所使用的输出形式是标准输出形式。

【11.1】一个利用 JDBC 查询数据库的典型 Java Application 示范程序。

具体的程序如程序清单 11.1 所示。

程序清单 11.1

```java
//Example 1 of Chapter 10

import java.sql.*;

public class JDBCDemo1
{
    public JDBCDemo1()
    {
        super();
    }

    public static void main(String args[])
    {
    try{
        Class.forName("com.microsoft.jdbc.sqlserver.SQLServerDriver");
        String url = "jdbc:microsoft:sqlserver://localhost:1433;
DatabaseName=pubs";
        Connection conn = DriverManager.getConnection(url);
        Statement stmt = conn.createStatement();
        String sql = "select * from sales";
        ResultSet rs = stmt.executeQuery(sql);
        while(rs.next())
        {
            System.out.println("TestName:"+rs.getString("qty"));
        }
        rs.close();
        stmt.close();
        conn.close();
    }
    catch(Exception ex)
    {
        System.err.println(ex);
    }
    }
}
```

11.2.6 一个完整的实例

下面以一个完整的实例说明如何在 Java 语言程序中使用 JDBC 与数据库进行通信，完成数据库的驱动、连接、查询与结果处理等操作。

本例中采用 MySQL 作为数据库服务器，版本号为 3.23.41，运行的操作系统平台为

Windows 7，MySQL 的 JDBC 驱动程序的版本号为 2.0.14。MySQL 是现在流行的关系型数据库中的一种，是一个快速、多线程、多用户和健壮的 SQL 数据库服务器。与其他的数据库管理系统相比，MySQL 具有小巧、功能齐全、查询快捷等优点，可以在 Internet 上免费下载，并且可以免费试用，对于一般中小型甚至大型应用都能够适用。对 UNIX 和 OS/2 平台，MySQL 基本上是免费的；但对微软平台，在 30 天的试用期后，必须获得一个 MySQL 许可证才能继续使用，获得许可证和技术支持的费用为单一用户 200 美元，且对 10 个用户包装及 50 个用户包装的均会有不同的优惠。MySQL 的版本分为最新的开发版本和最终的稳定版本，可以根据其版本的后缀来区分。alpha 版本为包含大量未被 100%测试的新代码的版本；beta 版本则是所有的新代码都被测试过了，应该没有已知错误的版本；gamma 版本是一个发行了一段时间的 beta 版本，即经过一段时间检验的版本。对于教学用户而言，使用稳定版本是比较明智的选择。

关系型数据库通常按照表的形式存储数据。表是数据库中最主要的数据对象，是用来存储和操作数据库的一种逻辑结构。每个数据库可能包含若干个表，因为表一般由若干行和若干列组成，所以也把它称为二维表。每个表由一定的结构描述，即组成表的各列的名称及数据类型，称为表结构。表中的每一行称为记录，它们是表的值，可以说表是有限多个记录的集合。每个记录由若干个数据项组成，其中的每一个数据项称为字段。一般而言，字段与列对应。表中至少要存在这样一个字段，其值在所有的记录中都不同，可以用来识别记录，这样的记录称为关键字。关键字中要有一个主关键字，简称为主键。表是在日常工作和生活中经常使用的一种表示数据及其关系的工具。

在本例中，我们要创建一个名称为 graduation_design 的数据库，其中有一个名称为 namelist 的表，其内容如表 11.1 所示。对于这样一个表，要设计其基本结构和数据类型，除了已经确定的列数、列名，还要确定每列的数据类型、数据存储长度、是否允许为空值、默认值、是否使用及何时使用约束、所需索引、主键列等。表 namelist 的设计结构如表 11.2 所示。

表 11.1　数据库 graduation_design 的表 namelist 中的内容

NO	NAME	SEX	COLLEGE	SPECIALITY	PHONE
01	吕雷	男	计算机科学与技术学院	计算机科学与技术	13904310001
02	王宁	男	计算机科学与技术学院	计算机科学与技术	13019100002
03	赵紫辉	男	计算机科学与技术学院	计算机科学与技术	13039100003
04	闫雪	女	软件学院	软件工程	13804310004
05	周魏	男	软件学院	软件工程	13304330005
06	吴为路	男	软件学院	软件工程	13019120006
07	闫泽旺	男	经济信息学院	计算机科学与技术	13039120007

表 11.2　数据库 graduation_design 的表 namelist 的设计结构

列名	数据类型	数据存储长度	默认值	是否允许为空值	注释说明
NUMBER	整数型 smallint	2	无	否	主键
NAME	字符型 varchar	8	无	否	
SEX	定长字符型 char	2	无	否	
COLLEGE	字符型 varchar	20	无	否	
SPECIALITY	字符型 varchar	20	无	否	
PHONE	字符型 varchar	24	无	否	

下面简单介绍 MySQL 数据库服务器的使用和 JDBC 程序的调试过程。

第一步：安装 MySQL 数据库服务器。

可以使用浏览器访问 http://www.mysql.org/downloads/并下载想要的 MySQL 数据库服务器版本，也可以从其镜像网站下载，并在自己的计算机上双击安装文档，实现自动安装。

第二步：启动 MySQL 数据库服务器。

可以通过 Windows 的主菜单启动 MySQL 数据库服务器，选择"开始"→"所有程序"→"MySQL"→"启动 MySQL Server"命令，即可启动 MySQL 数据库服务器。

第三步：启动 MySQL Monitor 命令行操作界面。

MySQL 支持命令行操作。在使用命令行操作之前，可以将 MySQL 安装目录中的 bin 目录设置到 Windows 的 path 环境变量中。而且使用命令行操作需要使用 Windows 的命令提示符功能，标准的启动 MySQL Monitor 的命令如下：

```
MYSQL -H HOST -U USER -P PASSWORD
```

其中，HOST 为主机名，当进行单机操作时就是本机，可以省略该参数；USER 为用户名，可以由服务器管理员设定，当首次操作时可以使用一个超级用户名 root，本例就是使用这个用户名进行操作的；PASSWORD 为密码，不建议在测试 JDBC 程序过程中使用。

在 MySQL Monitor 命令行操作界面启动之后，将显示一些系统信息，命令行提示符将由 DOS 提示符变为 mysql>，这时就可以使用 MySQL 的一些操作命令进行操作了。

第四步：创建库和表。

创建并使用一个数据库的命令如下：

```
CREATE DATABASE database_name;
```

需要注意的是，后面的分号是命令的一部分，不能丢掉。例如，本例就是使用如下命令创建了前面介绍的数据库：

```
CREATE DATABASE graduation_design;
```

然后使用如下命令选定新创建的数据库，就可以创建数据库下的表了：

```
USE graduation_design;
```

使用如下多行命令即可完成表的创建：

```
CREATE TABLE namelist (
NUMBER SMALLINT(2) DEFAULT '' NOT NULL,
NAME VARCHAR(8) DEFAULT '' NOT NULL,
SEX CHAR(2) DEFAULT '' NOT NULL,
COLLEGE VARCHAR(20) DEFAULT '' NOT NULL,
SPECIALITY VARCHAR(20) DEFAULT '' NOT NULL,
PHONE VARCHAR(24) DEFAULT '' NOT NULL,
PRIMARY KEY(NUMBER));
```

同时，可以使用如下命令验证所创建的表是按期望的方式被创建的：

```
DESCRIBE namelist;
```

然后，可以向新建的表中输入表的内容。可以采用如下命令向表中逐行输入数据：

```
INSERT INTO namelist VALUES ('01','吕雷','男','计算机科学与技术学院','计算机科学与技术', '13904310001');
```

也可以使用一个简便的方法来完成这项任务：把所要输入的内容编辑到一个文本文件中，每行包含一个记录，使用定位符（Tab）把值隔开，并且列的次序以在 CREATE TABLE 语句中列出的顺序给出。例如，可以把表 11.1 所示的内容编辑成一个文件 22.txt，然后使用如下命令将其中的内容加载到 namelist 表中：

```
LOAD DATA LOCAL INFILE "22.txt" INTO TABLE namelist;
```

至此，数据库和表创建完成。可以使用如下命令显示表中的内容：

```
SELECT * FROM namelist;
```

第五步：安装 MySQL 的 JDBC 驱动程序。

通常下载的 MySQL 的 JDBC 驱动程序都是一个压缩文件，可以将该压缩文件在本地主机上解压缩，并将解压缩的目录设置到 Windows 的 classpath 环境变量中，即可将 JDBC 驱动程序安装完成。如果需要将压缩文件解压缩到 D 驱动器的 MysqlDriver 目录中，则需要将 D:\MysqlDriver\加入环境变量 classpath 中。

至此，就可以利用 JDBC 进行数据库的查询操作了。

第六步：运行程序，查询数据库。

查询数据库的工作主要是按照前面讲过的 5 个基本步骤进行的，在执行过程中，还可以将数据处理和图形界面等内容添加到程序中，这在前面章节中已经讲了很多了，此处不再赘述。例 11.2 是查询 graduation_design 中的 namelist 表并将其内容在一个文本区中输出的例子。

【11.2】一个在 MySQL 数据库服务器上实现 JDBC 查询功能的 Java Application 程序的例子。

具体的程序如程序清单 11.2 所示。程序的执行结果如图 11.1 所示。

程序清单 11.2

```java
//Example 2 of Chapter 10

import java.awt.*;
import java.sql.*;
import java.util.*;
import javax.swing.*;

public class JDBCDemo2 extends JFrame
{
    private ScrollPane scrollPane;
    private JTextArea area;
    private String driver = "com.mysql.jdbc.Driver";
    private String url = "jdbc:mysql://localhost:3306/graduation_design";
    private String user = "root";
    private String password = "";
    private Connection connect;
    private Statement stmt;
    private ResultSet results;
```

```java
public JDBCDemo2()
{
    super("JDBC 查询演示");

    getContentPane().setLayout(new BorderLayout());
    scrollPane = new ScrollPane();
    area = new JTextArea();
    area.setEditable(false);
    scrollPane.add(area);
    getContentPane().add(scrollPane,BorderLayout.CENTER);
    try{
        //载入 JDBC 驱动程序
        Class.forName(driver);
        //连接到数据库
        connect = DriverManager.getConnection(url,user,password);
        //创建 Statement 对象
        stmt = connect.createStatement();
        //获取查询结果
        String query = "SELECT * FROM namelist";
        results = stmt.executeQuery(query);
        //处理查询结果
        StringBuffer s = new StringBuffer();
        //获取数据描述信息
        ResultSetMetaData metaData = results.getMetaData();
        int columns = metaData.getColumnCount();
        //输出数据表列名
        for(int i = 1;i <= columns;i++)
            s.append(metaData.getColumnName(i) + "    ");
        s.append("\n");
        //输出数据记录
        while(results.next())
        {
            for(int i = 1;i <= columns;i++)
                s.append("   " + results.getObject(i));
            s.append("\n");
        }
        area.append(s.toString());
    }
    catch(SQLException sqlException)
    {
        area.append("发生 SQLException 异常\n");
    }
    catch(ClassNotFoundException classNotFound)
```

```
{
    area.append("发生 ClassNotFoundException 异常\n");
}
finally{
    try{
        results.close();
        stmt.close();
        connect.close();
    }
    catch(SQLException sqlException)
    {
        sqlException.printStackTrace();
    }
    catch(NullPointerException nullpointerException)
    {
        nullpointerException.printStackTrace();
    }
}
setSize(430,240);
setVisible(true);
}

public static void main(String args[])
{
    JDBCDemo2 window = new JDBCDemo2();
    window.setDefaultCloseOperation(JFrame.EXIT_ON_CLOSE);
}
}
```

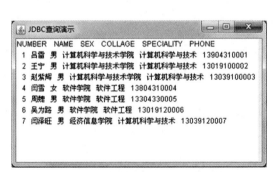

图 11.1   程序清单 11.2 的程序的执行结果

程序清单 11.2 中的程序是一个 Java Application 程序，其使用的图形界面与前面几章使用的图形界面大致相同，操作 JDBC 的步骤与程序清单 11.1 中的基本相同，驱动程序使用了 MySQL 的 JDBC 驱动程序 com.mysql.jdbc.Driver，连接 JDBC 的 URL 也使用了与 MySQL 相对应的 URL，端口使用了 MySQL 的默认访问端口号 3306，用户使用了超级用户 root，密码为空。本程序中使用了元数据结果集获取数据描述信息，并将数据表名在数据记录输出之前输出。在输出查询结果时，利用了字符串缓冲类 StringBuffer 的对象实例暂时存储数据，待输出结束以后，将字符串缓冲类 StringBuffer 的对象实例中的内容一次性显示到文本区中。从图 11.1 中可以看到输出的效果。

本章知识点

★ JDBC 是一种可用于执行 SQL 语句的 Java API，主要由存放在 java.sql 包中的一些类和接口实现其功能。

★ JDBC 可以完成以下 3 个任务：与数据库建立连接；向数据库发送 SQL 语句；处理数据库返回的结果。

★ JDBC 主要通过驱动程序与各种数据库管理系统 DBMS 进行连接，从而实现数据库的查询功能。

★ 各种驱动程序通过 JDBC 中的驱动管理器 DriverManager 类进行管理。

★ JDBC 驱动程序规范把 JDBC 驱动程序分为 4 种类型：JDBC-ODBC 驱动程序、Java/本地代码驱动程序、Java 协议、纯 Java 实现的 JDBC 驱动程序。

★ 利用 JDBC 查询数据库的处理过程分为下面 5 个步骤：载入 JDBC 驱动程序，连接到 DBMS，创建并执行语句，处理 DBMS 返回的数据，终止与 DBMS 的连接。

习题 11

11.1 什么是 JDBC？

11.2 JDBC 驱动程序分为几种类型？

11.3 利用 JDBC 查询数据库的处理过程共分几个步骤？

11.4 针对表 11.1 中的数据，编写程序以统计如下几项内容：男生数量和女生数量，学生来自几个学院，所学专业的数量及每个专业的人数。

注：上述对 JDBC 查询结果的处理操作通常称为事务处理，可以通过在程序清单 11.2 的程序的基础上添加相应语句来实现。

附录 A　Java 语言关键字表

Java 语言的 45 个关键字：

abstract	boolean	break	byte	case	catch
char	class	continue	default	do	double
else	extends	final	finally	float	for
if	implements	import	instanceof	int	interface
long	native	new	package	private	protected
public	return	short	static	super	switch
synchronized	this	throw	throws	transient	try
void	volatile	while			

3 个用于表示特殊值的保留字：

true	false	null

2 个保留却已经不使用的关键字：

const	goto

Java 1.2 新增关键字：

strictfp

Java 1.4 新增关键字：

assert

Java 5 新增关键字：

enum

附录 B Java 语言运算符优先级和结合性表

优先级	运算符	操作说明	操作数类型	结合性
1	.	取成员	—	—
	[]	下标		
	()	小括号优先运算		
2	++	前（后）自增	数值	右结合
	--	前（后）自减	数值	
	+	一元加	数值	
	–	一元减	数值	
	~	一元按位取反	整型	
	!	一元逻辑非	逻辑	
	(type)	一元强制类型转换	任意	
3	*	算术乘	数值	左结合
	/	算术除	数值	
	%	算术取模	数值	
4	+	算术加	数值	左结合
	–	算术减	数值	
	+	字符串连接	字符串	
5	<<	左移	整型	左结合
	>>	右移	整型	
	>>>	简单右移	整型	
6	<	小于	数值	左结合
	<=	小于或等于	数值	
	>	大于	数值	
	>=	大于或等于	数值	
	instanceof	对象类型判定	引用	
7	==	等于	基本类型	左结合
	!=	不等于	基本类型	
8	&	按位与	整型	左结合
		逻辑与	逻辑	
9	^	按位异或	整型	左结合
		逻辑异或	逻辑	
10	|	按位或	整型	左结合
		逻辑或	逻辑	
11	&&	条件逻辑与	逻辑	左结合
12	||	条件逻辑或	逻辑	左结合
13	?:	三元条件运算	逻辑 任意 任意	右结合
14	=	赋值	变量 任意	右结合
	+=	复合赋值		
	-=			
	*=			

优先级	运算符	操作说明	操作数类型	结合性
14	/=	复合赋值	变量　任意	右结合
	%=			
	<<=			
	>>=			
	>>>=			
	&=			
	|=			
	^=			

附录 C 事件、事件监听器、事件适配器对应表

下表显示了 java.awt.event 包中的事件类、事件监听器接口、事件监听器接口中声明的方法成员、配套的事件适配器类间的对应关系。

事件类	事件监听器接口	事件监听器接口中声明的方法成员	配套的事件适配器类
ActionEvent	ActionListener	actionPerformed(ActionEvent e)	—
AdjustmentEvent	AdjustmentListener	adjustmentValueChanged(AdjustmentEvent e)	—
ComponentEvent	ComponentListener	componentHidden(ComponentEvent e) componentMoved(ComponentEvent e) componentResized(ComponentEvent e) componentShown(ComponentEvent e)	ComponentAdapter
ContainerEvent	ContainerListener	componentAdded(ContainerEvent e) componentRemoved(ContainerEvent e)	ContainerAdapter
FocusEvent	FocusListener	focusGained(FocusEvent e) focusLost(FocusEvent e)	FocusAdapter
ItemEvent	ItemListener	itemStateChanged(ItemEvent e)	—
KeyEvent	KeyListener	keyPressed(KeyEvent e) keyReleased(KeyEvent e) keyTyped(KeyEvent e)	KeyAdapter
MouseEvent	MouseListener	mouseClicked(MouseEvent e) mouseEntered(MouseEvent e) mouseExited(MouseEvent e) mousePressed(MouseEvent e) mouseReleased(MouseEvent e)	MouseAdapter
	MouseMotionListener	mouseDragged(MouseEvent e) mouseMoved(MouseEvent e)	MouseMotionAdapter
MouseWheelEvent	MouseWheelListener	mouseWheelMoved(MouseWheelEvent e)	—
TextEvent	TextListener	textValueChanged(TextEvent e)	—
WindowEvent	WindowListener	windowActivated(WindowEvent e) windowClosed(WindowEvent e) windowClosing(WindowEvent e) windowDeactivated(WindowEvent e) windowDeiconified(WindowEvent e) windowIconified(WindowEvent e) windowOpened(WindowEvent e)	WindowAdapter

参考文献

[1] [美]Bruce Eckel. Java 编程思想（第 4 版）. 陈昊鹏，译. 北京：机械工业出版社. 2018.

[2] [美]H.M.Deitel，P.J.Deitel. Java 程序设计教程（第 5 版）. 施平安，施惠琼，柳赐佳，译. 北京：清华大学出版社. 2004.

[3] [美]Cay Horstmann. Java 程序设计概念：对象先行. 林琪，肖斌，等，译. 北京：机械工业出版社. 2018.